[改訂版]
日本統計学会公式認定
統計検定2級対応
統計学基礎

日本統計学会 編

東京図書

|R| 〈日本複製権センター委託出版物〉
本書を無断で複写複製（コピー）することは，著作権法上の例外を除き，禁じられています．本書をコピーされる場合は，事前に日本複製権センター（電話：03-3401-2382）の許諾を受けてください．

改訂にあたって

改訂の趣旨　統計検定は 2011 年 11 月に実施されて以来，年々，受験者数が増えています．また，2014 年より統計検定 2 級，3 級，4 級は 6 月と 11 月の年 2 回の実施になりました．さらに，2015 年からは準 1 級が新設され，2 級修了者の更なる挑戦が可能となりました．初版の発行以降も，統計検定 2 級の試験内容の検討が行われ，充実した内容になってきたとともに，社会的にも評価される検定になったと考えます．

初版が発行され第 7 刷までになり多くの方にご利用いただきましたが，統計検定 2 級の受験に対して，より学習しやすいテキストを準備すべきであるという考えから改訂版の刊行となりました．今回の改訂にあたり，以下の点に注意を払い書き直しました．

- 統計検定 2 級の出題に即した内容を提示する
- 推測統計を確率変数・確率分布より順次学べるようにし，各章の関係を明確にする
- 初版の特色であった例題を中心とした解説を充実させ，統計解析システム R を使った分析事例をより多く示す
- 統計検定 3 級試験に合格して 2 級を狙う受験者が，統計学の 2 つの側面である記述統計と推測統計の違いを理解しやすい内容にする
- 統計検定 2 級試験の範囲ではないが，より詳しく知っておくことによって理解が深まる内容について触れる

各章の特徴

第 1 章：記述統計のまとめを主とし，統計検定 3 級で学んだ内容をより深く解説するとともに，3 級では触れなかった記述統計の手法を学ぶ．

第 2 章：確率と確率変数から丁寧に説明し，各種確率分布と標本分布に関する理解を確実なものとする．

第 3 章：研究デザインと推測統計の考え方をはじめに理解し，統計的推定

の基本および方法について学ぶ．

第4章：統計的仮説検定の考え方とその基本的な構造を理解し，応用場面と各種検定方法との関係を学ぶ．

第5章：線形モデル分析手法として，線形回帰モデルの分析と分散分析について学ぶ．

第6章：その他の分析方法として，2種の手法—正規性の検討手法，適合度と独立性に対する検定—を学ぶ．

第7章：第2章で触れなかった確率分布，高度ないくつかの定理，統計解析システムRの簡単な利用方法，確率分布表の引き方などを説明する．

統計検定の概要（2015年12月現在）　統計検定は以下の種別で構成されています．詳細は日本統計学会および統計検定センターのウェブサイトで確認できます．

国際資格	英国王立統計学会との共同認定
統計調査士	統計調査実務に関連する基本的知識
専門統計調査士	統計調査全般に関わる高度な専門的知識
1級	実社会の様々な分野でデータ解析を遂行する能力
準1級	統計学の活用力 —データサイエンスの基礎
2級	大学基礎科目としての統計学の知識と問題解決能力
3級	データ分析の手法を身に付け，身近な問題に活かす力
4級	データ分析の基本と具体的な文脈での活用力

執筆者について　本書は統計検定出版委員会が中心となり日本統計学会が編集したものです．初版の内容を精査し，「改訂の趣旨」にある注意点をふまえ書き直しました．はじめに，田中，中西が改訂のための全体構成と執筆をし，姫野が文章の確認と作図や分析の作業を行いました．その後，酒折，山本を含めた全員で修正を繰り返し，最終的には学会の責任で編集しました．

2015年12月

一般社団法人　日本統計学会

会　長　岩崎　学

理事長　中野純司

統計検定出版委員会委員長　田中　豊

まえがき（初版）

　本書は，統計的な思考能力がますます重要となる時代的な背景を踏まえて，特に日本統計学会が実施する「統計検定」のうち検定2級の内容に水準を合わせて執筆したものです．

　統計の基礎と応用に関する理論的・実際的な知識を確実なものとし，さらに応用面や数理的側面について学習を進めるための準備が，検定2級の内容です．学校教育の場に限らず，統計的な分析手法に関心をもつ人々に対する手引となることを目的としました．

統計的思考の重要性　現代は，客観的な事実にもとづいて決定し，行動する姿勢が求められる時代です．セブンイレブンの創始者である鈴木敏文氏（セブン＆アイ・ホールディングス会長）は，日本経済新聞社の「私の履歴書」の中で，大学で勉強したことで最も役に立ったのは統計学と心理学であった旨を記しています．ともすればデータを自分の都合の良いように解釈しがちですが，「世間に出回るデータを見ても必ずしも鵜呑みにしない目が鍛えられ，ちょっとしたデータの変化にも突っ込んで考える習性を身につけた」と述べています．統計学の精神をしっかりと身につけていることがうかがわれます．またインターネット検索で知られる Google のチーフエコノミストであり，高名な経済学者でもある Hal Varian は「統計家は今後の最も魅力的な職業 (the sexiest profession) だ」と表現して，統計学の知識をもつ社員を重点的に採用するといっています．このように，情報社会において統計学は真に役立つ知識であり，学生時代に身に付けておくべき学問であると，多くの企業のリーダーが考えています．

統計検定の趣旨　日本統計学会が2011年に開始した「統計検定」の一つの目的は，統計の専門的知識を評価し認定することを通じて，統計的な思考方法を学ぶ機会を提供することにあります．

統計学の教育では，与えられたデータを適切に分析し，その結果を人々に提示するという訓練が必要であり，統計検定は大学教育を補完する意味を持ちます．また海外，特にアメリカでは統計家 (statistician) は社会的に高い評価を受け，所得も高いことが指摘されてきましたが，統計検定で認定される資格を通して，この面でも国際的な標準に近づくことが期待されます．

統計検定の概要（2012年4月現在） 統計検定は以下の種別で構成されています．詳細は日本統計学会および統計検定センターのウェブサイトで確認できます．

国際資格	英国王立統計学会との共同認定
統計調査士	統計調査実務に関連する基本的知識
専門統計調査士	統計調査全般に関わる高度な専門的知識
1級	実社会の様々な分野でデータ解析を遂行する能力
2級	大学基礎科目としての統計学の知識と問題解決能力
3級	データ分析の手法を身に付け，身近な問題に活かす力
4級	データ分析の基本と具体的な文脈での活用力

執筆者について 本書は，統計検定2級の出題委員会を中心にして日本統計学会が編集したものです．各章の第1次草稿を，今泉（0章，2章，6章，7章），中西（1章），岩崎（3章），田村（3章），竹村（4章），美添（4章，5章）が執筆した後で，全員による点検作業を通じて大幅な修正を施し，最終的には学会の責任で編集しました．

統計的手法を身につけて適切に資料を読み解けるようになること，データから得られる情報を有効に活用できるようになることを目的に執筆した本書ですが，果たしてその狙いは果たせているでしょうか．本書に対するご意見を頂ければ幸いです．

2012年4月

一般社団法人 日本統計学会

会 長 竹村彰通

理事長 岩崎 学

統計検定運営委員長 美添泰人

本書で用いる記号について

統計的手法はさまざまな分野で応用されていることもあって，用いられる記号も，必ずしも統一されているとは限らない．本書では記号の統一を図っているが，他の書物を読む場合を考慮すると，実際に利用されている記号を各種紹介することが教育効果が高いと判断し，以下にまとめた．記号によっては大文字と小文字，ハイフンの有無，イタリック体か立体（ローマン体）か，かっこの種類などに違いがあっても同じ意味に使われる場合がある．主要な記号を，アルファベット順を基本としてまとめておく．

代表的な記号	意味
A^c, $\overline{A}$	事象 A の余事象
$A \cup B$	事象 A と B の和事象
$A \cap B$	事象 A と B の積事象，他に AB
$B(n, p)$	試行回数 n，成功確率 p の二項分布
$\text{Cov}[X, Y]$, σ_{xy}	確率変数 X と Y の共分散
$E[X]$, μ	確率変数 X の期待値
F_n	経験（累積）分布関数，他に $\hat{F}_n$
$F(\nu_1, \nu_2)$, F_{ν_1, ν_2}	自由度 (ν_1, ν_2) の F 分布
H_0	帰無仮説
H_1	対立仮説
$N(\mu, \sigma^2)$	平均 μ，分散 σ^2 の正規分布
$P(A)$, $\Pr(A)$	事象 A の確率
$P(A \mid B)$	事象 B を与えたもとでの事象 A の条件付き確率
$Po(\lambda)$	ポアソン分布（母数 λ）
Qi, Q_i	第 i 四分位数（第 1 四分位数は $Q1$, Q_1）
R	重相関係数
R^2	決定係数
R^{*2}	自由度調整済み決定係数，他に $\tilde{R}^2$, R_a^2
r_{xy}	x と y の相関係数，他に $r(x, y)$
s^2, s_x^2, s_{xx}	観測値 $x_1, \ldots, x_n$ の分散，$\sum (x_i - \bar{x})^2 / n$
s_{xy}	x と y の共分散，$\sum (x_i - \bar{x})(y_i - \bar{y}) / n$
$\text{se}(\hat{\theta})$, se, s.e.	推定量 $\hat{\theta}$ の標準誤差

$t(\nu),\ t_\nu$	自由度 ν の t 分布
$V[X],\ \sigma^2,\ \sigma_{xx}$	確率変数 X の分散，他に $\mathrm{var}(X)$
$X \sim F$	確率変数 X が分布 F に従う
$X,\ Y,\ Z$	確率変数は通常大文字で表すが，誤解がなければ小文字を用いることもある．（t は小文字が慣例）
$\bar{x}$	観測値 $x_1,\ldots,x_n$ の（算術）平均，「エックスバー」
$z,\ Z$	標準正規分布 $N(0,1)$ に従う確率変数
α	第1種過誤の確率
β	第2種過誤の確率
$\theta,\ \hat{\theta}$	確率分布の母数とその推定量，「シータハット」
$\mu,\ \hat{\mu}$	母平均とその推定量，「ミューハット」
$\rho,\ \rho_{xy}$	確率変数 X と Y の母相関係数，他に $\rho(X,Y)$
$\hat{\sigma}^2,\ \hat{\sigma}_x^2,\ \hat{\sigma}_{xx}$	観測値 $x_1,\ldots,x_n$ の不偏分散 $\sum(x_i-\bar{x})^2/(n-1)$
$\hat{\sigma}_{xy}$	x と y の不偏共分散 $\sum(x_i-\bar{x})(y_i-\bar{y})/(n-1)$
$\varphi,\ \Phi$	標準正規分布 $N(0,1)$ の確率密度関数と累積分布関数
$\chi^2(\nu),\ \chi_\nu^2$	自由度 ν のカイ二乗分布
Ω	全事象，標本空間，英米では S も使われる
$\emptyset$	空事象，他に ϕ
$\xrightarrow{P},\ \xrightarrow{D},\ \xrightarrow{L}$	確率収束，分布収束，法則収束

$\sum$ 記号について

$\sum$ 記号で示される次のような表現

$$\sum_{i=1}^n (x_i-\bar{x})^2 \qquad \sum_{i=1}^n (X_i-\bar{X})^2$$

は，和の範囲が $i=1$ から n まで動くことを示している（i や n ではなく，異なる文字を使う場合もある）．本文中，$\sum$ 記号の下と上にある和の範囲を適宜，省略することがある．

統計学で用いられることの多いギリシャ文字

小文字	大文字	読み	英字表記	統計学での用法例
α	A	アルファ	alpha	有意水準，第1種過誤の確率
β	B	ベータ	beta	第2種過誤の確率
γ	Γ	ガンマ	gamma	
δ	Δ	デルタ	delta	
ϵ, ε	E	イプシロン	epsilon	誤差
ζ	Z	ゼータ	zeta	
η	H	イータ	eta	
θ	Θ	シータ	theta	母数（パラメータ）
ι	I	イオタ	iota	
κ	K	カッパ	kappa	
λ	Λ	ラムダ	lambda	
μ	M	ミュー	mu	平均
ν	N	ニュー	nu	自由度
ξ	Ξ	グザイ	xi	
o	O	オミクロン	omicron	
π	Π	パイ	pi	円周率
ρ	P	ロー	rho	相関係数
σ		シグマ	sigma	標準偏差
	Σ	〃	〃	分散共分散行列
τ	T	タウ	tau	
υ	Υ	ユプシロン	upsilon	
ϕ, φ		ファイ	phi	標準正規分布の確率密度関数
	Φ	〃	〃	標準正規分布の累積分布関数
χ	X	カイ	chi	カイ2乗分布 (χ^2)
ψ	Ψ	プサイ	psi	
ω		オメガ	omega	根元事象，標本点
	Ω	〃	〃	全事象，標本空間

目　次

第1章　データの記述と要約　　1
　§1.1　変数の分類　　3
　§1.2　量的データの分布　　6
　　1.2.1　ヒストグラムの作成　　6
　　1.2.2　そのほかの図表の作成　　10
　§1.3　分布の特徴を表す指標　　15
　　1.3.1　平均・分散・標準偏差　　15
　　1.3.2　標準化得点　　17
　　1.3.3　変動係数　　18
　　1.3.4　中央値・最頻値　　19
　　1.3.5　範囲・四分位範囲　　20
　§1.4　量的データの要約とグラフ表現　　21
　　1.4.1　5数要約　　21
　　1.4.2　箱ひげ図　　22
　　1.4.3　外れ値　　23
　§1.5　質的データの度数分布とグラフ表現　　25
　§1.6　2変数データの記述と要約　　26
　　1.6.1　散布図　　26
　　1.6.2　相関係数　　29
　　1.6.3　偏相関係数　　31
　　1.6.4　回帰直線　　32

		1.6.5	質的データのクロス集計表 ·······················	37

§1.7 時系列データの記述と簡単な分析 ····················· 39
  1.7.1 時系列データ ··························· 39
  1.7.2 指数化と幾何平均 ························ 41
  1.7.3 時系列データの変動分解 ···················· 42
  1.7.4 自己相関 ······························ 45
  1.7.5 指数の作成と利用 ························ 46
練習問題 ··· 50

第2章 確率と確率分布   53

§2.1 事象と確率 ·· 55
§2.2 条件付き確率 ······································ 59
§2.3 ベイズの定理 ······································ 62
§2.4 確率変数と確率分布 ································ 64
§2.5 期待値と分散 ······································ 67
§2.6 モーメント ·· 70
§2.7 主な離散型確率分布 ································ 71
  2.7.1 ベルヌーイ分布 ·························· 71
  2.7.2 二項分布 ······························ 72
  2.7.3 ポアソン分布 ··························· 74
  2.7.4 幾何分布 ······························ 75
§2.8 主な連続型確率分布 ································ 76
  2.8.1 一様分布 ······························ 76
  2.8.2 正規分布 ······························ 77
  2.8.3 指数分布 ······························ 80
§2.9 2変数の確率分布 ··································· 81
  2.9.1 同時分布と周辺分布 ······················ 81
  2.9.2 共分散と相関係数 ························ 83
  2.9.3 2変量正規分布 ·························· 85
§2.10 標本分布 ··· 86
  2.10.1 χ^2分布 ································ 87
  2.10.2 t分布 ································· 89

  2.10.3 F 分布 ･････････････････････････････････････ 90
 §2.11 大数の法則と中心極限定理 ････････････････････････ 91
  2.11.1 チェビシェフの不等式 ････････････････････････ 91
  2.11.2 大数の法則 ･･････････････････････････････････ 92
  2.11.3 中心極限定理 ･･････････････････････････････ 93
 練習問題 ･･ 95

第3章 統計的推定 97

 §3.1 母集団と標本 ････････････････････････････････････ 99
  3.1.1 母集団と標本 ････････････････････････････････ 99
  3.1.2 調査と母集団との対応付け ･････････････････････ 100
 §3.2 統計的な研究の種類 ････････････････････････････ 101
  3.2.1 実験研究のデザイン ･･････････････････････････ 101
  3.2.2 観察研究のデザイン ･･････････････････････････ 103
  3.2.3 標本調査と抽出方法 ･･････････････････････････ 103
 §3.3 点推定と区間推定 ･･････････････････････････････ 105
  3.3.1 点推定 ･･････････････････････････････････････ 106
  3.3.2 区間推定 ････････････････････････････････････ 110
 §3.4 1 標本問題：1 つの母集団の母数に関する推定— ･･････････ 113
  3.4.1 正規分布の母平均の推定 ･･････････････････････ 114
  3.4.2 母分散が未知の場合の母平均の推定：t 分布の利用 ･･ 114
  3.4.3 母分散の区間推定 ････････････････････････････ 116
  3.4.4 母比率の推定 ････････････････････････････････ 118
 §3.5 2 標本問題：2 つの母集団の母数に関する推定— ･･････････ 122
  3.5.1 2 つの母平均の差の区間推定 ･･････････････････ 122
  3.5.2 対応のある 2 標本の場合 ･･････････････････････ 125
  3.5.3 母分散の比の区間推定 ････････････････････････ 126
  3.5.4 母比率の差の区間推定 ････････････････････････ 127
 練習問題 ･･ 129

第4章 統計的仮説検定 133

 §4.1 仮説検定の考え方 ･･････････････････････････････ 135

§4.2	基本的な仮説検定の構造	････････････････････････	136
	4.2.1 帰無仮説・対立仮説と有意水準 ･･････････････････		137
	4.2.2 片側対立仮説と両側対立仮説 ････････････････････		138
	4.2.3 検定統計量と棄却域 ････････････････････････････		139
	4.2.4 棄却と受容，2種類の誤り ･･････････････････････		140
	4.2.5 母集団の平均に関する仮説 ･･････････････････････		141
§4.3	1標本問題：1つの母集団の母数に関する検定— ･･･････････		142
	4.3.1 正規分布の母平均に関する検定		
	（母分散が既知の場合，z検定）･･････････････････		142
	4.3.2 正規分布の母平均に関する検定		
	（母分散が未知の場合，t検定）･･････････････････		144
	4.3.3 母分散に関する検定 ････････････････････････････		147
	4.3.4 母比率に関する検定 ････････････････････････････		148
§4.4	2標本問題：2つの母集団の母数に関する検定— ･･･････････		150
	4.4.1 母平均の差の検定 ･･････････････････････････････		150
	4.4.2 対応のある2標本の場合 ････････････････････････		154
	4.4.3 母分散の比の検定 ･･････････････････････････････		155
	4.4.4 母比率の差の検定 ･･････････････････････････････		156
練習問題	･･		158

第5章　線形モデル分析　　　　　　　　　　　　　　　　　161

§5.1	線形回帰モデル ･･		163
	5.1.1 線形単回帰モデル ･･････････････････････････････		163
	5.1.2 回帰係数の区間推定 ････････････････････････････		164
	5.1.3 回帰係数に関する検定 ･･････････････････････････		167
	5.1.4 回帰の現象（平均への回帰）････････････････････		169
	5.1.5 線形重回帰モデル ･･････････････････････････････		171
	5.1.6 自由度調整済み決定係数 ････････････････････････		174
	5.1.7 回帰の有意性の検定と回帰係数に関する検定 ･･････		175
	5.1.8 相関係数の区間推定と検定 ･･････････････････････		181
§5.2	分散分析モデル ･･		185
	5.2.1 1元配置分散分析 ････････････････････････････････		185

	5.2.2　2元配置分散分析	190
練習問題		194

第6章　その他の分析法－正規性の検討，適合度と独立性の χ^2 検定　**197**

§6.1　正規性の検討 ····· 199
　　6.1.1　正規 Q–Q プロット ····· 199
　　6.1.2　歪度および尖度 ····· 201
§6.2　適合度の検定 ····· 203
§6.3　独立性の検定 ····· 205
練習問題 ····· 209

第7章　付　録　**211**

§7.1　確率分布 ····· 212
　　7.1.1　超幾何分布 ····· 212
　　7.1.2　多項分布 ····· 214
　　7.1.3　負の二項分布 ····· 214
　　7.1.4　確率分布の間の近似的な関係 ····· 215
§7.2　仮説検定の基礎的理論 ····· 215
　　7.2.1　検出力と検出力関数 ····· 215
　　7.2.2　ネイマン・ピアソンの基本定理 ····· 217
§7.3　分散分析の数理 ····· 220
　　7.3.1　コクランの定理 ····· 220
　　7.3.2　コクランの定理の応用 ····· 221
§7.4　多重比較 ····· 224
　　7.4.1　検定の多重性 ····· 224
　　7.4.2　ボンフェローニの不等式 ····· 226
　　7.4.3　1元配置における各水準の母平均間の多重比較：
　　　　　 ボンフェローニ法の応用 ····· 227
§7.5　確率分布表の引き方 ····· 228
　　7.5.1　標準正規分布表 ····· 229
　　7.5.2　t 分布表 ····· 229
　　7.5.3　カイ二乗分布表 ····· 230

	7.5.4　F分布表	231
§7.6	Rの使い方	232
	7.6.1　Rのインストール	232
	7.6.2　Rの基本操作	232
	7.6.3　ベクトルと行列	233
	7.6.4　データの読み込み	234
	7.6.5　Rのコマンド例	235
	7.6.6　Rエディタ	236
付表1	標準正規分布の上側確率	237
付表2	t分布のパーセント点	238
付表3	カイ二乗分布のパーセント点	239
付表4	F分布のパーセント点	240

練習問題の解答　　241

索　引　　255

コラム一覧

棒グラフとヒストグラム	10
探索的データ解析 (EDA) の手法と箱ひげ図	24
交通事故死者数の考察	40
統計分析と有効数字	48
信頼係数の解釈について	112
両側信頼区間と片側信頼区間	117
形式的な検定に対する警告	184

●ソースファイルについて

本書にて使用したデータや分析ソース，掲載された図表のソースのいくつかが入手できます．東京図書ウェブサイトの本書のページからダウンロードしてお使いください．

http://www.tokyo-tosho.co.jp/

ダウンロード可能なデータ一覧

	データ	
	内容	ファイル名
第1章 表1.1	賃貸マンションに関する基本データ (a)	room
第1章 図1.16	都道府県人口（平成26年）	population_h26
第1章 表1.18	交通事故死者数	death
第1章 表1.19	一人平均月間現金給与総額	Salary
第1章 問1.1	平均気温などの気象データ	weather
第1章 問1.2	試験結果	test
第1章 問1.3	惑星の公転周期	planet
第2章 例3	航空機の故障確率	plane
第3章 例7	光速の測定値	lightspeed
第3章 例11	親子の身長	height
第4章 例2	ダイエット前後の体重	dietweight
第4章 例6	ラットの餌と体重	rats
第5章 5.1.4項	ソフトボール投げの結果	softball
第5章 問5.2	プロ野球のチーム別平均年俸と勝率	baseball
第5章 問5.3	賃貸マンションに関する基本データ (b)	Mansion2

第1章

データの記述と要約

― この章での目標 ―

記述統計に関する知識の整理

- 変数の分類と尺度を理解する
- 量的データと質的データに分けて考える
- 2変数データの基本的な分析を理解する
- 時系列データの基本的な分析を理解する

■■■ 次章以降との関係

- 記述統計の理解をもとに推測統計の内容を理解する
  （「記述統計」と「推測統計」については第2章の冒頭を参照）

第1章　データの記述と要約

```
┌─ 変数の分類と尺度 ─────────────────┐
│・変数の分類（量的変数と質的変数）を理解する　　│
│・量的変数の2つの種類（離散・連続）を理解する　　│
│・変数の4つの尺度（名義・順序・間隔・比例）を理解する│
└────────────────────────────┘　➤ §1.1
　　　　　　　　　　　　　　　　　　　　　　変数の分類
```

```
┌─ 量的データと質的データ ─────────────┐
│・量的データの分布とその特徴を示す指標を理解する │
│・量的データと質的データのグラフ表現を理解する　│
└────────────────────────────┘　➤ §1.2～1.5

　┌─────────────────────────┐
　│ 量的データ                                │
　│ §1.2　量的データの分布                    │
　│ §1.3　分布の特徴を表す指標                │
　│ §1.4　量的データの要約とグラフ表現        │
　│ 質的データ                                │
　│ §1.5　質的データの度数分布とグラフ表現    │
　└─────────────────────────┘
```

```
┌─ 2変数データの基本的な分析 ──────────┐
│・データを記述するための散布図とクロス集計表を理解│
│　する                                          │
│・関連性の強さを表す相関係数の定義と性質を理解する│
│・回帰直線の考え方と性質を理解する              │
└────────────────────────────┘　➤ §1.6
　　　　　　　　　　　　　　　　　　　　　　2変数データ
　　　　　　　　　　　　　　　　　　　　　　の記述と要約
```

```
┌─ 時系列データの基本的な分析 ─────────┐
│・時間とともに変化する時系列データを解釈するための│
│　工夫を理解する                                │
│・時系列データの応用場面にあった指数を理解する  │
└────────────────────────────┘　➤ §1.7
　　　　　　　　　　　　　　　　　　　　　　時系列データ
　　　　　　　　　　　　　　　　　　　　　　の記述と簡単
　　　　　　　　　　　　　　　　　　　　　　な分析
```

§1.1 変数の分類

調査や実験の結果得られるデータの多くは，表1.1のような形式で表現される．この表はある駅周辺の賃貸マンション*について，家賃とそれに関係あると思われる部屋の大きさや間取りなどマンションの特性を表す項目を調査したものである．この賃貸マンションデータのように，調査された個々の対象を一般的に**個体**または**ケース**，調査される項目を**変数** (variable) とよぶ．表の横方向（表の上段，表頭という）が変数に対応し，表の縦方向（表の左の列，表側という）が個体（ケース）に対応する．

表1.1 賃貸マンションデータ

ID	近さ	家賃（円）	間取り	大きさ（m²）	方角	築年数（年）
1	B	68,000	1K	19	西	12
2	B	68,000	1K	19	南	12
3	B	69,000	1K	19	北西	14
⋮	⋮	⋮	⋮	⋮	⋮	⋮
139	A	148,000	1LDK	42	南	13
140	B	150,000	1LDK	41	南東	5

この表の各列は，それぞれ1つの変数に対応し，近さ（駅からマンションまでの近さ），家賃，間取りなどは変数名である．IDは単なる識別番号で，数字で表されているが量を表す数値ではなく，個体を区別するためのコードである．本書では変数として扱わない．

変数の種類は大別して，**カテゴリ**で示される**質的変数** (qualitative variable) と，数量（**観測値**）で示される**量的変数** (quantitative variable) に区別される．この表の変数の中で，近さ（A：7分まで，B：8分から15分），間取り，方角は質的変数である．一方，家賃，大きさ（部屋の大きさ），築年数は量的変数である．

---
* 第1章では表1.1の賃貸マンションデータを中心に説明するので，データをダウンロードして確認されたい．

表 1.2 4つの尺度

尺度	値の意味	利用できる統計量	例
名義尺度	同じ値かどうかのみ意味がある	度数,最頻値	性別,好きな色,職業
順序尺度	値の大小関係に意味がある	上に加え,中央値,四分位数	好みの評価,成績評価（ABCなど）
間隔尺度	値の大小関係と値の差の大きさに意味がある 値0は相対的な意味しかもたない	上に加え,平均,標準偏差	摂氏での気温,偏差値
比例尺度	値の大小関係と値の差の大きさ,比に意味がある 値0が絶対的な意味をもつ	上に加え,変動係数,幾何平均	身長,体重,年齢

表1.2に示すように，変数をそれぞれの値がもつ性質の意味合いから整理することができ，これを**尺度**とよぶ．尺度には，**名義尺度（名目尺度）**，**順序尺度**，**間隔尺度**，**比例尺度（比尺度）**の4つがあり，この順に順序関係をもっており，名義尺度は最も下位の尺度，比例尺度が最も上位の尺度である．表1.2の「例」の欄からわかるように，質的変数を細分したものが名義尺度と順序尺度，量的変数を細分したものが間隔尺度と比例尺度である．また，同じ表の「値の意味」の欄からわかるように，上位の尺度での値はそれより下位の尺度での意味もあわせもっており，したがって，下位の尺度で利用できる統計量はそれより上位の尺度でも利用できるという性質がある．ここで，**統計量** (statistic) とは度数，中央値（50%点），平均，標準偏差，変動係数（＝標準偏差/平均）などデータに基づき計算される量のことである．

名義尺度には性別，好き嫌いなど2つの項目しかない**2値変数**と，好きな色，職業など3つ以上のカテゴリをもつ**多値変数**がある．このような変数をそのまま文字として利用することは不便であるため数値化することが多い．順序関係をもたないカテゴリに対して，たとえば，男性＝1，女性＝2，好

きな色については，赤 = 1，青 = 2，黄 = 3 などとおくが，これらのカテゴリの順序には意味がないため，付与する値は自由である．一方，順序関係をもつカテゴリに対して，たとえば，好みについて，大好き = 1，好き = 2，ふつう = 3，嫌い = 4，大嫌い = 5 などとすることがあるが，これらの数値の順序には意味があり，このような多値変数が順序尺度である．上の好きな色のような名義尺度に対してはカテゴリの度数（頻度）を数えあげ，どのカテゴリの度数が多いかを比較することに意味があるが，平均や中央値を計算しても意味はない．これに対して，大好き = 1，好き = 2，．．．のような順序尺度に対しては，付与した数値の小さい順にカウントしたときの中央値（50% 点）を計算してそれがどのカテゴリに対応しているかを調べることは意味がある．しかし，平均を計算するときには，カテゴリに付与する値は大小関係を満たすが任意であることに注意して利用する必要がある．

　量的変数には間隔尺度と比例尺度があるが，どちらの場合も平均と標準偏差を含め本書で取り上げる量的変数の種々の統計量が利用できる．しかし，詳しくいえば，間隔尺度と比例尺度には違いがある．たとえば，温度を比較する際に"20℃より30℃は10℃熱い"という言い方をするが，"1.5倍熱い温度である"という言い方はしない．これは，摂氏や華氏の温度は間隔に意味があっても比に意味がないからである．実際，摂氏で測ったときの比と華氏で測ったときの比は異なっている．温度に対して，身長や体重は値の間隔にも意味があり，"1.5倍高い"や"1.5倍重い"という言い方もできる．これは，値 0 が絶対的なものであり，比に意味があるためで，このような変数が比例尺度である．量的変数で利用できる種々の統計量のうち，散らばりの指標である標準偏差を平均で割ることで定義される変動係数（詳しくは 1.3.3 項）は比例尺度では意味をもつが，間隔尺度では意味をもたないことを注意しておく．

　賃貸マンションデータに関する変数に対して，今までの内容を表 1.3 にまとめる．質的変数と量的変数に対する分析方法は大きく異なるので，次節か

表 1.3　賃貸マンションデータの変数

質的変数	名義尺度（2値変数）	近さ（A：近い，B：遠い）
	名義尺度（多値変数）	間取り，方角
量的変数	比例尺度	家賃，大きさ，築年数

らの説明を読む際には気をつけられるとよい．

量的変数には4つの尺度とは別の分類として，離散変数と連続変数という分類方法がある．1か月に読んだ本の冊数を調査したときに得られる値は，0, 1, 2, . . . といった飛び飛びの値（離散量）である．このような値をとる変数を**離散変数** (discrete variable) という．一方で，身長や体重のように，計量する装置の精度には依存するが，本来は連続量である値をとる変数を**連続変数** (continuous variable) という．100点満点（1点刻み）のような取り得る値の多い離散変数は連続変数として扱って分析することが多いが，5段階や3段階に要約された評価の扱いなどについての境界は明確ではない．本章で扱う分析は質的変数と量的変数を区別するだけで十分理解できる．

§1.2 量的データの分布

1.2.1 ヒストグラムの作成

賃貸マンションデータでは，家賃，部屋の大きさ，築年数が量的変数である．量的変数のデータを**量的データ** (quantitative data) という．これらの量的データについては，まず，それらがどういう値をどの程度の頻度でとっているかを知ることが重要で，そのために有効な方法として，度数分布表とヒストグラムがある．家賃についての度数分布表を表1.4に示す．

度数分布表は最小値と最大値の間をいくつかの**階級**（級，クラス，class）に分け，それぞれの階級に含まれる**度数** (frequency) を数えあげる．また，度数の総和（全数）に対する各階級の度数の割合である**相対度数** (relative frequency) を示すこともある．度数の総和は「**データの大きさ**」とよばれ，記号は n や N で示されることが多い．度数分布表は適当に作成するのでなく，次の手順で作成する．1と2によって全階級が決まるので，繰り返し考慮する必要がある．

1. 階級の数，および，階級幅（階級間隔）を決める．
2. 分布表におけるはじめの階級の最小値を決める．
3. 数えあげて度数（と相対度数）を表にする．

表 1.4 家賃の度数分布表

家賃（円）	度数	相対度数
60,001～ 70,000	4	0.029
70,001～ 80,000	10	0.071
80,001～ 90,000	35	0.250
90,001～100,000	35	0.250
100,001～110,000	16	0.114
110,001～120,000	14	0.100
120,001～130,000	11	0.079
130,001～140,000	8	0.057
140,001～150,000	7	0.050
総計	140	1.000

ヒストグラム (histogram) は度数分布表から作成する柱状のグラフである．度数分布表とヒストグラムの作成において重要なことは，度数と階級の数や階級幅とのバランスであり，できるだけ情報を減らすことなく分布の特徴を示すようにする．

図 1.1 は表 1.4 の度数分布表をもとに作成したヒストグラムである．このヒストグラムより家賃が 80,000 円から 100,000 円程度の物件が多く，少し右に裾が長い分布であることがわかる．

図 1.2 と図 1.3 は階級幅を変更し作ったヒストグラムである．このように，ヒストグラムは階級の数や階級幅を変更すると印象が変わるため注意する必要がある．さらに，階級幅は常に等間隔であるとは限らず，データに合わせた階級幅を採用することが重要である．所得や貯金額のような経済データでは高所得者が少数であるため，通常の所得層に対しては階級幅を狭くし，高所得層に対しては階級幅を広くするのが普通である．ヒストグラムでは柱で示された長方形の面積（階級幅×高さ）が重要で，全体に対する各長方形の面積の割合がその階級の相対度数を表現するように作成する．図 1.4 は階級幅が等間隔でない例で，貯蓄保有世帯（二人以上の世帯）の貯蓄額（2014

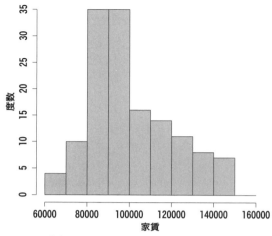

図1.1 家賃のヒストグラム（階級幅 = 10,000 円）

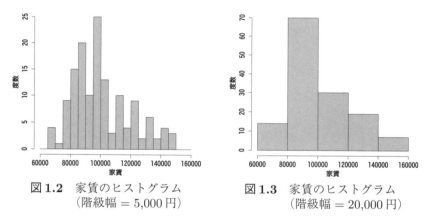

図1.2 家賃のヒストグラム
（階級幅 = 5,000 円）

図1.3 家賃のヒストグラム
（階級幅 = 20,000 円）

年）を示したヒストグラムである．

　ヒストグラムからデータの特徴を把握できるが，峰の数が1個である（単峰という）場合，その概形から次の代表的な4つのパターンに分類して考えるとよい（図1.5）．

(a) **ベル型**：左右対称になっているベルのような形の場合
(b) **右に裾が長い**：ピークが左にあり，大きな値が存在する場合
(c) **左に裾が長い**：ピークが右にあり，小さな値が存在する場合
(d) **一様**：ある範囲内でどの値も同程度に出現する場合

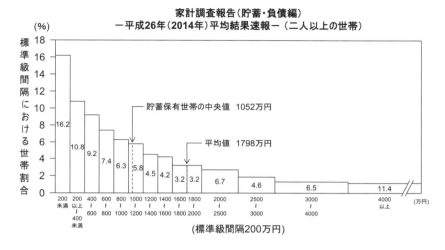

図 1.4 貯蓄額のヒストグラム（階級幅が等間隔でない例）

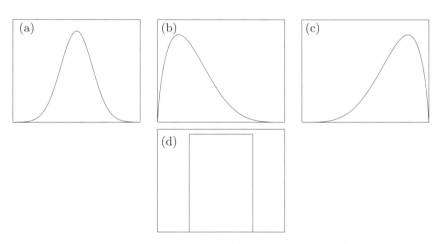

図 1.5 ヒストグラムの代表的な 4 つのパターンの概形

　ヒストグラムに 2 個以上の峰がある場合，この代表的な 4 つのパターンに当てはまらない．そのような場合は，"複数の異なる分布が合わさっているのではないか"，"データの大きさが十分ではないのではないか"などと考えるとよい．

> **コラム ▶▶ Column** ･････････････････････ ● 棒グラフとヒストグラム
>
> 棒グラフとヒストグラムは見かけ上とても似ているが，それぞれの意味することは全く異なる．棒グラフは質的変数に対するグラフ表現で，カテゴリに含まれる個体の個数（度数）を高さで示す．カテゴリが名義尺度の場合，その順は変更してよい．たとえば，賃貸マンションデータの間取りである「1K」,「1DK」,「1R」の度数を棒グラフにするとき，その順序は「1R」,「1K」,「1DK」でもかまわない．一般には度数の多いものや少ないものから並べる．一方，量的変数である家賃の様子を示すヒストグラムは，柱の面積がその階級の度数の割合を示している．値の小さい順に並べて考察することが重要なので順序を変更することはできない．また，となりの階級との間に隙間は原則空けず，「小さい値から大きな値まで連続している」という意味合いをもたせている．そして，ここから第2章で説明する分布という概念が生まれる．ヒストグラムの代表的な4つのパターンや，どこに集中しているか，どの程度散らばっているかなどの考察ができる．

1.2.2　そのほかの図表の作成

1) 幹葉図

　階級幅が等間隔である場合のヒストグラムと同様の効果をもつものとして**幹葉図** (stem and leaf plots) がある．図 1.6 は賃貸マンションデータの家賃について作成した幹葉図である．縦線の左側が万円の位，右側が千円の位を示している．このように，度数分布に関する情報に加えて個々の観測値も表記できるという利点がある．

```
 6 | 889
 7 | 02778999
 8 | 000122233344445555666666778889999
 9 | 000001222334445677788889999999999
10 | 000000112344444555589
11 | 01123345555
12 | 00002234444558
13 | 014555599
14 | 255588
15 | 0
```

図 1.6　幹葉図

2) 累積相対度数分布表

累積相対度数 (cumulative relative frequency) とは，はじめの階級からその階級までに含まれる相対度数の和のことである．**累積相対度数分布表**を用いると最小値から 25% のところ（25% 点という），75% のところ（75% 点という）などに位置する個体がどの階級に属するかがわかる．表 1.5 は家賃の相対度数（表 1.4）より作成した累積相対度数分布表である．これより 25% 点にあたる物件は 80,000 円台であり，75% 点にあたる物件は 110,000 円台であることがわかる．

表 1.5　家賃の累積相対度数分布表

家賃（円）	相対度数	累積相対度数
60,001〜 70,000	0.029	0.029
70,001〜 80,000	0.071	0.100
80,001〜 90,000	0.250	0.350
90,001〜100,000	0.250	0.600
100,001〜110,000	0.114	0.714
110,001〜120,000	0.100	0.814
120,001〜130,000	0.079	0.893
130,001〜140,000	0.057	0.950
140,001〜150,000	0.050	1.000
総計	1.000	

3) 累積分布図

データに含まれる個々の観測値がすべてわかっている場合，それらを小さい順に並べ，横軸に値を，縦軸にその値以下の値を示した個体の全数に対する割合，たとえば，物件数の割合を図にすることができる．これを**累積分布** (cumulative distribution) **図**という．累積分布図は横軸に対して縦軸は 0 から 1 まで単調増加する．図 1.7 は家賃に対する累積分布図である．

累積分布図は必ず 0 から 1 まで増加することから，その動き方を観察する

と分布間の比較が容易になる．たとえば，図1.8の場合，Aは小さな値が，Bは中程度の値が，Cは大きな値が多いデータであることがわかる．

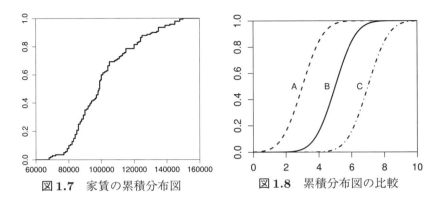

図**1.7**　家賃の累積分布図　　　　図**1.8**　累積分布図の比較

図1.7は個々の観測値に基づき階段グラフの形で描いた累積分布図であるが，集計された度数分布表に基づいて描くこともできる．その場合には，各階級の点（最大値，累積相対度数）を連結した折れ線を描く．ただし，表の1番目の階級の直前に1つの階級，たとえば，表1.5の場合は階級（0〜60,000）があると考える．表1.5に対する累積分布図は，10個の点 $(60,000, 0), (70,000, 0.029), (80,000, 0.100), \ldots, (150,000, 1.000)$ を連結した折れ線となる（図1.9）．

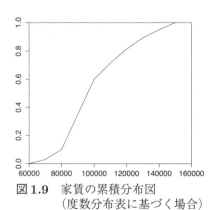

図**1.9**　家賃の累積分布図
　　　　（度数分布表に基づく場合）

4) ローレンツ曲線

所得など経済的な量の集中度あるいは格差を表すためのグラフとしてアメリカの官庁統計家 M.O. ローレンツが考案した，**ローレンツ曲線** (Lorenz curve) があり，経済や経営の分野でよく利用されている．

話を簡単にするため，5人の従業員がいる会社が3つあるとする．各会社の給与の少ない順に並べた5人（A，B，C，D，E）の給与金額，相対度数，累積相対度数を表1.6に示す．表1.6の各会社の1行目は5人の従業員の給与で，会社1は5人に200万円ずつの同等額が支払われている．これを完全平等（完全均等）と考える．会社2は多少の額の差がある場合で，会社3が大きく差がある場合である．各会社の2行目は給与全体に対する，各従業員の給与の割合，つまり，相対度数であり，3行目は累積相対度数である．横軸に給与の少ない順に並べた従業員の累積相対度数，縦軸に給与の累積相対度数をとって図示したものがローレンツ曲線（図1.10）である．会社1のローレンツ曲線は直線となり，これを**完全平等線**（**均等分布線**, complete equality line）という．下側にふくらむほど不平等であることを表す．累積相対度数を**累積比**（**累積比率**）とよぶこともある．

表 1.6　3つの会社の従業員の給与

		A	B	C	D	E	計
会社1	給与金額（万円）	200	200	200	200	200	1000
	相対度数	0.2	0.2	0.2	0.2	0.2	1.0
	累積相対度数	0.2	0.4	0.6	0.8	1.0	
会社2	給与金額（万円）	100	100	200	300	300	1000
	相対度数	0.1	0.1	0.2	0.3	0.3	1.0
	累積相対度数	0.1	0.2	0.4	0.7	1.0	
会社3	給与金額（万円）	0	0	100	100	300	500
	相対度数	0.0	0.0	0.2	0.2	0.6	1.0
	累積相対度数	0.0	0.0	0.2	0.4	1.0	

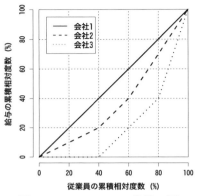

図 1.10　ローレンツ曲線の例

　この例は会社の従業員の給与分配であるが，ローレンツ曲線は世帯の所得分配について描かれることが多く，その描き方の手順は以下の通りである．ほかの例でも同様に考えればよい．

1. 世帯を所得の低い順に並べる．
2. 世帯をいくつかの階級に分け，各階級の世帯の度数と総所得額を計算する．
3. 各階級に対して，全世帯，全所得額に対する各階級の相対度数を示す．
4. 世帯の累積相対度数を横軸に，所得額の累積相対度数を縦軸にとって描く．

　一般に，ローレンツ曲線は正方形の中に描く．原点 (0, 0) から終点 (1, 1) を通る 45 度線をそこに描くと，それは完全平等線を意味する．所得などが完全に均等分配されているならば，ローレンツ曲線は完全平等線と一致し，不均等であればあるほどグラフは下に大きく弧を描き，直線から遠ざかる．

　ローレンツ曲線は分配の不平等さを示すグラフであるが，不平等さを数値として示したのが**ジニ係数** (Gini's coefficient) である．ジニ係数は，正方形に対し，完全平等線と弧の形で描かれたグラフで囲まれた面積の割合の 2 倍で定義する．不平等の程度を 0 から 1 の間の値として表すことができ，その値により地域や年代間の比較ができるようになる．つまり，0 に近いほど平等，1 に近いほど不平等という判断になる．ただし，ジニ係数が同じであっても，その値に対応するローレンツ曲線はいくつも存在するため注意が必要

である．

表1.7は，「勤労者世帯の年間収入五分位階級別1世帯当たり年平均1か月間の収入」である．この表から描いたローレンツ曲線を図1.11に示す．

表1.7 勤労者世帯の年間収入五分位階級別1世帯当たり年平均1か月間の収入

年間収入五分位階級	第Ⅰ階級	第Ⅱ階級	第Ⅲ階級	第Ⅳ階級	第Ⅴ階級
世帯数分布（抽出率調整）	2,000	2,000	2,000	2,000	2,000
月平均額（円）	239,100	342,552	422,916	546,313	791,970

資料：総務省統計局『家計調査報告書平成25年』より作成．

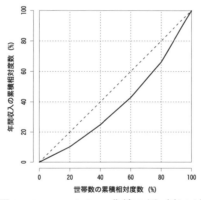

図1.11 ローレンツ曲線の例（表1.7）

§1.3 分布の特徴を表す指標

1.3.1 平均・分散・標準偏差

1.2節で示したヒストグラムなどでは，視覚的にデータ全体の特徴が理解できる．しかし，複数個のヒストグラムを比較する場合，視覚だけでなく

分布の特徴を数値で表すことができれば便利である．1.3節では，分布の特徴を数値（指標という）で表す方法について説明する．主な指標として分布の位置を示す指標と，分布の散らばりあるいは広がりの大きさを表す指標の2種類を取り上げる．まず，平均，分散，標準偏差の基本統計量を用いてデータの特徴を捉えることについて説明する．n個の観測値を便宜的に$x_1, x_2, \ldots, x_n$と表す．xの添え字は観測値の番号を表し，観測した1個目，2個目，$\ldots$，n個目の個体からの観測値を意味する．賃貸マンションデータの場合，$n = 140$となる．

このように表されたデータに対して，**平均** (mean) は次のように計算する．

$$平均 \quad \bar{x} = \frac{1}{n}(x_1 + x_2 + \cdots + x_n) = \frac{1}{n}\sum_{i=1}^{n} x_i \tag{1.3.1}$$

この式からわかるように，平均は全観測値の重心になる．重心は普通ほぼ中心にあるので「中心の位置の指標」として利用される．分布が左右対称である場合はまさしく全観測値の中心を示すが，非対称の度合いが強くなると中心としての意味は弱くなる．

各観測値の**平均からの偏差** (deviation) $(x_1 - \bar{x}), (x_2 - \bar{x}), \ldots, (x_n - \bar{x})$はそれぞれの観測値が平均からどの程度離れているかを測る量であるが，その中には正のものと負のものが混じっている．正負に関係なく同程度に離れていることを示すためそれぞれを2乗して平均をとる．これを**分散** (variance) という．つまり，次のように計算する．

$$分散 \quad s^2 = \frac{1}{n}\sum_{i=1}^{n}(x_i - \bar{x})^2 \tag{1.3.2}$$

分散の計算には式（1.3.2）において，分母nを$n-1$でおきかえて計算することがあるが，これは推測統計の観点から修正をされたもので不偏分散とよばれる．それについては第3章でふれる．第1章で扱う分散は式（1.3.2）によるものである[*]．

分散の計算では観測値の2乗を使うので，観測値の単位と異なる（観測値の単位がcmのとき平均の単位もcmであるが，分散の単位はcm^{2}となる）．

---

[*] 統計検定3級は記述統計を扱っており，分散を求める際は式（1.3.2）を用いる．第1章は記述統計をまとめた内容となっているのでこの式を利用するが，統計検定2級では推測統計を扱うことが多く，特に言及しない限りは分母を$n-1$として計算する．

そこで，観測値と単位が同じになる量として分散の正の平方根を**標準偏差**(SD, s.d., standard deviation) とよび，それを散らばりの指標として用いる．

$$\text{標準偏差} \quad s = \sqrt{s^2} = \sqrt{\frac{1}{n}\sum_{i=1}^{n}(x_i - \bar{x})^2} \tag{1.3.3}$$

平均，分散，標準偏差の3つの値について簡単な例で計算をする．4つのクラス（A，B，C，D）で試験を行った時の学生の成績が以下のように得られた．ここでは比較を簡単にするため，各クラスとも学生は5人としている．

A：3, 4, 5, 6, 7（点）
B：1, 3, 5, 7, 9（点）
C：0, 4, 5, 6, 10（点）
D：0, 1, 5, 9, 10（点）

すべてのクラスで平均は5点であって，平均だけでは4つのクラスの違いはわからない．しかし，クラスAはお互いの点が平均点の近くにあり，クラスBはクラスAに比べてお互いの点が離れている．明らかに値の散らばり方が異なっている．また，クラスCとクラスDには0点の学生と10点の学生がいるが，間にいる他の3人の点の散らばり方が違う．実際に分散と標準偏差を求めると次のようになる．

A：分散 $s^2 = 2.0$， 標準偏差 $s = 1.41$（点）
B：分散 $s^2 = 8.0$， 標準偏差 $s = 2.83$（点）
C：分散 $s^2 = 10.4$， 標準偏差 $s = 3.22$（点）
D：分散 $s^2 = 16.4$， 標準偏差 $s = 4.05$（点）

これらの標準偏差の値を見ると，散らばり方の違いが数値に表れており，散らばり方が大きいほど大きな値になることがわかる．

1.3.2 標準化得点

平均と標準偏差を利用して，各観測値が平均からどの程度離れているかを標準偏差をもって測る**標準化得点**（標準得点，z 得点）について説明する．

$$\text{標準化得点} = \frac{\text{個々の観測値} - \text{平均}}{\text{標準偏差}} = \frac{x_i - \bar{x}}{s} \quad (i = 1, 2, \ldots, n) \tag{1.3.4}$$

個々の値に対して行ったこの変換によって，新たな値全体の平均が0，標準偏差が1になる．データの単位は変数により異なり（たとえば，体重はkg，身長はcmなど），平均や標準偏差の単位も異なる．体重と身長がわかっても，元の値のままでは体重と身長の集団の中での位置の比較は困難である．しかし，ある人の体重と身長の"標準化得点がともに1.0"であるとわかれば，体重も身長も"平均より標準偏差ひとつ分大きい"のだということがわかる．また，体重の標準化得点が負の値で，身長の標準化得点が正の値であると，その人はやせ型であることがわかる．さらに，標準化得点が著しく小さな（または大きな）値であるとき，その観測値はほかの観測値から大きく離れた値（**外れ値**）であることがわかる．

1.3.3 変動係数

標準偏差と違った形でデータの散らばりを測ることがある．たとえば，身長と足のサイズの平均と標準偏差が次のように得られたとする．このとき，どちらの散らばりの方が大きいといえるだろうか？

身長：　　　平均 $\bar{x} = 170\,\text{cm}$，標準偏差 $s = 10\,\text{cm}$
足のサイズ：平均 $\bar{x} = 25\,\text{cm}$，標準偏差 $s = 2\,\text{cm}$

足のサイズの標準偏差は身長の標準偏差より小さいので，散らばりの度合いは足のサイズの方が小さい．しかし，足のサイズは身長に比べてもともと小さいので，これは当然のことである．このように平均が大きく異なるデータ同士の散らばり方の比較は標準偏差ではできず，他の指標が必要となる．**変動係数** (CV, coefficient of variation) がその1つの指標で，式は次のようになる．

$$\text{変動係数}\quad CV = \frac{s}{\bar{x}} \tag{1.3.5}$$

変動係数は標準偏差を平均で標準化したものである．変動係数はそれぞれのデータの平均に対して，標準偏差がどの程度になるかを測ったものと捉えてよい．先の身長と足のサイズにおける変動係数はそれぞれ0.059, 0.080となり，標準偏差の大きさの順とは逆になる．本来，変動係数は生物の様々な大きさの変動を測るために考案されたもので，1.1節で説明したように観測

値が比例尺度の場合を想定しており，負や 0 の値をとることを想定していない．変動係数は式 (1.3.5) を 100 倍し，% 表示することもある．

賃貸マンションデータにおける家賃，部屋の大きさ，築年数の変動係数は順に 0.19，0.29，0.58 であり，この順に平均に対する散らばり方が大きくなることがわかる．

1.3.4 中央値・最頻値

左右対称に近い分布については，平均と標準偏差がわかればデータの中心となる位置と散らばり方の大きさを比較することができるが，左右対称から大きくずれた分布についてはこれらの値が意味をもたないことがある．給与などの経済データには左右対称でない分布が多くあるので，次のような例を考える．

〈ある会社の全社員（10 名）の月給〉
12　16　16　16　24　24　28　32　52　80（万円）

この会社の平均月給を計算すると 30 万円である．しかし，30 万円より少ない給与の人が多く，平均は全体を代表する値とはいえない．そのため，平均に代わる代表値を考える必要がある．次に述べる**中央値**（中位数，メディアン，median），**最頻値**（モード，mode）は平均の代わりに用いられることが多い．平均，中央値，最頻値を「位置の指標」とよび，ヒストグラムが全体としてどこに位置しているかを表す．これらを分布の形状に応じて適切に利用することが重要である．

中央値：観測値を小さい順に並べ，ちょうど真ん中に位置する観測値

この会社の例では 24 万円になる．データの大きさ n が奇数の場合は中央に位置する観測値は 1 つであるため，それが中央値となるが，偶数である場合，真ん中に位置する 2 つの値の平均を中央値とする．

最頻値：最も多く観測された観測値

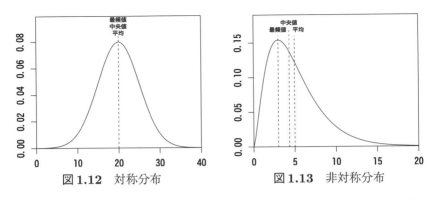

図 1.12　対称分布　　　図 1.13　非対称分布

　離散変数の場合は明らかであるが，連続変数では同じ値をとることが少ないので，度数分布表において度数の最も大きな階級の代表値とすることが多い．この会社の例では 16 万円になる．しかし，最頻値を利用する場合，分布は単峰（山が 1 つ）であることが必要である．山が 2 つ以上ある場合，最頻値とよぶことはあまり適切とはいえない．また，データの大きさ n もそれなりに大きいことが必要で，n が小さい場合，偶然に同じ値が多く観察されることがある．

　分布が単峰で左右対称である場合，平均 = 中央値 = 最頻値となり，すべて真ん中に位置する（図 1.12）．非対称である場合，平均，中央値，最頻値はその場所が異なる．たとえば，図 1.13 の分布は 最頻値 < 中央値 < 平均 となる．特殊な例を除いて，一般に，単峰で右に裾が長い分布は 最頻値 < 中央値 < 平均，単峰で左に裾が長い分布は 平均 < 中央値 < 最頻値 となる．

1.3.5　範囲・四分位範囲

　標準偏差のようなデータの散らばりを示す統計量は「散らばりの指標」とよばれる．散らばりの指標にはいくつかあり，観測値の最大値から最小値を引いた値である **範囲** (range) もその一つである．

$$\text{範囲}\quad R = \text{最大値} - \text{最小値}$$

たとえば，毎日の最高気温と最低気温の差はその日の気温の範囲である．

　観測値を小さい順に並べ，4 分の 1 ずつの場所にある値（25% 点，50% 点，75% 点）を Q_1, Q_2, Q_3 とおく．これらは順に **第 1 四分位数**，**第 2 四分位数**，**第 3 四分位数** という．第 2 四分位数 = 中央値である．このとき，四分位

範囲 (IQR, interquartile range) を次のように定め，その 1/2 を**四分位偏差** (quartile deviation) という．

$$\text{四分位範囲} \quad IQR = Q3 - Q1$$

分布が左右対称に近く平均が位置の指標として意味をもつとき，標準偏差も散らばりの指標として意味をもつ．しかし，分布が左右対称でなく大きく歪んでいて，平均が位置の指標として意味をなさないときは，位置と散らばりの指標のセットとして中央値と四分位範囲を用いるのが適切である．

賃貸マンションデータについて，ここまで出てきた各値を示す（表1.8）．これより，家賃，部屋の大きさ，築年数のどの変数も右に裾が長いことがわかる．

表 1.8　家賃，大きさ，築年数のまとめ

	家賃（円）	大きさ（m^2）	築年数（年）
平均	101,613	26.9	9.6
中央値	98,750	25.0	9.0
最頻値	99,000	21.0	6.0
分散	368,989,692	60.63	30.59
標準偏差	19,209	7.79	5.53
第 1 四分位数	86,750	21.75	6.00
第 3 四分位数	113,250	29.00	13.00
四分位範囲	26,500	7.25	7.00

§1.4　量的データの要約とグラフ表現

1.4.1　5 数要約

1.3 節で示した，最小値，第 1 四分位数，第 2 四分位数 = 中央値，第 3 四

分位数，最大値を **5 数**といい，これらをまとめた表を **5 数要約** (five-number summary) という．賃貸マンションデータの 5 数要約を表 1.9 に示す．

表 1.9 賃貸マンションデータの 5 数要約

	家賃（円）	大きさ（m^2）	築年数（年）
最小値	68,000	15.00	0.00
第 1 四分位数	86,750	21.75	6.00
中央値	98,750	25.00	9.00
第 3 四分位数	113,250	29.00	13.00
最大値	150,000	60.00	28.00

1.4.2 箱ひげ図

5 数要約を視覚的に利用してデータを表現したものに**箱ひげ図** (box and whisker plot)（図 1.14）がある．箱ひげ図の作成には，まず，第 1 四分位数 ($Q1$)，第 2 四分位数 ($Q2$) = 中央値，第 3 四分位数 ($Q3$) を用いて箱を作る．次にひげを作図するが，ひげについてはいくつかの描き方がある．図 1.14 は最も基本的な最小値と最大値までの部分をひげとして表す描き方である．

図 1.15 は駅から近い物件 (A) と遠い物件 (B) に分けて示した（近さで層別した）家賃の箱ひげ図である．箱の大きさから遠い物件のほうが近い物件より中央値付近に家賃が集中していることがわかるが，一方で，ひげの長さから家賃に幅があることがわかる．

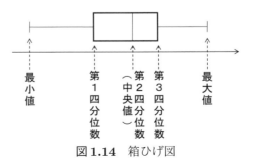

図 1.14 箱ひげ図

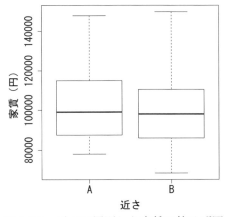

図 1.15　近さで層別した家賃の箱ひげ図

1.4.3　外れ値

　データの観測値の中で，ほかと比較してとても小さな，または大きな値を示すものを**外れ値** (outlier) という．外れ値が生じる理由としては，実験や調査のとき，あるいはコンピュータへの入力のときの間違い，別の理由として分布の裾が長いため，などがある．間違いの場合には当然修正しなければならない．間違いでない場合も，外れ値は平均などの統計量への影響が大きいため適切な対応が望まれる．1.3.2 項で示した標準化得点は，外れ値を見つける簡単な方法であるが，図 1.14 で示した 5 数要約をグラフ化した箱ひげ図を多少修正し，次に記す方法で視覚的に確認することもできる．

　箱ひげ図には図 1.14 以外にもいくつかの描き方がある．そのうち，四分位範囲を IQR と表すとき，箱の上辺 ($Q3$) から $Q3 + 1.5 \times IQR$ 以下の最大の観測値，下辺 ($Q1$) から $Q1 - 1.5 \times IQR$ 以上の最小の観測値までひげをのばし，この範囲を超える観測値は外れ値として，丸や星などの個別の点で表す箱ひげ図が広く利用される．たとえば，図 1.16 は 47 都道府県の人口（平成 26 年）に関するヒストグラムと箱ひげ図である．どちらの図でも，大きく外れている観測値（東京都）が 1 つあることがわかるが，ヒストグラムと比べて，箱ひげ図のほうが中央値や分布の歪みなどとの関係により，外れ値が明確に評価できる．

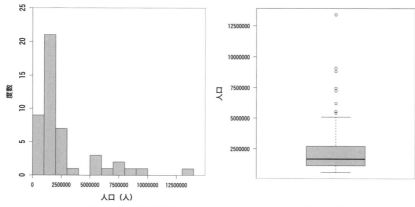

図 1.16 都道府県人口のヒストグラムと箱ひげ図

コラム ▶▶ Column ・ 探索的データ解析 (EDA) の手法と箱ひげ図

1972 年に "The Future of Data Analysis" という論文を書いた J. W. Tukey は「現実の観測値は厳密な意味では正規分布とは異なり，正規分布などの理論に強く依存した形式的な分析はデータ解析には役に立たない」として，従来の数理統計学を否定して新たにデータ解析という分野を提唱した．EDA (Explanatory Data Analysis, 探索的データ解析) とよぶ立場では，外れ値に強い手法を中心として，グラフを多用し，結果的にわかりやすい表現が開発された．EDA の立場で箱ひげ図の考え方を紹介する．

25% 点，75% 点といった**分位点** (quantile) は理論的には明確でも実際の観測値に適用することは簡単とは限らない．中央値は，データの大きさ n が偶数の場合と奇数の場合で分けるのが普通であるが，四分位点（四分位数）は，n を 4 で割った余りで場合分けをしたり比例配分をしたり面倒である．EDA では，そのような数学的な手法を採用しない．箱ひげ図で用いられる分位点は単純かつ明確に定義された指標である．

各観測値を大きさの順に並べて，大小両側から数えた順位で深度 (depth) を定義する．データが $1.1, 1.2, 1.4, 1.5, 1.7, 1.9$ $(n=6)$ なら各観測値の深度は $1, 2, 3, 3, 2, 1$ である．まず，中央に相当する M の深度を $\text{depth}(\text{M}) = (n+1)/2$ とする．これは観測値を中央で大小 2 つの群に分割する点を意味する．$\text{depth}(\text{M})$ が整数ならその深度の観測値を，0.5 という端数が出れば，その前後の観測値の平均値を M とする．次に四分位に相当する H (hinge, ちょうつがい) の深度を $\text{depth}(\text{H}) = ([\text{depth}(\text{M})]+1)/2$ と定める．ただし $[\cdot]$ は切り捨ての記号で $[3.5] = 3$

である．今の例では depth(H) = ([3.5] + 1)/2 = 2 であり，H は 1.2 と 1.7 となる．

Tukey は四分位数の定義に関する面倒な議論を避けるため，意図的に違う表現 H を用いた．この手順の意味も明確で，M の上下の2つの群を新たな標本と見なして，それぞれで M を計算するのである．したがって n が奇数のときは中央の観測値はどちらの群にも含まれる．n が大きい場合には同じ手順を繰り返して，さらに 8 分位点に相当する E や 16 分位点などを求める．

なお Tukey が批判したのは古い数理統計学であり，1980 年代以降，外れ値が発生する構造をモデルに取り入れた頑健性の統計学が発展するなど，最近の統計数理学は EDA とも融和性が高い．

§1.5 質的データの度数分布とグラフ表現

賃貸マンションデータでは，駅からマンションまでの近さ（A と B），間取り，方角が質的変数である．質的変数のデータを**質的データ** (qualitative data) という．質的データをグラフにする前に，間取りと方角について表にまとめる（表 1.10，表 1.11）．質的データでも，**度数**は同じカテゴリにある物件数のことであり，**相対度数**は度数の総和（全数）に対する各カテゴリの度数の割合である．

カテゴリの度数を比較するため質的変数をグラフにする．用いるグラフは大きく2種類に分かれる．1つ目は度数や相対度数を示す**棒グラフ**であり，2つ目は全体に対する割合を示す**円グラフ**や帯グラフである．カテゴリに順序がない場合は，度数が大きい順や小さい順に並べるとよいが，アンケートの5段階評価のような順序尺度の場合は数値化された数値の小さい順に並べる．間取りや方角のような場合は，作成者が意図するものでもよい（図 1.17，図 1.18）．

表 1.10 度数と相対度数（間取り）

間取り	度数	相対度数
1DK	6	0.04
1K	105	0.75
1LDK	8	0.06
1R	9	0.06
1SLDK	1	0.01
2DK	9	0.06
2K	1	0.01
2LDK	1	0.01
総計	140	1.00

表 1.11 度数と相対度数（方角）

方角	度数	相対度数
東	23	0.16
南東	33	0.24
南	37	0.26
南西	14	0.10
西	21	0.15
北西	6	0.04
北	1	0.01
北東	5	0.04
総計	140	1.00

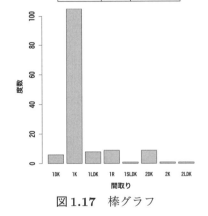

図 1.17　棒グラフ

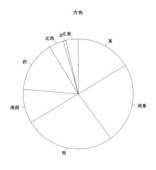

図 1.18　円グラフ

§1.6　2 変数データの記述と要約

1.6.1　散布図

賃貸マンションの家賃は部屋の大きさと関係していると考えられる．2 つの変数の値を図にすることで，お互いにどのような関係があるのかを知ることができる．互いの関係を**相関** (correlation) という．

マンションの部屋の大きさと家賃を $(x, y) =$ (大きさ，家賃) のように考え，横軸に大きさ，縦軸に家賃をとって2次元平面に各点を布置してみる．このような2次元平面に表した図のことを**散布図** (相関図, scatter diagram) という．さて，家を選ぶ場合は駅からの距離が大きく関係する．賃貸マンションデータは駅から近い物件 (A) と遠い物件 (B) のラベルがついている．ラベルに分けて別々に散布図を描くことを**層別した散布図**という．図 1.19 は，同じ2次元平面上にラベルを示す記号をつけて観測値を布置した散布図である．

図 1.19 より部屋が大きいほど家賃が高い傾向があることがわかり，さらに，駅から近い物件は同じ大きさでも家賃が高いことがわかる．このように他の条件を含めて散布図を描くことによって，より深い考察ができる．

賃貸マンションの部屋の大きさと家賃の散布図から，どちらかが大きくなると，もう一方も大きくなる傾向がわかった．このような場合，**正の相関**があるという．これとは逆に，どちらかが大きくなると，もう一方が小さくなる傾向がある場合，**負の相関**があるという．そのどちらでもなく，特別な関係 (たとえば，一方が他方の2次関数であるというような関係) もない場合，**無相関**という．これら3つの様子を図 1.20 に示す．

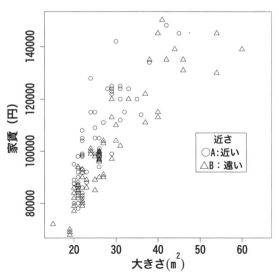

図 **1.19** 近さで層別した大きさと家賃の散布図

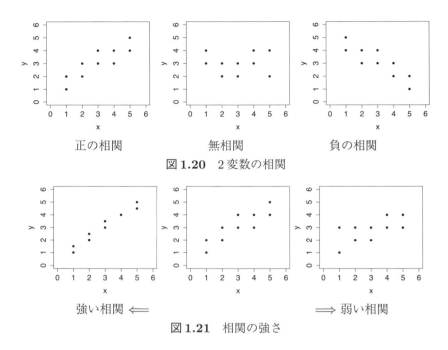

図 1.20　2 変数の相関

図 1.21　相関の強さ

相関がある場合でも，非常に顕著に関係があるデータと明確でないデータがある．それぞれを強い相関がある，弱い相関があるという．正の相関についてそのおおよその状態を図 1.21 に示す．

観測値の数が多い場合には，量的変数をいくつかの階級に分けて表の形にまとめることもできる．家賃と部屋の大きさについていくつかの階級に分け，両方の階級に含まれる観測値の個数を数え上げたものが表 1.12 であり，**クロス集計表**（**分割表**，cross table）という．このクロス集計表からも 2 つの変数の関係がわかる．この表において，一番右の列は部屋の大きさを階級ごとに合計したもので，一番下の行は家賃を階級ごとに合計したものである．これらはそれぞれ，部屋の大きさに対する，また，家賃に対する度数分布表となり，**周辺度数**(marginal frequency) とよばれる．クロス集計表は 2 変数に対する集計表が一般的ではあるが，ときには 3 変数以上の関係を示すこともある．表 1.12 にある家賃の「7〜8」は 7 万円を超え 8 万円以下を示す．また，大きさの「15〜20」は $15\,\mathrm{m}^2$ を超え $20\,\mathrm{m}^2$ 以下を示す．その他も同様である．

表1.12 クロス集計表（部屋の大きさ×家賃）

（家賃の単位：万円，部屋の大きさの単位：m^2）

大きさ \ 家賃	～7以下	7～8	8～9	9～10	10～11	11～12	12～13	13～14	14～15	合計
～15以下		1								1
15～20	4	4	5	1						14
20～25		5	27	17	8	2	1			60
25～30			3	17	7	3	5	1		36
30～35					1	5	3			9
35～40						4	1	3	1	9
40～45								2	4	6
45～50								2		2
50～55							1		1	2
55～60								1		1
合計	4	10	35	35	16	14	11	8	7	140

1.6.2 相関係数

前項では，2変数の関係を図や表にして考察することを説明した．また，相関がある場合でも，強い相関と弱い相関があることを示した．図や表では細かい点まで考察できるという利点はあるが定量的な議論はできない．そのために，相関係数という値で相関の強さを示す．相関係数を求めるには共分散という値が必要になる．以下，これらについて説明する．

データの大きさ n の2変数データを便宜的に $(x_1, y_1), (x_2, y_2), \ldots, (x_n, y_n)$ と表す．このように表されたデータに対して，**共分散** (covariance) は次のように計算する．

共分散

$$s_{xy} = \frac{1}{n}\{(x_1-\bar{x})(y_1-\bar{y})+(x_2-\bar{x})(y_2-\bar{y})+\cdots+(x_n-\bar{x})(y_n-\bar{y})\}$$
$$= \frac{1}{n}\sum_{i=1}^{n}(x_i-\bar{x})(y_i-\bar{y}) \tag{1.6.1}$$

共分散を理解するために図 1.22 を見ながら 1 番目の観測値に対する $(x_1-\bar{x})(y_1-\bar{y})$ を考える．図 1.22 の縦の点線は $x=\bar{x}$，横の点線は $y=\bar{y}$ を示し，交点は $(\bar{x},\bar{y})$ となる．$(x_1-\bar{x})(y_1-\bar{y})>0$ であるとき，1 番目の観測値 x_1, y_1 は，各々の平均 $\bar{x}$, $\bar{y}$ よりともに小さいか，大きいことになる．つまり，図 1.22 の＋の部分にある．$(x_1-\bar{x})(y_1-\bar{y})<0$ であるとき，1 番目の観測値 x_1, y_1 のどちらかが対応する平均より小さく，もう一方が大きいことになる．つまり，図 1.22 の－の部分にある．このことをすべての観測値について考えると，平均 $\bar{x}$, $\bar{y}$ に対して各観測値が 4 分割された部分のどこにあるかによって，それぞれの符号が決まる．これらの値をすべて足し合わせ，平均をとったものが共分散である．この値が正ならば正の相関が，負ならば負の相関があることになる．共分散は単位によって大きさが変わるため，それを両方の標準偏差で割る．これが**相関係数（ピアソンの積率相関係数**，correlation coefficient）である．

$$\text{相関係数} \quad r_{xy} = \frac{s_{xy}}{s_x s_y} \tag{1.6.2}$$

ここで，s_{xy} は x と y の共分散で，s_x, s_y はそれぞれ x, y の標準偏差であ

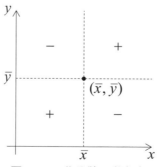

図 **1.22** 共分散の考え方

る．このように共分散を標準偏差で割ることによって，相関係数は測定の単位に依存せず，-1 から 1 の間の値をとる．相関係数の値の正負は，そのまま正の相関，負の相関を示し，絶対値の意味で大きな値をとるほど強い相関がある．特に，相関係数 $=1$ のとき，全ての観測値は右上がりの直線上に完全に布置され，一方，相関係数 $=-1$ のとき，観測値は右下がりの直線上に完全に布置される．

相関係数 r_{xy} は，

$$r_{xy} = \frac{\frac{1}{n}\sum_{i=1}^n (x_i - \bar{x})(y_i - \bar{y})}{s_x s_y} = \frac{1}{n}\sum_{i=1}^n \frac{(x_i - \bar{x})}{s_x}\frac{(y_i - \bar{y})}{s_y}$$

とも書き直すことができ，標準化得点どうしの共分散としても解釈できる．このように相関係数は2変数間の単位に依存しない線形関係の程度を表していると考えられる．

相関係数は2変数の様子を示すのに大変役に立つが，よくある間違いとして次の3つのことに注意する．

- 相関関係と因果関係は異なる．相関係数が（絶対値の意味で）大きいからといって，因果関係が確認されたわけではない．因果関係を示すにはその変数がもつ背景を理解して考察する必要がある．
- 因果関係がなくても2変数の相関係数が大きくなることがある．たとえば，それらの2変数と関連の強い第3の変数の値が大きく関与している場合などである．この場合，この2つの変数に現れる相関を**見かけ上の相関**（擬相関，spurious correlation）という．
- 式 (1.6.2) の相関係数は2つの変数の線形関係（直線の関係）について考察したものである．非線形関係（直線でない関係）があっても相関係数の値からはわからない．

1.6.3 偏相関係数

相関係数に関する注意で見かけ上の相関について述べた．そのことについて，賃貸マンションデータにおける変数間の相関関係について考察する．各変数間の相関係数を計算すると次のようになる．

部屋の大きさと家賃の相関係数	0.841
部屋の大きさと築年数の相関係数	0.516
家賃と築年数の相関係数	0.245

相関係数を見ると家賃と部屋の大きさに強い正の相関が見られる．このことは，部屋の大きさが大きくなると家賃が高くなるという常識と一致している．部屋の大きさと築年数にも正の相関が認められる．古い物件には大きい部屋が多いと思われ，このことも特に常識に反しない．これに対して，家賃と築年数の関係として，弱いながら正の相関が見られることは，古い物件は安くなるという常識に反している．これは，古い物件に大きい部屋が多いことによって見かけ上の相関が生じた可能性が示唆される．このような見かけ上の相関を**偏相関** (partial correlation) という考え方で説明する．

$(x,y)=$（大きさ，家賃）に築年数を加え，$(x,y,z)=$（大きさ，家賃，築年数）という記号を使って話を進める．上にある数値より，相関係数 $r_{xy}=0.841, r_{xz}=0.516, r_{yz}=0.245$ となる．今，常識とは異なる家賃と築年数の相関関係の値は**第3の変数**である部屋の大きさ x による影響ではないかと考えて，この影響を除いた後の家賃 y と築年数 z の関係を次の式で定義される**偏相関係数** (partial correlation coefficient) $r_{(yz \cdot x)}$ を用いて検討する．ただし，第3の変数 x の影響を除く方法として，次の項（1.6.4項）の回帰直線を応用した方法を用いる．

$$\text{偏相関係数} \quad r_{(yz \cdot x)} = \frac{r_{yz} - r_{xy}r_{xz}}{\sqrt{1-r_{xy}^2}\sqrt{1-r_{xz}^2}}$$

計算の結果，家賃と築年数の偏相関係数は -0.408 となり，家賃と築年数の間に見られた正の相関は，部屋の大きさの影響による見かけ上の相関であった可能性があることがわかった．すなわち，部屋の大きさの影響を除いた後の偏相関係数が負であるから，同じ大きさの部屋なら古い物件ほど家賃が安いことになる．

1.6.4　回帰直線

2つの変数 x と y を対等に扱い相互の関連性の強さを表す相関係数について1.6.2項で説明した．本項では，x と y は対等ではなく，x から y を説明し

たり予測したりする方向性をもった回帰とよばれる方法について説明する．その方法は，たとえば，動物実験や臨床試験における薬物の投与量 x の効果 y への影響の大きさを評価する，父親の身長 x によって息子の身長 y を説明する，あるいは，入学試験の成績 x から入学後の成績 y を予測する，家計の所得 x から消費 y を説明するといった分析に応用できる．

賃貸マンションデータについて，部屋の大きさ x と家賃 y との間に常識的に考えられる "部屋が大きくなれば家賃も高くなる" という関係を想定して，部屋の大きさ x を用いて家賃 y を説明することを試みる．このとき，説明するほうの変数 x を**説明変数**（**独立変数**，**予測変数**など，explanatory variable, independent variable），説明されるほうの変数 y を**応答変数**（**目的変数**，**従属変数**，**被説明変数**など，response variable, dependent variable, explained variable）といい，散布図を描くときには説明変数を横軸に，応答変数を縦軸にとって作成する．先の図 1.19 の散布図はその方針で描かれている．

部屋の大きさを x，家賃を y とおき，その間に

$$y = \alpha + \beta x$$

という直線関係を考え，部屋の大きさ x から家賃 y を予測する．この直線を**回帰直線** (regression line) とよび，α と β を**回帰係数** (regression coefficient) とよぶ（β のみを回帰係数とよぶ場合もある）．詳しくいえば，α は切片，β は傾きを表す．この回帰直線を散布図のデータと対応させ最もよくあてはまる回帰係数を求める（推定する）ことを考える．

図 1.23 にあるように，切片と傾き $\hat{\alpha}$, $\hat{\beta}$ を決めて，回帰直線を描いたとする．観測値の実際の値 y_i と回帰直線を用いて予測された値 $\hat{y}_i$ との差 $e_i = y_i - \hat{y}_i$ $(i = 1, 2, \ldots, n)$ を**残差** (residual) とよぶ．この式は予測に用いたときの予測誤差を表す．このように統計学では，予測値や推定値を示す記号として ˆ（ハット）を用いる．

これら n 個の観測値に対する残差の二乗和（**残差平方和**という）

$$S(\hat{\alpha}, \hat{\beta}) = \sum_{i=1}^{n} e_i^2 = \sum_{i=1}^{n} (y_i - \hat{y}_i)^2 = \sum_{i=1}^{n} \{y_i - (\hat{\alpha} + \hat{\beta} x_i)\}^2 \qquad (1.6.3)$$

を考える．完全に予測できたときには観測値はすべて直線上に乗り，残差

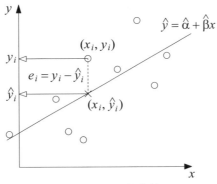

図 1.23 回帰直線

の二乗和 $S(\hat{\alpha}, \hat{\beta})$ は 0 となる．また，予測値と観測値の違いが大きいほど $S(\hat{\alpha}, \hat{\beta})$ は正で大きい値をとる．そこで残差の二乗和 $S(\hat{\alpha}, \hat{\beta})$ をあてはまりの良さの基準として採用し，$S(\hat{\alpha}, \hat{\beta})$ を最小にするような回帰係数を求める方法を**最小二乗法** (LSM, least squares method) という．$S(\hat{\alpha}, \hat{\beta})$ は 2 つのパラメータ $\hat{\alpha}$ と $\hat{\beta}$ の 2 次関数で最小値が存在する．$S(\hat{\alpha}, \hat{\beta})$ を最小とする $\hat{\alpha}, \hat{\beta}$ を求めるために，$\hat{\alpha}$ と $\hat{\beta}$ で偏微分し 0 に等しいとすると，次の形の未知数 $\hat{\alpha}$ と $\hat{\beta}$ を含む 2 つの連立 1 次方程式が得られる．

$$n\hat{\alpha} + \hat{\beta}\sum x_i = \sum y_i \tag{1.6.4}$$

$$\hat{\alpha}\sum x_i + \hat{\beta}\sum x_i^2 = \sum x_i y_i \tag{1.6.5}$$

ただし，$\sum$ に関する和の範囲は省略するが，i は 1 から n まで動くものとする．この 2 元連立方程式（**正規方程式**, normal equation）を解くと

$$\hat{\beta} = \frac{\sum (y_i - \bar{y})(x_i - \bar{x})}{\sum (x_i - \bar{x})^2} = \frac{s_{xy}}{s_{xx}} = r_{xy}\frac{\sqrt{s_{yy}}}{\sqrt{s_{xx}}} = r_{xy}\frac{s_y}{s_x} \tag{1.6.6}$$

$$\hat{\alpha} = \bar{y} - \hat{\beta}\bar{x} \tag{1.6.7}$$

となる．まず，式 (1.6.6) を用いて傾き $\hat{\beta}$ を求め，その結果を式 (1.6.7) に代入して切片 $\hat{\alpha}$ を求める．ここで，s_{xx} は変数 x の分散 $(= s_x^2)$ を意味する．この最小二乗法による解を採用すると以下のような性質を導くことができる．

(a) 予測値 $\hat{y}_i = \hat{\alpha} + \hat{\beta} x_i$ の平均は観測値 y_i の平均と等しい
式 (1.6.4) の両辺を n で割ると左辺は予測値の平均,右辺は観測値の平均となり次の等式が成り立つ.
$$\bar{\hat{y}} = \bar{y}$$

(b) 残差 $e_i = y_i - \hat{y}_i$ の平均は 0 となる
$$\bar{e} = \bar{y} - \bar{\hat{y}} = 0$$

(c) 回帰直線は点 $(\bar{x}, \bar{y})$ を通る
求まった回帰直線 $y = \hat{\alpha} + \hat{\beta} x$ の $\hat{\alpha}$ の部分に式 (1.6.7) の右辺を代入すると
$$y = \bar{y} + \hat{\beta}(x - \bar{x})$$
となり,$x = \bar{x}$ のとき $y = \bar{y}$ となることがわかる.

(d) 予測値 $\hat{y}_i = \bar{y} + \hat{\beta}(x_i - \bar{x})$ と残差 e_i の相関係数は 0 である
相関係数が 0 であるためには,予測値と残差の共分散 $s_{\hat{y}e}$ が 0 であればよい.

$$\begin{aligned}
s_{\hat{y}e} &= \frac{1}{n} \sum (\hat{y}_i - \bar{y})(e_i - \bar{e}) = \frac{1}{n} \sum \hat{\beta}(x_i - \bar{x}) e_i \\
&= \frac{\hat{\beta}}{n} \sum (x_i - \bar{x}) \{y_i - (\bar{y} + \hat{\beta}(x_i - \bar{x}))\} \\
&= \frac{\hat{\beta}}{n} \left\{ \sum (x_i - \bar{x})(y_i - \bar{y}) - \hat{\beta} \sum (x_i - \bar{x})^2 \right\} \\
&= \hat{\beta}(s_{xy} - \hat{\beta} s_{xx})
\end{aligned}$$

$\hat{\beta} = s_{xy}/s_{xx}$ であるため,$s_{\hat{y}e} = 0$ になる.よって,$r_{\hat{y}e} = s_{\hat{y}e}/(s_{\hat{y}} s_e) = 0$ となる.

(e) 平方和の分解:回帰直線 $y = \hat{\alpha} + \hat{\beta} x$ を用いるとき,応答変数 y の変動の大きさを表す平方和 S_y は,**回帰による平方和** S_R と**残差平方和** S_e の和 $S_y = S_R + S_e$ の形に分解できる.これを**平方和の分解**という.
観測値 y_i の平方和(y の分散 s_{yy} の n 倍)の式を変形すると

$$\begin{aligned}
\sum (y_i - \bar{y})^2 &= \sum \{(y_i - \hat{y}_i) + (\hat{y}_i - \bar{y})\}^2 \\
&= \sum (y_i - \hat{y}_i)^2 + \sum (\hat{y}_i - \bar{y})^2 + 2 \sum (y_i - \hat{y}_i)(\hat{y}_i - \bar{y})
\end{aligned}$$

となる．ここで，最右辺の第3項は予測値と残差の偏差積和を表すが，(d) より予測値と残差の相関係数が0であることから，この項は0である．また，第1項と第2項を入れ替え

$$\sum(y_i - \bar{y})^2 = \sum(\hat{y}_i - \bar{y})^2 + \sum(y_i - \hat{y}_i)^2$$
$$S_y(= S_\mathrm{T}) = S_\mathrm{R} + S_\mathrm{e} \qquad (1.6.8)$$

と観測値 y_i の平方和 S_y（**総平方和** S_T ともいう）は2つの平方和の和の形に分解できる．これは幾何学におけるピタゴラスの定理（三平方の定理）に相当する．ここで，右辺第1項は回帰直線による予測値の平方和であるので，回帰による平方和 S_R（R は回帰 regression の頭文字），右辺の第2項は残差平方和 S_e とよばれる．

(f) 決定係数：式 (1.6.8) の平方和の分解のうち，y の平方和の中の回帰による平方和の割合

$$R^2 = \frac{S_\mathrm{R}}{S_y} \qquad (1.6.9)$$

を**決定係数**（coefficient of determination）または寄与率とよぶ．

(e) で説明したように応答変数 y の変動の大きさを表す平方和 S_y は回帰直線によって説明される部分 $S_\mathrm{R}(\geq 0)$ と説明されない部分 $S_\mathrm{e}(\geq 0)$ の和の形に分解される．y の変動のうち回帰直線で説明できる部分の割合を表したものが式 (1.6.9) である．完全に説明できる（データが回帰直線に乗る）ときには，$S_e = 0$ となり $R^2 = 1$，全く説明できない場合は $S_R = 0$ となり $R^2 = 0$ である．つまり，R^2 の値は $0 \leq R^2 \leq 1$ の範囲の値をとる．本項では，説明変数が1つ（x だけ）の場合の**単回帰** (simple regression) とよばれる方法について説明しているが，平方和の分解やそれに基づく決定係数は，説明変数が2つ以上ある場合（**重回帰**, multiple regression という）にも同様の形で定義できる．決定係数 R^2 の平方根 R は観測値 y_i と予測値 $\hat{y}_i$ の間の相関係数を表し，**重相関係数** (multiple correlation coefficient) とよばれる．この呼び名は，複数個の説明変数から1次式の形で合成される変数（予測式）と y との相関係数という意味からきているが，説明変数が x だけの場合には，R は x と y の相関係数 r の絶対値に等しい．

賃貸マンションデータについて，部屋の大きさを x，家賃を y としたときの回帰直線は次のように示される．

$$y = 45791.44 + 2075.15x$$

たとえば，部屋の大きさが$40\mathrm{m}^2$の場合，上の式に$x = 40$を代入して128,797円と予測される．また，相関係数rは0.84であり，決定係数R^2は0.71となり相関係数の2乗に等しい．これらの結果から，得られた回帰直線では部屋の大きさが家賃を比較的よく説明していることがわかる．

1.6.5 質的データのクロス集計表

賃貸マンションデータでは，駅からマンションまでの近さ（A：7分まで，B：8分から15分）が質的変数である．ここでは，簡単に近さ（近い，遠い）とする．また，家賃と部屋の大きさは量的変数であるが，家賃を10万円未満と10万円以上に分けて（安い，高い），部屋の大きさを$25\mathrm{m}^2$未満と$25\mathrm{m}^2$以上に分けて（狭い，広い）のように変換すると，質的変数として分析することができる．

これらの分け方に対して，表1.13，表1.14のようにまとめ，質的変数の間の関連性を**クロス集計表（分割表）**により検討することができる．2つの変数のクロス集計表であることを明示し，**2元クロス集計表**ということもある．クロス集計表の度数が示されている欄をセルという．

表1.13 部屋の大きさと家賃のクロス集計表

大きさ＼家賃	安い	高い	計
狭い	57	8	65
広い	22	53	75
計	79	61	140

表1.14 近さと家賃のクロス集計表

近さ＼家賃	安い	高い	計
近い	36	33	69
遠い	43	28	71
計	79	61	140

2つの表を比較すると，駅からマンションまでの近さより，部屋の大きさのほうが家賃との関係性が強いことがわかる．部屋の大きさと家賃のクロス集計表に対して，3種類の方法でパーセントを計算する．表1.15の行パーセントは，部屋の大きさに対して家賃がどのように違うかを示し，表1.16の列パーセントは，家賃に対して部屋の大きさがどのように違うかを示してい

表1.15 行パーセント（%）

大きさ＼家賃	安い	高い	計
狭い	87.7	12.3	100.0
広い	29.3	70.7	100.0

表1.16 列パーセント（%）

大きさ＼家賃	安い	高い
狭い	72.2	13.1
広い	27.8	86.9
計	100.0	100.0

表1.17 総パーセント（%）

大きさ＼家賃	安い	高い	計
狭い	40.7	5.7	46.4
広い	15.7	37.9	53.6
計	56.4	43.6	100.0

る．表 1.17 の総パーセントは，全体に対する各セルに含まれる部屋の割合である．このデータでは，行パーセント，列パーセントのどちらをみても部屋の大きさと家賃の関連性は強い．常識的には部屋の大きさが家賃に影響を及ぼしていると考えるのが自然である．このような場合，表 1.15 で示したように行パーセントを分析の結果として示すほうがよい．表 1.15 を見ると，部屋が狭いほうでは家賃が安い物件が 87.7% と多いのに対して，広いほうでは安い物件が 29.3% と少なくなっている．

部屋の大きさがどの程度，家賃に影響を与えているかを表 1.15 を用いて考える．まず，部屋が狭い場合のオッズを $0.877/0.123 = 7.130$ として定義する．これは，部屋が狭いことによる家賃への結果に対する比となる．部屋が広い場合のオッズは $0.293/0.707 = 0.414$ である．**オッズ比** (odds ratio) をこれらの比として定義すると，$7.130/0.414 = 17.2$ となる．これは部屋が狭いことにより家賃が安くなることが，広い場合の 17.2 倍となることを意味する．オッズ比は度数を示した表 1.13 より，簡単に $(57 \times 53)/(8 \times 22) = 17.2$ とセルのたすき掛けの形で計算できる．同様に，駅からマンションまでの近さと家賃についてオッズ比を求めると $(36 \times 28)/(33 \times 43) = 0.71$ であり，近いことにより家賃が安くなることが遠い場合の 0.71 倍となる．この場合，

逆数は $(33 \times 43)/(36 \times 28) = 1.41$ となり，遠いことにより家賃が安くなることが近い場合の 1.41 倍であると考えることができ理解しやすい．これらより，部屋の大きさに比べ，マンションまでの近さのほうがオッズ比が小さく，家賃に影響を与えないことがわかる．このように，家賃への影響がオッズ比によって比較できる．

ここで示したクロス集計表は 2 変数に対する集計表であるが，ときには 3 変数（3 元クロス集計表）以上の関係を示すこともある．変数を増加させると解釈が複雑になるのであまり多くの変数でクロス集計はしないほうがよい．

§1.7 時系列データの記述と簡単な分析

1.7.1 時系列データ

最高気温と最低気温は毎日発表され，消費者物価指数や完全失業率は毎月発表される．各企業の決算情報は 3 か月ごとに発表されるなど，時間の順に観測されるデータがたくさんある．時間の順に得られたデータを**時系列データ** (time series data) という．この時系列データは折れ線グラフで示すとその様子がよくわかる．

表 1.18 に示した時系列データの例（交通事故死者数の推移）を折れ線グラフで図 1.24 に示した．図 1.24 から，多少の凸凹があるものの，全体にどの年代も死者数が減少していることがわかる．しかし，このようなデータでは人口の変動も考慮して解釈しなければならない．たとえば，75 歳以上の高齢者については他の年代と比較してさほど減少が見られないが，近年の高齢者の増加を加味して考察する必要がある．

時系列データの利用は重要である．消費者のサービスに関するデータ，たとえば，窓口に来る客の数を調べることで，混み合う時間帯や曜日などがわかり，実際の対応にその結果を活かすことができる．売れ行きの変動などもその後の企業の戦略などに利用することができる．

表 1.18 交通事故死者数（年齢層別 24 時間死者数の推移（各年 12 月末））

（単位：人）

	12 年	13 年	14 年	15 年	16 年	17 年	18 年	19 年	20 年	21 年	22 年
15 歳以下	231	270	258	225	221	182	158	133	127	111	111
16〜24 歳	1,563	1,402	1,316	1,039	931	829	772	670	551	519	469
25〜29 歳	602	590	539	497	420	364	306	266	210	184	198
30〜39 歳	780	810	751	678	716	643	547	478	425	372	378
40〜49 歳	804	704	678	637	563	539	472	454	417	382	395
50〜59 歳	1,228	1,172	1,066	960	916	887	816	673	568	523	489
60〜64 歳	692	583	574	557	545	503	472	343	358	371	373
65〜74 歳	1,468	1,460	1,409	1,383	1,308	1,240	1,152	1,092	979	914	906
75 歳以上	1,698	1,756	1,735	1,726	1,738	1,684	1,657	1,635	1,520	1,538	1,544

（平成暦年）

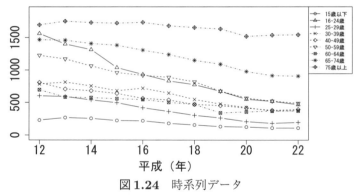

図 1.24 時系列データ

コラム ▶▶ Column　　　　　　　　　● 交通事故死者数の考察

　時系列データの例（交通事故死者数の推移）では，75 歳以上の高齢者についてさほど減少が見られなかった．これより，高齢者の交通事故死は他の年代と比較して減っていないと言っていいのであろうか？

　高齢者に関しては，平成 12 年の 75 歳以上の人口は約 900 万人であったのに，平成 22 年には約 1,430 万人に増加している．これより，75 歳以上の高齢者についても人口比から見ると減少していることになる．このように，絶対数としての比較も重要であるが，人口比との関係について考えておくことが重要である．

1.7.2 指数化と幾何平均

時系列データはさまざまな場面で利用されるが,特に経済や経営に関するものが多い.表 1.19 に日本全体と東京都での一人平均月間現金給与総額に関する時系列データ（2000 年 1 月から 2011 年 3 月まで）を示す.この給与データについていくつかの分析を試みる.

ある時点 t（年または月）の給与総額 y_t と次の期の給与総額 y_{t+1} の変化を考える場合,差 $y_{t+1} - y_t$ で見る方法と,変化率 $(y_{t+1} - y_t)/y_t$ で見る方法が一般的である.

差や変化率以外に利用する方法について説明する.はじめに複数の時系列の変化を比較する場合を考える.時系列間の値の大きさをそろえるため,ある時点を基準時とする**指数化**が行われることが多い.特に,経済分析で用いる指数を経済指数という.観測値を $y = (y_0, y_1, y_2, \ldots, y_{T-1}, y_T)$ とし,基準時 s の値を y_s とすると

$$q_t = y_t/y_s \qquad (t = 0, 1, 2, \ldots, T) \tag{1.7.1}$$

によって各時点 t の指数 q_t が求められる.年次データの場合,基準時として西暦末尾の数字が 0 または 5 の年を採用することが多い.表 1.19 の日本全国および東京都の給与データは月次なので,2000 年の（年合計を 12 で割った）平均月間給与額を基準値として得られた指数を図 1.25 に示す.毎年,6 月と 12 月に指数の値が大きくなるのはボーナスの影響であると考えられる.

次に変化を比で見る場合を考える.データが前期比 $r_t = y_t/y_{t-1}$ ($t =$

表 1.19 一人平均月間現金給与総額データ

年月	日本全国	東京都
2000 年 01 月	305282	403179
2000 年 02 月	285265	353285
2000 年 03 月	304792	376831
⋮	⋮	⋮
2011 年 02 月	264751	338554
2011 年 03 月	275442	359225

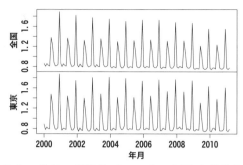

図 1.25 日本の給与の指数化（2000 年の平均を基準とした場合）

$1, \ldots, T$) として与えられた場合，平均伸び率を計算するには，r_t の平均としては算術平均（これまで利用してきた平均）よりも幾何平均を用いることが適切である．

伸び率 r_t ($t = 1, \ldots, T$) の **幾何平均** (geometric mean) r_G は

$$r_G = (r_1 \times r_2 \times \cdots \times r_{T-1} \times r_T)^{1/T} = (\prod_{t=1}^{T} r_t)^{1/T} \qquad (1.7.2)$$

と定義される．表 1.19 のように月間給与総額が与えられている場合の T 期間全体の伸び率は $y_T/y_0 = (y_1/y_0)(y_2/y_1) \cdots (y_T/y_{T-1}) = r_1 r_2 \cdots r_T = (r_G)^T$ と積の形になるので，1 か月あたりの伸び率は幾何平均 r_G となることがわかる．1 か月あたりの伸び率を年率にする場合は $(r_G)^{12}$ とすればよい．

たとえば，2000 年 4 月から 2011 年 3 月にかけた月間給与総額伸び率は，日本全国について月次は $r_G = (275442/304792)^{1/132} \fallingdotseq 0.9992$，年次は $(r_G)^{12} \fallingdotseq 0.9908$ となる．また，東京都について月次は $r_G = (359225/376831)^{1/132} \fallingdotseq 0.9996$，年次は $(r_G)^{12} \fallingdotseq 0.9957$ となる．変化率は伸び率から $r_G - 1$ として求められる．日本全国と東京都の年次変化率はそれぞれ -0.0092 と -0.0043，すなわちおよそ -0.9% および -0.4% となる．

1.7.3 時系列データの変動分解

経済時系列データの時間的変動を次のような 3 種類に分ける伝統的な考え方がある．給与データの月次経済時系列データを例にとって説明する．

- **傾向変動**（循環変動を含む）(TC)：
  基本的な長期に渡る動きを表す変動を指す．循環変動を分離する場合もあるが，ここでは合わせて広い意味の傾向変動（トレンド）を表すものとする．TC は trend-cycle variation の頭文字からとっている．
- **季節変動** (S)：
  1年を周期として循環を繰り返す変動を指す．農産物の生産など自然現象に左右される変動や季節による社会的・経済的要因で生じる変動が考えられる．
- **不規則変動** (I)：
  上記以外の変動で，規則的ではない変動を指す．冷夏などの天候により予測が困難な偶然変動が含まれる．

与えられた時系列データを

$$y_t = TC_t + S_t + I_t \qquad (t = 1, 2, \ldots, T)$$

のように3個の変動成分に分解して考える．$\{y_t\}$ は与えられているが，右辺の TC_t, S_t, I_t は未知であり，これらをデータに基づいて推定する（計算して求める）．高度な分析においては，これら以外の変動を加え分解することもあるが，はじめに，傾向変動 TC について調べることが分析の第一歩である．時点 t での**傾向**（トレンド，trend）TC_t を抽出するための方法として**移動平均法** (moving average method) や**指数平滑法**などがあるが，ここでは移動平均法を用いる．移動平均によって求められる時点 t での値を $\hat{TC}_t$ とするとき，それは時点 t での値と k 時点前から k 時点後までの $2k+1$ 個の値 $(y_{t-k}, y_{t-k+1}, \ldots, y_{t-1}, y_t, y_{t+1}, \ldots, y_{t+k-1}, y_{t+k})$ を用いて，

$$\hat{TC}_t = \sum_{s=t-k}^{t+k} \frac{y_s}{2k+1} \tag{1.7.3}$$

により求める．時点 t を動かしながら平均をとるため，これを**移動平均** (moving average) という．上の式では，全部で $(2k+1)$ 個の時点を用いているので $(2k+1)$ 項移動平均とよぶ．一般に m 項移動平均を用いると，周期 m で循環する成分が除去される．移動平均とは時系列の区間を移動させながら時点を x，時系列の値を y として回帰直線（傾向線）を求め，その中央の点のあてはめ値 $\hat{y}_t$ を用いることに相当する．

給与データは月次データであり，従来の経験から，12 か月で循環すること
が予想される．したがって，移動平均を求める場合も 12 項を用いて求める
のが適切である．しかし，項数が偶数となり，$(2k+1)$ 項移動平均の原則か
ら外れてしまう．そこで $k = 6$ として，$y_{t-6}, y_{t-5}, \ldots, y_{t+5}, y_{t+6}$ を用いて，
$\hat{TC}_t$ を求めるが，この場合，最初の項として y_{t-6} の代わりに $\dfrac{y_{t-6}}{2}$，最後の
項として y_{t+6} の代わりに $\dfrac{y_{t+6}}{2}$ を用いて

$$\hat{TC}_t = \left(\frac{y_{t-6}}{2} + y_{t-5} + \cdots + y_{t+5} + \frac{y_{t+6}}{2}\right)/12$$

として求める．$(2k+1)$ 項移動平均は，1 から $2k(=12)$ までと 2 から $2k+1(=13)$ までの，2 つの $2k$ 項移動平均を平均した形になっているので，周期 $2k$
（この例では周期 12）の循環変動，すなわち季節変動は除去されている．

もとの時系列から傾向変動を引いた $w_t = y_t - \hat{TC}_t$ は季節変動と不規則
変動を含んでいる．$\{w_t\}$ を月別に平均をとり，さらに，平均を 0 とするた
め月別平均からそれらの平均を引いて季節変動成分 $\hat{S}_t$（同じ月は同じ値に
なる）を求める．不規則変動 $\hat{I}_t$ は残差 $\hat{I}_t = y_t - \hat{TC}_t - \hat{S}_t$ として求まる．

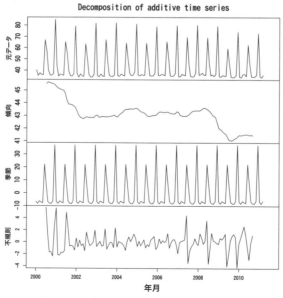

図 1.26　東京での月間給与の変動分解

東京の給与変動を傾向変動と季節変動と不規則変動に分解した結果を図 1.26 に示す（ただし，見やすくするために，金額を 10000 円で割ってある）．図の上から，元のデータ，傾向変動，季節変動，不規則変動である．この傾向変動の図から，2000 年から 2010 年までの給与は下降している傾向が読み取れる．季節変動の図からは 2 回のボーナス時が見られる．また，不規則変動については，日本や世界の経済状況などを考慮したより細かな考察が必要となる．

1.7.4 自己相関

時系列データでは，周期を扱うので，同じ時系列の時点をずらした時系列との相関関係が重要となる．そこで，相関係数と同じように時点差での相関関係を考える．時系列データについて，もとの時系列 $\{y_t, t = 1, 2, \ldots, T\}$ と時点を h だけずらした時系列 $\{y_{t+h}, t = 1, 2, \ldots, T-h\}$ を別の変数のデータのように考えて 2 変数間の相関係数 r_h を求め，それを h の関数とみなしたものを**自己相関関数** (autocorrelation function) とよぶ．ここで，h はラグ (lag) といわれ，時間の遅れ，あるいは隔たりの大きさを表す．r_h は $\{(y_t, y_{t+h}), t = 1, 2, \ldots, T-h\}$ において $x_t := y_t, y_t := y_{t+h}$ とおき x と y の通常の相関係数を式 (1.6.2) を用いて計算して求めることもできる．しかし，時系列分析の分野では**自己共分散関数** (autocovariance function) を

$$C_h = \frac{1}{T} \sum_{t=1}^{T-h} (y_t - \bar{y})(y_{t+h} - \bar{y}), \quad h = 0, 1, 2, \ldots \quad (1.7.4)$$

で計算し，それを用いて自己相関係数を

$$r_h = \frac{C_h}{C_0} \quad (1.7.5)$$

により求めることが多い[*]．ただし，$\bar{y}$ は総平均，C_0 は $\{y_t\}$ のラグ 0 のときの共分散＝分散を表し，$C_{-h} = C_h$，$r_{-h} = r_h$ とする．この式では y_t の平

---

[*] 式 (1.7.4) と式 (1.7.5) を用いて自己共分散関数と自己相関関数を求める主な理由は $k < T$ を満たす $k \times k$ 共分散行列 $C = \{c_{i-j} : i, j = 1, \ldots, k\}$ および相関行列 $R = \{r_{i-j} : i, j = 1, \ldots, k\}$ が非負定符号行列であるという好ましい性質をもつことによる．R などのソフトウェアでも式 (1.7.5) が用いられている．また，ここで定義した自己共分散関数や自己相関係数は標本から計算されているので，標本自己共分散関数，標本自己相関係数とよぶほうが正確である．「標本」の意味については第 3 章で説明する．

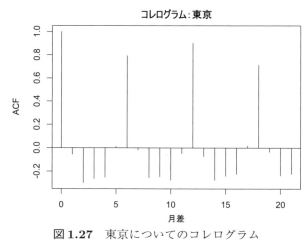

図 1.27 東京についてのコレログラム

均，分散，(y_t, y_{t+h}) 間の共分散が時間をシフトしても変化しないことが仮定されている．

横軸にラグ h をとり，この r_h を縦軸に示したグラフを**コレログラム** (correlogram) とよぶ．東京の給与データのコレログラムを図 1.27 に示す．これより，ラグ 6, 12, 18, つまり 6 か月おきに高い相関が認められ，図 1.25 の指数化された給与データのプロットで見られた周期性がここでも読み取れる．

1.7.5 指数の作成と利用

異なった時点間または地域間における数量（生産，出荷，輸出など）や価格を比較する目的で，1.7.2 項で取り上げた指数をさまざまな方法で組み合わせて作成した指数が広く利用されている．一般に，多数の同種のデータを比較するために，ある値を基準にして他の値を基準値に対する比で表したものを**指数** (index number) とよぶ．数量指数や価格指数はその代表的なものである．物価指数や生産指数などで広く利用されている指数の計算方法は固定ウェイト方式である．物価指数に関する基本的な考え方を説明する．

まず，個々の品目（財・サービス）に関する価格が必要である．すべての価格を調査することは現実的には不可能なので，店舗などを標本として抽出し，毎月の価格を調査する．2010 年の物価水準を基準とする場合は，ある品目の 2010 年平均価格で当月の価格を割ったものを品目別価格指数または個

別価格指数とよぶ.なお,一般的には基準時点の指数を 100 とする.

基準時点を $t=0$ と表し,比較時点を一般に $t=\pm 1, \pm 2, \ldots$ 時点とする.過去にさかのぼることも考えれば t は正負いずれの値もとる.また各品目に $i = 1, 2, \ldots$ と番号をつけ,t 時点の第 i 品目の価格,数量をそれぞれ p_{ti}, q_{ti} と表すことにする.多数の品目の価格を総合して価格指数を作成するには,基準時点における第 i 品目の支出額の割合 $w_i/\sum_i w_i, w_i = p_{0i}q_{0i}$ をウェイトとして品目別価格指数 p_{ti}/p_{0i} を加重平均する.つまり,次の式になる.

$$\sum_i w_i(p_{ti}/p_{0i}) \Big/ \sum_i w_i$$

これを**ラスパイレス指数** (Laspeyres index) とよぶ.

この算式は,比較する時点 t が変わっても同じウェイト w_i を用いる点に特徴がある.ラスパイレス式は後述する指数の経済的意味のほかに,基準時点のウェイトだけで指数を作成できるという利点があるため,多くの経済指数で採用されている.ウェイトを得るためには多数の消費者世帯または企業を調査しなければならないが,価格調査に比較して膨大な費用がかかるうえ,調査の結果を集計するためにもある程度の時間が必要である.そのため,ウェイトを頻繁に変えることは容易ではない.

価格指数としてラスパイレス式以外にもいくつかの算式が用いられている.

$$P_{L(0,t)} = \sum s_{0i}(p_{ti}/p_{0i}) \qquad \text{ラスパイレス (Laspeyres) 式}$$
$$P_{P(0,t)} = \left(\sum s_{ti}(p_{ti}/p_{0i})^{-1}\right)^{-1} \qquad \text{パーシェ (Paasche) 式}$$
$$P_{F(0,t)} = \sqrt{P_{L(0,t)} \times P_{P(0,t)}} \qquad \text{フィッシャー (Fisher) 式}$$

ただし,$s_{0i} = p_{0i}q_{0i} / \sum_j p_{0j}q_{0j}, \quad s_{ti} = p_{ti}q_{ti} / \sum_j p_{tj}q_{tj}$

である.基準時点の構成比を用いた加重算術平均がラスパイレス式,比較時点の構成比を用いた加重調和平均がパーシェ式,これらの幾何平均がフィッシャー式である.

ウェイト w は価格 p と数量 q の積であるため,ラスパイレス指数は価格 p と数量 q によって表現される.そこで形式的に p と q を入れ替えれば,価格指数に対応して数量指数

$$\sum_i w_i(q_{ti}/q_{0i}) \Big/ \sum_i w_i$$

が導かれる．ラスパイレス価格指数の算式から得られる数量指数もラスパイレス式とよばれる．多くの経済変数においては価格と数量が対になっているため，数量指数と価格指数を同時に考えることは意味がある．たとえば，雇用者の数量に対しては賃金が価格の役割を果たしている．$P_{L(0,t)} = \sum p_{ti}q_{0i} \big/ \sum p_{0i}q_{0i}$ と書き換えることができる．すなわち基準時点に購入した品目と同じ量を比較時点にも購入した場合の支出金額の比である．同様にパーシェ式では比較時点で購入した品目と同じ量を基準で購入した場合の支出金額の比となっている．これらは経済学的にも明確な意味をもっている．

ところで，実質 GDP は一種の数量指数である．実際，t 時点における基準時点（たとえば 2010 年）価格の実質 GDP とは，GDP の第 i 構成要素の産出数量 q_{ti} を基準時点価格 p_{0i} で評価した金額の合計 $\sum p_{0i} q_{ti}$ である．これは，基準時点の産出額 $w_i = p_{0i}q_{0i}$ をウェイトとして $\sum (p_{0i}q_{0i}) \times (q_{ti}/q_{0i}) = \sum w_i (q_{ti}/q_{0i})$ と書き換えてみればわかるように，加重平均の $\sum w_i$ 倍である．$\sum w_i = \sum p_{0i}q_{0i}$ は基準時点における名目値の GDP なので，実質 GDP とは，基準時点を 100 とする代わりに名目 GDP としたラスパイレス数量指数である．

コラム ▶▶ Column ●統計分析と有効数字

統計データの分析結果を表示するのに，必要以上に多くの桁数を表示するのは誤解を与えるだけで，非科学的である．たとえば身長の平均値を $\bar{x} = 170.123$cm とするのは不適切である．身長の測定値は 168.2cm などと 1mm まで与えられることが多いが，姿勢をわずかに変えただけでも数 mm の差は出る．通常の測定器は mm 単位まで読むことができるが，何桁まで記録すべきかについては JIS 規格が参考になる．そこには

> **有効数字** (significant figures) とは，測定の精度を考えた上で，特にその桁の数字に（たとえ誤差があることがわかっていても）その数字を書く合理的根拠のあるもののことである

とされている．mm の単位まで記録されることが多いのは，その桁に誤差がある

にしても cm の単位まで丸めるよりも真の値に近いと判断されるからであろう．測定値に基づく標本平均や標準偏差はもとの測定値よりせいぜい 1 桁余計に表示するくらいが限度である．このように意味のある有効数字を念頭において，測定値や統計量には常に誤差があることを意識することが大切である．なお有効数字と計算の関係，特に四捨五入の考え方についても JIS 規格が参考になる．

一方，計算方法によっては，途中経過では有効数字を多めにとり，最後の分析結果を表示する段階で有効数字を考慮した表現にしておくのが望ましい．途中経過で有効数字を大きくとることについては，R などの統計解析ソフトウェアを利用する限り心配はないが，手計算の場合には意識する必要がある．例として $x = (100.0, 100.0, 101.0)$ という観測値に対して平均を $\bar{x} = 100.3$ とすると，偏差平方和は $\sum(x_i - \bar{x})^2 = (-0.3)^2 + (-0.3)^2 + (0.7)^2 = 0.67$ だから，分散は $s^2 = 0.67/3 = 0.223$ となる．同様に $\bar{x} = 100.33$ とすると分散は $s^2 = 0.22223$ となり，より精度を高めた出力 0.2222222 に比べても数値計算の誤差は小さい．

ところが，$\sum(x_i - \bar{x})^2 = \sum x_i^2 - n\bar{x}^2$ という変形では $n\bar{x}^2 = 3 \times 100.3^2 = 30180.27$ となり，偏差平方和は $30201 - 30180.27 = 20.73$，分散は $s^2 = 6.91$ と大きく異なる．また $\bar{x} = 100.33$ としても $s^2 = 0.891$ となる．$\bar{x} = 100.33333$ としてようやく $s^2 = 0.223$ と 2 桁目まで正確な結果を得る．コンピュータを利用した場合でも，演算装置の有効数字は有限だから，計算式によっては数値計算の誤差が大きくなることがある．上記の変形は，大量のデータがあっても和 $\sum x_i$ と二乗和 $\sum x_i^2$ だけを記憶しておけば分散が求められ，メモリを節約できるとして昔は利用されていたが，実は悪いアルゴリズムとして知られている．最近のソフトウェアでは，n が数百万となる大量のデータを扱う場合に，データの先頭部分から求めた平均を**仮平均** m として，観測値を $u_i = x_i - m$ と修正してから $\sum(x_i - \bar{x})^2 = \sum u_i^2 - n\bar{u}^2$ という式を利用することがある．先ほどの数値例で仮平均を $m = 100$ とすると，$u = (0.0, 0.0, 1.0)$ であり，$\bar{u} = 0.333$ としても $\sum u_i^2 - n\bar{u}^2 = 1.0 - 0.333 = 0.667$ と正確な結果が得られる．

記憶装置の有効桁数が 6 桁程度のコンピュータ（数値計算言語 Fortran の単精度計算では実際に 6 桁程度であった）を想定して，$x = (10000.0, 10000.0, 10001.0)$ という例で偏差平方和を求めると，アルゴリズムの違いがよくわかるであろう．

■■■ **練習問題**

問 1.1 次の表は，ある年の1月の東京における平均気温（℃），平均湿度（%），日照時間（時間），風向きである．このデータについて次の各問に答えよ．

日	平均気温	平均湿度	日照時間	風向き
1	6.6	33	7.9	北西
2	7.0	41	8.4	北北西
3	5.9	48	5.2	北北西
4	6.3	40	8.4	北西
5	7.3	39	7.4	南西
6	6.5	34	6.7	北西
7	4.0	25	9.2	北西
8	5.9	33	9.2	北北西
9	6.1	46	9.1	東北東
10	3.4	27	9.2	北北西
11	3.8	31	6.7	北北西
12	5.1	37	8.4	北北西
13	4.4	28	8.6	北北西
14	3.8	36	9.1	西北西
15	4.0	52	1.1	東北東
16	2.2	39	8.2	北北西
17	5.0	26	8.7	北北西
18	5.5	36	9.4	北西
19	6.3	41	9.3	北北西
20	5.4	31	9.4	北北西
21	5.0	28	9.3	北西
22	6.0	34	9.4	北北西
23	5.7	42	6.3	南東
24	5.1	65	3.5	北西
25	5.9	34	8.6	北西
26	5.3	37	7.3	北西
27	5.5	28	8.0	北北西
28	3.7	30	9.3	北北西
29	4.2	40	7.8	北北西
30	2.9	34	5.1	北西
31	2.9	28	9.7	西北西

(1) これら4つの変数は質的変数，量的変数のどちらであるかを述べよ．

(2) 平均気温を度数分布表にまとめ，それに基づくヒストグラムを描き，図1.5の4つのパターンのどの形になっているかを考えよ．

(3) 平均気温，平均湿度，日照時間の平均，分散（データの大きさ n で割る），標準偏差を求めよ．

(4) 平均気温について累積相対度数分布表を示せ．また，累積分布図を描け．

(5) 風向きについて度数と相対度数の表にまとめ，度数を棒グラフで描け．
(6) 平均気温について5数要約を示し，それに基づく箱ひげ図を描け．
(7) 平均気温，平均湿度，日照時間について3つの散布図を描き，それぞれの相関係数を求め考察せよ．
(8) 平均気温の変化を時系列データとして折れ線グラフで描け．

問 1.2 次の表は，2回行った試験の結果である．このデータについて次の各問に答えよ．

学生	1回目	2回目
A	30 点	45 点
B	30 点	60 点
C	40 点	50 点
D	40 点	65 点
E	50 点	70 点
F	50 点	50 点
G	60 点	55 点
H	60 点	60 点
I	70 点	70 点
J	70 点	75 点

(1) 1回目の試験と2回目の試験の平均，標準偏差（分散はデータの大きさ n で割る）を求めよ．
(2) Cさんの1回目の試験と2回目の試験の標準化得点を求めよ．
(3) 1回目の試験と2回目の試験の変動係数を求めよ．
(4) 1回目の試験と2回目の試験について散布図を描き，相関係数を求めよ．
(5) 1回目の試験を x，2回目の試験を y としたときの回帰直線を求めよ．
(6) (5)の回帰直線に対する決定係数を求めよ．

問 1.3 次の表は，太陽系の惑星の軌道長半径と公転周期のデータである．

惑星	軌道長半径 (AU)	公転周期 (年)
水　星	0.39	0.24
金　星	0.72	0.62
地　球	1.00	1.00
火　星	1.52	1.88
木　星	5.20	11.86
土　星	9.54	29.46
天王星	19.19	84.01
海王星	30.07	164.79

(1) 軌道長半径を x，公転周期を y としたときの回帰直線と決定係数を求めよ．

(2) (軌道長半径)^2 を x，公転周期を y としたときの回帰直線と決定係数を求めよ．

（統計ソフトウェアを用いて結果を求めてもよい．）

第 2 章

確率と確率分布

この章での目標

第 3 章以降の準備となる確率・確率変数・確率分布の理解

- 確率・確率変数・確率分布の基本概念を学ぶ
- 離散型確率分布と連続型確率分布に分けて考える
- 2 変数確率分布の基本を理解する
- 主な標本分布と大標本の場合の基本定理を知る

■■■ 次章以降との関係

- ここでの理解が第 3 章〜第 6 章の内容の前提となる
  いくつかの確率分布　　→　　7.1 節
  確率分布表の引き方　　→　　7.5 節

第2章　確率と確率分布

┌─ 確率・確率変数・確率分布の基本概念 ─────────┐
│ ・事象と確率の関係，確率の基本的な定理を理解する　　│　➤ §2.1〜2.6
│ ・確率変数と確率分布の期待値や分散の意味を理解する　│
└──────────────────────────┘

┌──────────────────────────────┐
│　確率の概念と性質　　　　　　確率変数と確率分布　　　　│
│　§2.1　事象と確率　　　　　　§2.4　確率変数と確率分布　│
│　§2.2　条件付き確率　　　　　§2.5　期待値と分散　　　　│
│　§2.3　ベイズの定理　　　　　§2.6　モーメント　　　　　│
└──────────────────────────────┘

┌─ 離散型確率分布と連続型確率分布 ───────────┐
│ ・離散型と連続型に分け，基本的な確率分布を理解する　│　➤ §2.7〜2.8
│ ・二項分布と正規分布は基本の確率分布として理解する　│
└──────────────────────────┘

┌──────────────────────────────┐
│　離散型　　　　　　　　　　　連続型　　　　　　　　　　│
│　§2.7　主な離散型確率分布　　§2.8　主な連続型確率分布　│
└──────────────────────────────┘

┌─ 2変数確率分布の基本 ─────────────────┐
│ ・ここまでで学んだ確率分布を2変数に拡張して理解する　│　➤ §2.9
│ ・同時分布・周辺分布と共分散や相関係数を理解する　　│　2変数の
│　　　　　　　　　　　　　　　　　　　　　　　　　　│　確率分布
└──────────────────────────┘

┌─ 主な標本分布と大標本の場合の基本定理 ────────┐
│ ・標本統計量の確率分布（標本分布）とその基本定理を理│
│　解する　　　　　　　　　　　　　　　　　　　　　　│　➤ §2.10〜
│ ・母集団が正規分布に従うときと，大標本の場合に分けて│　2.11
│　理解する　　　　　　　　　　　　　　　　　　　　　│
└──────────────────────────┘

┌──────────────────────────────┐
│　よく利用する標本分布　　　　大標本の場合の重要な定理　│
│　§2.10　標本分布　　　　　　§2.11　大数の法則と中心極限定理│
└──────────────────────────────┘

第1章ではデータは与えられたものとして，度数分布表やヒストグラムのような表や図の形，平均，標準偏差，四分位数，相関係数といった数値，あるいは回帰直線のような式の形で，データの表す集団の性質を記述し要約する方法について学んだ．このような方法は統計学の中で**記述統計** (descriptive statistics) とよばれる分野に属する．

　これに対して，第3章以降では実験や調査によって得られるデータに基づいて，データそのものではなくそのデータのもとになっている集団について推測するという理論構成をもった**推測統計** (inferential statistics) について解説する．実験や調査によって実際に得られるデータを**標本**または**サンプル** (sample)，データのもとになっている集団を**母集団** (population) という．詳しくは3.1節で説明するが，できるだけ正確に母集団の情報を得るため，データをとる段階で母集団から標本を一定の手続きに従って無作為に抽出し，標本から各種の統計量（標本の平均や分散など標本から計算される量を統計量という）に基づいて母集団の情報を推理・推論する．データをとる段階から，得られたデータを分析し推理・推論するまでの方法論全体を推測統計とよび，データをとる段階の標本調査法や実験計画法，得られたデータを分析する段階の統計的推測を含む．本章では推測統計の基礎となっている確率と確率分布について説明する．

§ 2.1　事象と確率

　くじを引いたり，サイコロやコインを投げたりするとき，起こりうる結果がどういう要素を含むかは事前にわかるが，1回ごとの結果は偶然に左右され，事前に予測できない．工場で製造される製品について，これまで製造された製品の寿命がどういう範囲の値をどのような頻度でとっていたかは過去のデータから得られるが，1個ずつの製品の寿命は事前にはわからない．スーパーで過去に何人の客がどんな商品をどのくらい購入したかはデータベースに記録されているが，明日，何人の客が何をどのくらい購入するかは事前にはわからない．われわれは，こういった偶然に左右される不確実な現象（ランダムな現象）にしばしば遭遇する．このような不確実あるいはラン

ダムな現象に関わる問題に対して，確率論とそれを基礎とする推測統計は不確実性の程度を定量的に扱うツールを提供する．この節では確率の基礎的な理論について概説する．

まず確率の分野で用いられる用語について説明する．サイコロを投げる，工業製品を製造するといった例のように，1回ずつあるいは1個ずつの個別の結果が偶然に左右される実験や観測を**試行** (trial) といい，試行によって起こりうる個々の結果を**根元事象（素事象）**[*]または**標本点**，根元事象の集合を**事象** (event)，すべての根元事象の集合を**全事象**または**標本空間**（記号 Ω で表す）という．

事象は根元事象の集合を表すので，集合に関する種々の概念・用語に対応して，事象について次のような用語が用いられる．

- **和事象**：事象 $A_1, A_2, \ldots, A_n$ のうち，少なくとも1つが起こるという事象（集合の用語では和集合）

$$A_1 \cup A_2 \cup \cdots \cup A_n$$

と表す．
- **積事象**：事象 $A_1, A_2, \ldots, A_n$ が同時に起こるという事象（集合の用語では積集合または共通集合）

$$A_1 \cap A_2 \cap \cdots \cap A_n$$

と表す．
- **空事象**：何も起こらないという事象（集合の用語では空集合）
記号 $\emptyset$ で表す．
- **余事象**：全事象の中で A に含まれていない根元事象からなる事象（集合の用語では補集合）
A^c と表し，$A \cup A^c = \Omega$, $A \cap A^c = \emptyset$ が成り立つ．
- **互いに排反**：事象 $A_1, A_2, \ldots, A_n$ の中の任意の2つ $A_i, A_j, i \neq j$ の積事象が空事象 $\emptyset$ である場合，これらの事象は互いに排反（集合の用語では互いに素）であるという．

---

[*] 根元事象を $\Omega = \{\omega_1, \omega_2, \ldots\}$ の $\omega_1, \omega_2, \ldots$ とする考え方と，$\{\omega_1\}, \{\omega_2\}, \ldots$ とする考え方があるが，ここでは，前者を採用する．ここで，$\{\ \}$ はカッコ内の要素から成る集合を表している．どちらの考え方を採用しても本書で述べる範囲の理論には影響しない．

サイコロを1回投げるという試行を考える．起こりうる結果は，「1の目が出る」，「2の目が出る」，...,「6の目が出る」の6通りで，これらのそれぞれが根元事象である．全事象はすべての根元事象の集合であるから $\Omega = \{1, 2, \ldots, 6\}$ と表される．偶数の目が出るという事象を A，3以下の目が出るという事象を B，1か5の目が出るという事象を C とすると，$A = \{2, 4, 6\}$, $B = \{1, 2, 3\}$, $C = \{1, 5\}$ のように表される．このとき

- 事象 A と B の和事象は，$A \cup B = \{2, 4, 6\} \cup \{1, 2, 3\} = \{1, 2, 3, 4, 6\}$ である．
- 事象 A と B の積事象は，$A \cap B = \{2, 4, 6\} \cap \{1, 2, 3\} = \{2\}$ である．
- A の余事象は，$A^c = \{2, 4, 6\}^c = \{1, 3, 5\}$ である．
- 事象 A と C の積事象は，$A \cap C = \{2, 4, 6\} \cap \{1, 5\} = \emptyset$ となるので，A と C は互いに排反である．

ここで事象のもつ不確実性を定量的に扱うため，事象の起こりやすさ（確からしさ）を表す**確率** (probability) を定義する．数学的には，確率とは

1. 任意の事象 A に対して $0 \leq P(A) \leq 1$ (2.1.1)
2. 全事象 Ω に対して $P(\Omega) = 1$ (2.1.2)
3. $A_1, A_2, \ldots$ が互いに排反な事象ならば
   $P(A_1 \cup A_2 \cup \cdots) = P(A_1) + P(A_2) + \cdots$ (2.1.3)

の3つの性質（**確率の公理**または**コルモゴロフの公理**とよばれる）を満たす関数 $P(\cdot)$ である．

確率の具体的な定義の仕方としては，i) **同様に確からしい** (equally likely) 根元事象を想定した古典的な定義，ii) 多数回の試行による頻度に基づく定義，iii) ベイズ統計学で用いられる主観に基づく定義，の3種類が代表的である．

古典的な定義（**ラプラスの定義**とよばれることもある）とは，たとえば，精密に作られたサイコロを1回投げるとき1から6のそれぞれの目が出るという根元事象はどれも同様に起こりやすいと仮定してそれぞれの目の出る確率を $P(\{i\}) = 1/6$, $i = 1, 2, \ldots, 6$ と定義し，任意の事象の確率をその事象に含まれる根元事象の数に基づいて計算する方法である．

頻度に基づく定義とは，サイコロの場合で言えば，サイコロを投げるとい

う試行を十分大きい回数（N回）反復し，そのうち出る目がiである相対頻度（相対度数）N_i/NがNを大きくするとき一定の値p_iに近づく（2.11節の大数の法則参照）性質に基づいて$P(\{i\}) = p_i$（あるいは$P(\{i\}) \cong N_i/N$）と定義する方法である．これら2つの定義の仕方が確率の公理を満たすことは事象の確率を根元事象あるいは観測頻度の割合で考えれば容易に確認できる．ベイズ統計学で用いられる**主観確率**は反復できない1回きりの不確定な事象への応用を想定した確率の定義でありその適用範囲は広いが，確率が研究者によって変わり得るので，注意深い適用が要求される．

確率に関するいくつかの基本的な定義および定理について述べる．古典的な定義と頻度に基づく定義のどちらを用いても同様に説明できるが，簡単のため，主として古典的な確率の定義を用いて説明する．任意の事象Aに含まれる根元事象（簡単のため要素とよぶ）の数を$\#A$と表すと，事象Aの確率は

$$P(A) = \frac{\#A}{\#\Omega}$$

により計算できる．たとえば，サイコロを1回投げたときに偶数の目が出るという事象$A = \{2, 4, 6\}$の確率は全事象$\Omega = \{1, 2, \ldots, 6\}$に含まれる要素のうち事象$A$の中に含まれる要素の割合を求めればよいので

$$P(A) = \frac{\#\{2, 4, 6\}}{\#\{1, 2, \ldots, 6\}} = \frac{3}{6} = \frac{1}{2}$$

となる．事象に含まれる要素数の割合を頻度の割合（相対頻度）に置き換えれば同じ議論が頻度に基づく確率の定義の場合にも成り立つ．

確率について考えるとき，和事象や積事象などを**ベン図** (Venn diagram) を用いて表現するとわかりやすい．図2.1と図2.2に2つの事象AとBが互いに排反の場合と排反でない場合のベン図を示す．四角い枠の内側全体が全事象Ωを表し，2つの円の中がそれぞれ事象Aと事象Bを表す．円Aの外がAの余事象A^c，円Bの外がB^c，円の重なっている部分が$A \cap B$，どちらかの円の内側になっている部分が$A \cup B$である．

まず**加法定理**とよばれる，和事象の確率に関する定理を説明する．図2.1のようにAとBが互いに排反のとき，AとBに含まれる要素はどちらか一方だけに含まれ，両方に含まれることはないので，和事象$A \cup B$に含まれる

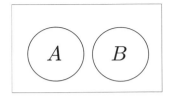
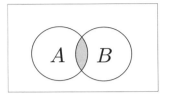

図 2.1 ベン図：$A \cap B = \emptyset$ のとき　　**図 2.2** ベン図：$A \cap B \neq \emptyset$ のとき

要素の数は $(\#A) + (\#B)$ となり，これより

$$P(A \cup B) = \frac{(\#A) + (\#B)}{\#\Omega} = P(A) + P(B) \tag{2.1.4}$$

といえる．3つ以上の排反な事象についても，同様な議論を繰り返せば確率の3番目の公理の式（2.1.3）が成り立つ．

図 2.2 のように A と B が排反でないとき，$A \cup B$ に含まれる要素の数として単純に A と B の要素の数を足し算すると，共通部分の要素が2重にカウントされることになるので，共通部分の要素数を差し引いて $\#(A \cup B) = (\#A) + (\#B) - \#(A \cap B)$ のように修正する必要がある．その結果，和事象の確率は

$$P(A \cup B) = P(A) + P(B) - P(A \cap B) \tag{2.1.5}$$

により計算される．これが一般の場合の加法定理である．

§2.2　条件付き確率

A と B が排反でない図 2.2 のような場合において，A が起こるという条件の下で B の起こる確率（**条件付き確率**，conditional probability という）を $P(B|A)$ と表すとき

$$P(B \mid A) = \frac{P(A \cap B)}{P(A)} \tag{2.2.1}$$

が成り立つ（ただし，$P(A) \neq 0$）．図 2.2 のベン図で考えると，A が起こるという事象は円 A の中を表し，その中で B の起こる事象は $A \cap B$ であるか

ら，A が起こるという条件の下で B の起こる確率はそれぞれの事象の含む要素の数の比 $\{\#(A\cap B)\}/(\#A)$ により計算でき，分母と分子を $\#\Omega$ で割ると式 (2.2.1) が成り立つ．

式 (2.2.1) の両辺に $P(A)$ を掛けると

$$P(A\cap B) = P(A)P(B\,|\,A) \tag{2.2.2}$$

の形の積事象の確率に関する式が得られる．これを確率の**乗法定理**とよぶ．

> **例1** $\{0, 1, \ldots, 9\}$ の目が等しい確率で出るように精密に作られた正20面体のサイコロ（**乱数サイ**とよばれる）を1回投げる場合を考える．5以上でかつ3の倍数の目が出る確率を求めよ．

〔解答例〕
それぞれの目の出る確率はどれも 1/10 である．5以上の目が出る事象を A，3の倍数の目が出る事象を B とすると

$$A = \{5, 6, 7, 8, 9\}, \quad B = \{0, 3, 6, 9\}$$

と表される．5以上で3の倍数であるという事象は A と B の積集合 $A\cap B$ であり，A と B の両方に含まれる要素から成るので

$$A \cap B = \{6, 9\}$$

となり，この確率は

$$P(A\cap B) = P(\{6\}) + P(\{9\}) = \frac{1}{10} + \frac{1}{10} = \frac{1}{5}$$

となる．別の求め方として，乗法定理 (2.2.2) を用いる．条件付き確率 $P(B\,|\,A)$ は A が起きたという条件の下で B が起きる確率を表すので，A に含まれる5つの要素のうち，B に含まれる要素がいくつ含まれているかを考えればよい．B の要素のうち 6 と 9 が A に含まれるので $P(B\,|\,A) = 2/5$ となり

$$P(A\cap B) = P(A)P(B\,|\,A) = \frac{5}{10} \times \frac{2}{5} = \frac{1}{5}$$

となる．どちらの方法で求めても結果は 1/5 となり一致する．

独立性

事象 A と B が**独立** (independent) であるとは，一方の事象が起こるかどうかが他方の事象の起こる確率に影響しないこと，すなわち

$$P(B\,|\,A) = P(B), \quad P(A\,|\,B) = P(A) \tag{2.2.3}$$

であることを意味する．式 (2.2.2) の乗法定理を考慮すると

$$P(A \cap B) = P(A)P(B) \tag{2.2.4}$$

が成り立つ．これら 2 つの式を比較すると，式 (2.2.4) は常に定義できるが，式 (2.2.3) の左辺は $P(A) = 0$ あるいは $P(B) = 0$ のとき定義できない．そのため，2 つの事象の独立性は式 (2.2.4) が成り立つときと定義される．

3 個以上の事象の独立性の定義はやや複雑である．n 個の事象 $A_1, A_2, A_3, \ldots, A_n$ が互いに独立であるとは，n 個の事象の中から取り出された任意の k 個 $(2 \leq k \leq n)$ の事象の組 $A_{\lambda_1}, A_{\lambda_2}, \ldots, A_{\lambda_k}$ に対して

$$P(A_{\lambda_1} \cap A_{\lambda_2} \cap \cdots \cap A_{\lambda_k}) = P(A_{\lambda_1})P(A_{\lambda_2}) \cdots P(A_{\lambda_k}) \tag{2.2.5}$$

が成り立つことをいう．したがって，n 個の事象が互いに独立であればそれらの積事象の確率は各事象の確率の積に等しいが，逆は必ずしも成り立たない．

例 2 乱数サイを 4 回投げることを考える．0 が 1 回だけ出る確率を求めよ．

〔解答例〕
0 が 1 回だけ出る場合には，0 が何回目に出るかにより次の 4 通りがある．
- 1 回目が 0 でほかの回は 0 以外，この確率は次のようになる．

$$\frac{1}{10} \times \frac{9}{10} \times \frac{9}{10} \times \frac{9}{10} = \frac{729}{10000}$$

- 2 回目が 0 でほかの回は 0 以外，この確率は次のようになる．

$$\frac{9}{10} \times \frac{1}{10} \times \frac{9}{10} \times \frac{9}{10} = \frac{729}{10000}$$

- 3回目が0でほかの回は0以外，この確率は次のようになる．

$$\frac{9}{10} \times \frac{9}{10} \times \frac{1}{10} \times \frac{9}{10} = \frac{729}{10000}$$

- 4回目が0でほかの回は0以外，この確率は次のようになる．

$$\frac{9}{10} \times \frac{9}{10} \times \frac{9}{10} \times \frac{1}{10} = \frac{729}{10000}$$

それぞれの確率を求める際に4つの項の積で計算しているが，各回の出る目が独立であることを利用している．4つの事象は排反なので，0が1回だけ出る確率は，これらの4通りから得られた確率の和をとることにより求められる．4つの事象の確率はいずれも 729/10000 であるから，求める確率はこれを4倍して 729/2500 となる．

§ 2.3 ベイズの定理

　確率の基礎理論の解説の締めくくりとしてベイズの定理について説明する．この定理はベイズ統計学において中心的な役割をはたす．

　ある事象 A に対して，その事象の原因として排反な n 個の事象 $H_1, H_2, \ldots, H_n$ が考えられ，それ以外に原因はないとする．条件付き確率に関する式 (2.2.1) において B を H_i と表すと

$$P(H_i \mid A) = \frac{P(H_i \cap A)}{P(A)}$$

となり，右辺の分子の積事象の確率を乗法定理により分解すると

$$P(H_i \mid A) = \frac{P(H_i)P(A \mid H_i)}{P(A)}$$

が成り立つ．右辺の分母の $P(A)$ は複数の原因によって起こる事象 A の総合的な生起確率を表す．この値はわからないが，各原因の出現確率 $P(H_i)$ と原因ごとに事象 A の起こる条件付き確率 $P(A|H_i)$ が過去のデータから推定できるとき，$P(A) = P(A \cap \Omega)$ であり，$\Omega = H_1 \cup H_2 \cup \cdots \cup H_n$ かつ $H_i \cap H_j = \emptyset, i \neq j$ であることを利用して，次のように変形できる．

$$P(A) = P(A \cap H_1) + P(A \cap H_2) + \cdots + P(A \cap H_n)$$

$$= P(H_1)P(A\,|\,H_1) + P(H_2)P(A\,|\,H_2) + \cdots + P(H_n)P(A\,|\,H_n)$$

これより**ベイズの定理** (Bayes' theorem) とよばれる次の式が得られる．

$$P(H_i\,|\,A) = \frac{P(H_i)P(A\,|\,H_i)}{\displaystyle\sum_{j=1}^{n} P(H_j)P(A\,|\,H_j)} \tag{2.3.1}$$

$P(H_i)$ は**事前確率** (prior probability), $P(H_i\,|\,A)$ は**事後確率** (posterior probability) とよばれる．

例3（ベイズの定理）　A航空で使用しているある機種の航空機のシステム別故障の原因確率，およびシステム故障が生じたときに運行中止となる条件付き確率は次のようであった[*]．ある便が故障のため運行中止になったとする．この航空機の故障箇所がロータである確率を求めよ．ただし，同時に2つ以上のシステムが故障することはないものとする．

表2.1　航空機の故障と運航中止

i	システムの故障個所 H_i	システムが故障した場合に故障 H_i が原因である確率 $P(H_i)$	システムに故障 H_i が生じたとき運行中止になる確率 $P(A\,|\,H_i)$
1	機体	0.307	0.008
2	ロータ	0.156	0.048
3	電気	0.129	0.040
4	計器	0.130	0.052
5	動力	0.080	0.100
6	通信・運行・自動安定	0.030	0.151
7	その他	0.171	0.014

---

[*] 浅井澄雄：回転翼航空機の信頼性解析, 品質, Vol. 9, No. 2, 1979.

〔解答例〕

運行不能になるという事象を A とすると，求めたい確率は条件付き確率 $P(H_2\,|\,A)$ で表されるので，ベイズの定理（式 (2.3.1)）を用いて次のように計算することができる．

$$P(H_2\,|\,A) = \frac{P(H_2)P(A\,|\,H_2)}{\displaystyle\sum_{j=1}^{7} P(H_j)P(A\,|\,H_j)} = \frac{0.156 \times 0.048}{0.0368} = 0.2035$$

§2.4 確率変数と確率分布

例1で示した精密に作られた乱数サイを1回投げることを考える．出る目は偶然に左右されて決まり，どの目が出るか事前にはわからないが，精密に作成された乱数サイであれば各々の目の出る確率は等しいと考えてよい．出る目の値を変数 X と表すと，X のとり得る値は $\{0, 1, 2, \ldots, 9\}$，その確率は X のどの値に対しても $1/10$．したがって，変数 X のとり得る値に対する確率は $\{P(X=i) = \dfrac{1}{10}\,(i=0,\,1,\,2,\ldots,9)\}$ と表すことができる．このように変数 X の値は事前にはわからないが，とり得る値の確率が与えられるとき，変数 X を**確率変数** (random variable) という．この例のように変数 X が $0, 1, 2, \ldots$ と離散的な（とびとびの）値をとるとき**離散型** (discrete type) の確率変数といい，後述する連続型の確率変数と区別される．また，確率変数 X のとり得る値とそれらの確率との対応関係を**確率分布** (probability distribution) という．乱数サイの場合，0から9までのどの値に対しても一様な確率であるのでこの離散型確率分布を離散一様分布という．

一般的な書き方を示す．離散型確率変数 X のとり得る値を $\{x_1, x_2, \ldots\}$ とし，それに対して確率 $\{P(X=x_i) = f(x_i)\,(i=1,\,2,\ldots)\}$ が与えられるとする．$f(x_i)\,(i=1,\,2,\ldots)$ は**確率関数** (probability function) とよばれ，確率の公理より以下の条件を満たさなければならない．

$$0 \leq f(x_i) \leq 1 \tag{2.4.1}$$

$$\sum_{i=1}^{\infty} f(x_i) = 1 \tag{2.4.2}$$

X のとり得る値が有限個（k 個）である場合も同様に考えることができ，式 (2.4.2) の ∞ を k と置き換えればよい．乱数サイのときの確率関数がこれらの条件を満たすことは容易に確認できる．離散型確率変数 X とその確率関数 $f(x_i)$ の対応関係を離散型の確率分布という．

次に連続型確率変数について説明する．例として日本の高校 1 年生の男子生徒の身長について考えることにする．A 君が 165.5 cm，B 君が 168.2 cm であったとしよう．身長は遺伝や生育環境などにより決まるものであるが，高校 1 年生という集団を考えるとき，どのような身長の生徒がどのような確率で出現するかを考えることが，確率論を用いた推測の基本となる．身長のように連続的な値（実数値）をとる変数の場合，とり得る個々の値に正の確率を与えるとその総和は無限大となるため，離散型の確率変数の場合と同じ方法で確率を導入することはできない．そこで任意の x および微小な Δx に対して，X が区間 $[x, x+\Delta x]$ の値をとる確率が

$$P(x \leq X \leq x+\Delta x) \cong f(x)\Delta x$$

X が区間 $[a, b]$ の値をとる確率が

$$P(a \leq X \leq b) = \int_a^b f(x)dx \tag{2.4.3}$$

の形の積分で表されるような関数 $f(x) \geq 0$ を考える．この関数は X の**確率密度関数** (probability density function) とよばれ，確率の公理より，$\int_{-\infty}^{\infty} f(x)dx = 1$ を満たさなければならない．このような形で定義される確率変数 X を連続型確率変数とよび，X と確率密度関数 $f(x)$ の対応関係を**連続型** (continuous type) の確率分布という．

離散型，連続型のどちらの確率変数に対しても，**累積分布関数** (cumulative distribution function) あるいは**分布関数** (distribution function) が $F(x) = P(X \leq x)$ によって定義される．連続型の場合については

$$F(x) = P(X \leq x) = \int_{-\infty}^{x} f(u)du \tag{2.4.4}$$

と表され,累積分布関数が連続で微分可能のとき,その導関数は確率密度関数に等しい.離散型の場合には積分の代わりにx以下の値に対する確率関数の値の和で表される.

図 2.3 に離散型確率分布の確率関数と累積分布関数,図 2.4 に連続型確率分布の確率密度関数と累積分布関数の例を示す.

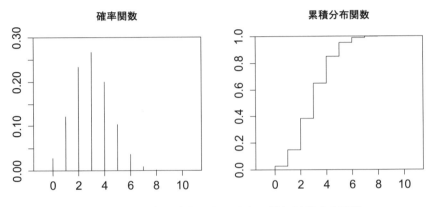

図 **2.3** 離散型確率分布の確率関数と累積分布関数

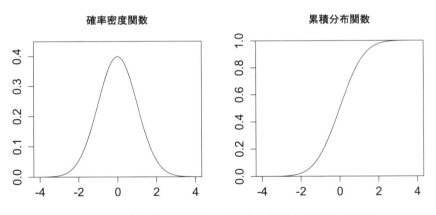

図 **2.4** 連続型確率分布の確率密度関数と累積分布関数

§2.5 期待値と分散

確率変数 X の**期待値** (expectation) とは，確率変数がどのような値をとることが「期待されるか」という意味で名づけられた名前であり，離散型の場合，確率変数 X の期待値は

$$E[X] \equiv \sum_i x_i f(x_i) = \mu \tag{2.5.1}$$

連続型の場合，確率変数 X の期待値は

$$E[X] \equiv \int_{-\infty}^{\infty} x f(x) dx = \mu \tag{2.5.2}$$

の形で定義される．定義式から明らかなように期待値は分布の重心（確率関数あるいは確率密度関数を重みとする加重平均）を表し，分布の位置を表す指標として用いられる．記号 μ（ミュー）は**平均** (mean) の頭文字 m に対応するギリシャ文字である．

期待値と観測データの平均との関係について述べる．確率変数 X がある離散型確率分布に従う[*]とき，確率変数 X の実現値として得られるデータが度数分布表の形に整理されている場合を考える．$X = x_i$ という観測値をとる相対度数を N_i/N，確率を p_i と表すとデータの平均は $\bar{x} = \sum_i x_i N_i/N$，期待値は $\mu = \sum_i x_i p_i$ と計算される．2.11節の大数の法則より，相対度数 N_i/N は N が大きくなるとき確率 p_i に近づくので，観測データの平均 $\bar{x}$ は期待値 μ に近づく．その意味で，期待値は観測データの平均に対応する概念であり，理論的な確率分布の平均（あるいは母集団分布の平均，すなわち母平均）を表すものと理解できる．連続型確率分布の場合も，微小な区間に区切り積分を和で置き換え区間幅を 0 に近づけた極限を考えると同じことがいえる．

X が確率変数であるとき，その関数 $u(X)$ も確率変数であるから，その期待値を考えることができる．X の確率関数あるいは確率密度関数を式

---

[*] 確率変数 X が理論的に対応する確率分布 F がある場合，"確率変数 X は確率分布 F に従う" という表現を用いる．

(2.5.1), (2.5.2) と同じ記号で表すと，$u(X)$ の期待値は確率変数 X が離散型か連続型かによって

$$E[u(X)] \equiv \sum_i u(x_i) f(x_i) \tag{2.5.1}'$$

$$E[u(X)] \equiv \int_{-\infty}^{\infty} u(x) f(x) dx \tag{2.5.2}'$$

と定義される．

確率分布の散らばりの指標である**分散** (variance) について説明する．確率変数 X の分散は母平均 μ からの偏差の 2 乗の期待値として，離散型の場合，

$$V[X] \equiv E\left[(X-\mu)^2\right] = \sum_i (x_i - \mu)^2 f(x_i) = \sigma^2 \tag{2.5.3}$$

連続型の場合，

$$V[X] \equiv E\left[(X-\mu)^2\right] = \int_{-\infty}^{\infty} (x-\mu)^2 f(x) dx = \sigma^2 \tag{2.5.4}$$

によりそれぞれ定義され，その平方根は**標準偏差** (standard deviation) とよばれる．分散は標準偏差の 2 乗にあたることから，標準偏差の頭文字 s に対応するギリシャ文字 σ（シグマ）の 2 乗 σ^2 を分散の記号として用いる習慣がある．確率分布の期待値（母平均）が観測データに基づく平均（標本平均）に対応するように，確率分布の分散（母分散）も観測データに基づく分散（標本分散）に対応することが確認できる．また，式 (2.5.3) あるいは式 (2.5.4) で定義される $V[X]$ は

$$V[X] = E\left[X^2\right] - \mu^2 \tag{2.5.5}$$

と変形でき，X^2 の期待値から母平均の 2 乗を引いて求めることができる．

例 4（離散一様分布の期待値と分散） 0 から 9 までの目の出る確率がいずれも 1/10 である乱数サイを 1 回投げるとき，出る目の値の期待値と分散を求めよ．

〔解答例〕

式 (2.5.1) を用いて期待値を計算すると
$$\mu = 0 \times (1/10) + 1 \times (1/10) + \cdots + 9 \times (1/10) = 45/10 = 9/2 = 4.5$$
を得る．また，分散は，まず X^2 の期待値を
$$E\left[X^2\right] = 0^2 \times (1/10) + 1^2 \times (1/10) + \cdots + 9^2 \times (1/10)$$
$$= \frac{9 \times 10 \times (2 \times 9 + 1)}{6} \times \frac{1}{10} = 28.5$$
によって求め，さらに式 (2.5.5) を用いて
$$\sigma^2 = E\left[X^2\right] - \mu^2 = 28.5 - (4.5)^2 = 8.25$$
と計算できる．$E[X^2]$ の計算では2乗の和の公式
$$\sum_{i=1}^{n} i^2 = \frac{1}{6}n(n+1)(2n+1)$$
を用いた．

例5（連続一様分布の期待値と分散） 次のような確率密度関数をもつ確率分布に従う確率変数の期待値と分散を求めよ．
$$f(x) = \begin{cases} 1/(b-a) & (a \leq x \leq b \text{のとき}) \\ 0 & (x < a \text{ または } x > b \text{のとき}) \end{cases}$$

〔解答例〕

期待値を式 (2.5.2) を用いて計算すると
$$\mu = \int_a^b x\{1/(b-a)\}dx = \frac{1}{b-a}\left[\frac{x^2}{2}\right]_a^b = \frac{a+b}{2}$$
となる．分散は式 (2.5.4) を用いて
$$\sigma^2 = \int_a^b (x-\mu)^2 \frac{1}{b-a}dx = \frac{1}{b-a}\left[\frac{(x-\mu)^3}{3}\right]_a^b$$
$\mu = (a+b)/2$ を代入して整理すると $\sigma^2 = (b-a)^2/12$ が得られる．

確率変数 X の1次式 $aX+b$（a, b は定数）の期待値と分散について考える．ただし，簡単のため X は離散型の確率変数とし，その確率関数は $\{f(x_i), i = 1, 2, \ldots\}$ とする．$\sum_i f(x_i) = 1$ であることから

$$
\begin{aligned}
E[aX+b] &= \sum_i (ax_i + b) f(x_i) \\
&= a \sum_i x_i f(x_i) + b \sum_i f(x_i) \\
&= aE[X] + b \quad\quad (2.5.6) \\
V[aX+b] &= E\left[\{(aX+b) - E[aX+b]\}^2\right] \\
&= E\left[\{a(X - E[X])\}^2\right] \\
&= \sum_i \{a(x_i - \mu)\}^2 f(x_i) \\
&= a^2 \sum_i (x_i - \mu)^2 f(x_i) \\
&= a^2 V[X] \quad\quad (2.5.7)
\end{aligned}
$$

が導ける．

連続型の確率変数の場合，式 (2.5.6), (2.5.7) の中の和（シグマ）の部分が積分に代わるが同じ結果が得られ，1次式の期待値は期待値の1次式，分散は X の係数の2乗倍となる．分散についてのこの性質は

$$V[X] = E[(X - E[X])^2]$$

と定義されていることからも容易に理解できる．

§2.6 モーメント

平均や分散を一般化した概念にモーメント（**積率**, moment）がある．確率変数 X^k の期待値を k 次のモーメント（原点のまわりのモーメント）μ'_k，$(X - \mu)^k$ の期待値を k 次の中心モーメント（平均のまわりのモーメント）μ_k とよび，式で表せば

$$\mu'_k \equiv E\left[X^k\right] \quad\quad (2.6.1)$$

$$\mu_k \equiv E\left[(X-\mu)^k\right] \tag{2.6.2}$$

と定義される．平均は1次の（原点のまわりの）モーメント，分散は2次の中心モーメントである．

1次と2次のモーメントは分布の中心の位置と散らばりの大きさという分布の主要な特徴を表すが，高次のモーメントはさらに詳しい特徴を表す．3次の中心モーメントを測定単位に無関係になるように σ^3 で割った μ_3/σ^3 は非対称性の度合いを測る**歪度**(skewness) とよばれる指標となり，平均を中心として確率分布が対称ならこの指標は0，右に長い裾をもつなら正，逆に左に長い裾をもつなら負の値をとる．また，4次の中心モーメントを同様の意味で σ^4 で割った μ_4/σ^4（$\mu_4/\sigma^4 - 3$ と定義される場合もある）は平均付近の尖り具合および分布の裾の長さに関係する**尖度**(kurtosis) とよばれる指標として用いられる．3を引いた形の指標を用いる理由は，代表的な連続型分布である正規分布の μ_4/σ^4 の値が3であるため，正規分布を基準としてそれより裾が長ければ正の値，短ければ負の値をとるというように，分布の形状のイメージがつかみやすいことによる．

§2.7 主な離散型確率分布

2.7.1 ベルヌーイ分布

繰り返しサイコロを投げて偶数の目が出るかどうかを調べる場合，試行ごとに2種類の結果のいずれかが偶然に左右されて決まる．このように注目している結果の起こる確率は一定で，各回の試行結果は互いに独立であるような試行を**ベルヌーイ試行** (Bernoulli trial) という．2種類の結果（成功と失敗）を値（1と0）で表し，成功（値1）である確率を p とする．とくに1回のベルヌーイ試行で得られる結果の確率分布を**ベルヌーイ分布** (Bernoulli distribution) とよぶ．その確率関数は

$$P(X=1) \equiv f(1) = p, \quad P(X=0) \equiv f(0) = 1-p, \quad 0 \leq p \leq 1$$

と表され，その期待値と分散は

$$\mu = E[X] = 1 \times p + 0 \times (1-p) = p \tag{2.7.1}$$
$$\sigma^2 = E[X^2] - \mu^2 = 1^2 \times p + 0^2 \times (1-p) - \mu^2 = p(1-p) \tag{2.7.2}$$

となる．成功確率 p のベルヌーイ分布は，次項で説明する二項分布において $n=1$ の場合と同じになるので $B(1, p)$ と表される．

2.7.2 二項分布

成功確率 p の n 回のベルヌーイ試行を行ったとき，成功の回数が x，失敗の回数が $n-x$ である確率，すなわち，成功の回数 $X = x$ に対する確率関数は

$$P(X = x) \equiv f(x) = {}_nC_x p^x (1-p)^{n-x} \quad (x = 0, 1, 2, \ldots, n) \tag{2.7.3}$$

となる．式 (2.7.3) の考え方を説明する．まず，n 回の試行のうち特定の x 回の試行で成功し，残りの $n-x$ 回の試行で失敗する確率は，それぞれの試行が独立な試行であるから $p^x(1-p)^{n-x}$，これに n 回中のどの x 回で成功するかの組合せの数 ${}_nC_x$ を掛ければ，どの試行で成功するかにかかわらず x 回成功する確率が求まる．この確率分布は**二項分布** (binomial distribution) とよばれ，パラメータ (n, p) が与えられると確率分布が決まるので記号 $B(n, p)$ で表される（表 2.2）．

表 2.2 二項分布の確率の例 $(n = 5)$

x \ p	0.3	0.4	0.5
0	0.16807	0.07776	0.03125
1	0.36015	0.25920	0.15625
2	0.30870	0.34560	0.31250
3	0.13230	0.23040	0.31250
4	0.02835	0.07680	0.15625
5	0.00243	0.01024	0.03125

二項分布 $B(n, p)$ の期待値と分散は，定義に基づいて求めることができる．期待値については，

$$E[X] = \sum_{x=0}^{n} x \cdot \frac{n!}{x!(n-x)!} p^x (1-p)^{n-x}$$

$$= np \sum_{x=1}^{n} \frac{(n-1)!}{(x-1)!(n-x)!} p^{x-1} (1-p)^{n-x}$$

となり，ここで，$n' = n-1$, $x' = x-1$ とおくと

$$E[X] = np \sum_{x'=0}^{n'} \frac{n'!}{x'!(n'-x')!} p^{x'} (1-p)^{n'-x'} = np \quad (2.7.4)$$

が得られる．2つ目の等号はΣ（シグマ）が $B(n', p)$ の確率の総和であることによる．分散については，まず，

$$V[X] = E[X(X-1)] + E[X] - \{E[X]\}^2 \quad (2.7.5)$$

と変形する．式 (2.7.4) と同様に，右辺の第1項の計算で $n' = n-2, x' = x-2$ ($n \geq 2$) とおくと，

$$E[X(X-1)] = \sum_{x=0}^{n} x(x-1) \cdot \frac{n!}{x!(n-x)!} p^x (1-p)^{n-x}$$

$$= n(n-1)p^2 \sum_{x'=0}^{n'} \frac{n'!}{x'!(n'-x')!} p^{x'} (1-p)^{n'-x'}$$

$$= n(n-1)p^2 \quad (2.7.6)$$

となる．式 (2.7.4), (2.7.5), (2.7.6) より分散 $V[X]$ が以下のように求まる．

$$V[X] = n(n-1)p^2 + np - (np)^2 = np(1-p) \quad (2.7.7)$$

$n = 1$ のときには $x(x-1) \equiv 0$ となるから $E[X(X-1)] = 0$ であり，この場合も式 (2.7.7) が成り立つ．

各回のベルヌーイ試行の結果を表す確率変数を X_i, $i = 1, 2, \ldots, n$ とすると二項分布 $B(n, p)$ に従う確率変数は独立な n 個のベルヌーイ変数 $B(1, p)$ の和の形で表される．

$$X = X_1 + X_2 + \cdots + X_n \quad (2.7.8)$$

2.9.2項で詳述するように，複数個の確率変数の和の確率分布を考えるとき，一般に，確率変数の和の期待値はそれぞれの期待値の和に等しく，複数

個の確率変数が独立なときには，それらの和の分散はそれぞれの分散の和に等しいという性質がある．式 (2.7.8) は n 個の独立なベルヌーイ変数 $B(1, p)$ の和であり，それぞれのベルヌーイ変数 X_i の期待値と分散は 2.7.1 項にあるように $E[X_i] = p$, $V[X_i] = p(1-p)$ であることからも，式 (2.7.4), (2.7.7) の結果が導かれる．

また，式 (2.7.8) について n_1 個の和と $n_2 = n - n_1$ 個の和の部分に分けると，それらは独立に二項分布 $B(n_1, p)$, $B(n_2, p)$ に従う2つの確率変数の和の形になっており，それらの和が試行回数 $n_1 + n_2$ の二項分布 $B(n_1 + n_2, p)$ に従うことを表している．この性質を二項分布の再生性という．

2.7.3 ポアソン分布

ポアソン分布 (Poisson distribution) は，二項分布 $B(n, p)$ において期待値 $np = \lambda$ を固定し，試行回数と成功確率について $n \to \infty$, $p \to 0$ のような極限をとったときに得られる確率分布として定義される．この定義から容易にわかるように，ポアソン分布は，n が大きく p が小さい二項分布に対する近似として利用できる．p が小さいことから，しばしば "まれに起きる現象" に対する確率モデルともいわれている．例として，一定時間に電話のかかってくる回数や交通事故の件数，安定した製造工程で製造される織物の一定面積に現れる織りむらの数，また歴史的にはプロシア陸軍で馬にけられて死亡する兵士の数，などの確率モデルとして利用されてきた．

ある時間間隔 T の間に電話のかかってくる回数 X の分布を考える．X の期待値を λ とする．この区間を n 個の微小な等間隔の区間に分割したとき，電話がかかってくる確率はどの微小区間も等しく，区間幅が小さいため同一の微小区間に2回以上かかってくる確率は無視できるものとする．このとき，各微小区間にかかってくる回数は1か0で，その確率は

$$P(X_i = 1) = \lambda/n, \qquad P(X_i = 0) = 1 - \lambda/n \qquad (i = 1, 2, \ldots, n)$$

であると考えられるので，全区間に電話がかかってくる回数の分布は成功確率 λ/n の二項分布 $B(n, \lambda/n)$ で近似できる．二項分布の確率関数は，n を大きくするとき，$\lim_{k \to \infty} (1 + a/k)^k = e^a$ であることを利用すると

$$P(X = x) = {}_nC_x \left(\frac{\lambda}{n}\right)^x \left(1 - \frac{\lambda}{n}\right)^{n-x} = \frac{n!}{x!(n-x)!} \left(\frac{\lambda}{n}\right)^x \left(1 - \frac{\lambda}{n}\right)^{n-x}$$

$$= \frac{\lambda^x}{x!}\left(1-\frac{1}{n}\right)\left(1-\frac{2}{n}\right)\cdots\left(1-\frac{x-1}{n}\right)$$
$$\times\left(1-\frac{\lambda}{n}\right)^{-x}\left(1-\frac{\lambda}{n}\right)^n$$
$$\to e^{-\lambda}\lambda^x/x! \ (n\to\infty) \qquad (x=0,1,2,\ldots)$$

の右辺の関数に収束する．したがって，ポアソン分布の確率関数は

$$f(x)=e^{-\lambda}\lambda^x/x! \qquad (x=0,1,2,\ldots) \tag{2.7.9}$$

の形に表される．式 (2.7.9) よりポアソン分布の確率関数はパラメータ λ だけに依存するので，記号 $Po(\lambda)$ と表す．この分布の期待値と分散は

$$E[X]=\sum_{x=0}^{\infty}x\frac{\lambda^x e^{-\lambda}}{x!}=e^{-\lambda}\sum_{x=1}^{\infty}\frac{\lambda^x}{(x-1)!}=\lambda e^{-\lambda}\sum_{k=0}^{\infty}\frac{\lambda^k}{k!}=\lambda$$

$$E[X(X-1)]=\sum_{x=0}^{\infty}x(x-1)\frac{\lambda^x e^{-\lambda}}{x!}=e^{-\lambda}\sum_{x=2}^{\infty}\frac{\lambda^x}{(x-2)!}$$
$$=\lambda^2 e^{-\lambda}\sum_{k=0}^{\infty}\frac{\lambda^k}{k!}=\lambda^2$$

$$V[X]=E[X(X-1)]+E[X]-(E[X])^2=\lambda^2+\lambda-\lambda^2=\lambda$$

となる．ただし，$\sum_{k=0}^{\infty}\lambda^k/k!=e^{\lambda}$ を利用した．二項分布の期待値 np と分散 $np(1-p)$ を $np=\lambda$ を固定して $n\to\infty, p\to 0$ とした極限からも

$$E[X]=V[X]=\lambda \tag{2.7.10}$$

であることがわかる．

二項分布と同様に，ポアソン分布も再生性があり，X_1, X_2 が独立に $Po(\lambda_1), Po(\lambda_2)$ に従うとき，X_1+X_2 は $Po(\lambda_1+\lambda_2)$ に従う．

2.7.4 幾何分布

成功の確率が p であるベルヌーイ試行を，初めて成功するまで繰り返したときの試行回数 X の確率分布を**幾何分布** (geometric distribution) という．初めて成功するのが x 回目であるとすると，それまでの $x-1$ 回は失敗であるから，その確率は

$$P(X=x)\equiv f(x)=p(1-p)^{x-1} \qquad (x=1,2,\ldots) \tag{2.7.11}$$

となる．証明は省略するが，期待値と分散は次のようになる．

$$E[X] = \frac{1}{p}, \qquad V[X] = \frac{1-p}{p^2} \tag{2.7.12}$$

別の定義として，同じベルヌーイ試行を繰り返したとき，初めて成功するまでの失敗の回数 Y の確率分布を幾何分布とよぶこともある．$Y = X - 1$ の関係が成り立つので期待値は 1 だけ小さくなり，分散は同じになる．

§2.8 主な連続型確率分布

2.8.1 一様分布

区間 $[a, b]$ 内のどの値も同じ起こりやすさをもつ，すなわち，確率密度関数が

$$f(x) = \begin{cases} \dfrac{1}{b-a} & (a \leq x \leq b) \\ 0 & (そのほか) \end{cases} \tag{2.8.1}$$

で表される分布を**一様分布** (uniform distribution) とよび，$U(a, b)$ と表す．連続一様分布とよんで離散一様分布と区別することがある．また，確率密度関数の形から**矩形分布**ともよばれる．コンピュータの多くのソフトウェアの中には一様分布 $U(0, 1)$ に従う乱数を発生する関数が用意されている．

一様分布 $U(a, b)$ に従う確率変数を X とするとき，その期待値と分散は，2.5 節の例 5 で示したように

$$E[X] = \int_a^b \frac{x}{b-a}dx = \frac{1}{b-a}\left[\frac{x^2}{2}\right]_a^b = \frac{a+b}{2} \tag{2.8.2}$$

$$V[X] = E[X^2] - (E[X])^2 = \int_a^b \frac{x^2}{b-a}dx - \left(\frac{a+b}{2}\right)^2$$

$$= \frac{1}{b-a}\left[\frac{x^3}{3}\right]_a^b - \left(\frac{a+b}{2}\right)^2 = \frac{(b-a)^2}{12} \tag{2.8.3}$$

である．

2.8.2 正規分布

量的変数の分析においてもっとも頻繁に現れ，連続型確率分布の中の代表とでもいうべき確率分布に**正規分布** (normal distribution) あるいは**ガウス分布** (Gaussian distribution) とよばれる分布がある．確率密度関数は

$$f(x) = \frac{1}{\sqrt{2\pi\sigma^2}} \exp\left\{-\frac{(x-\mu)^2}{2\sigma^2}\right\} \quad (-\infty < x < \infty) \tag{2.8.4}$$

で与えられ，パラメータ μ と σ^2 によって決まるので記号 $N(\mu, \sigma^2)$ と表される[*]．μ はこの分布の期待値（平均），σ^2 は分散である．正規分布 $N(\mu, \sigma^2)$ の分散と平均を変化させた確率密度関数のグラフを図 2.5 と図 2.6 に示す．この関数は平均 μ を中心にして左右対称で $x = \mu$ において最大値をとり，$(\mu-\sigma, \mu+\sigma)$ の範囲で上に凸，その外側 $x < \mu-\sigma, x > \mu+\sigma$ で下に凸であり，$x = \mu-\sigma, x = \mu+\sigma$ の点で曲がり方が変わる．この点を数学では変曲点という．X が $(\mu-\sigma, \mu+\sigma)$ に入る確率は約 68% (0.683)，$(\mu-2\sigma, \mu+2\sigma)$ に入る確率は約 95% (0.955) である．

正規分布には次のような性質がある．

1) 確率変数 X が正規分布 $N(\mu, \sigma^2)$ に従うとき，X の 1 次関数 $aX + b$ も正規分布に従い，その平均は $E(aX+b) = a\mu+b$，分散は $V(aX+b) = a^2\sigma^2$，すなわち，$aX+b$ は正規分布 $N(a\mu+b, a^2\sigma^2)$ に従う．

2) 1) の特殊な場合として

$$Z = (X - \mu)/\sigma \tag{2.8.5}$$

と変換すると，Z は平均 0，分散 1 の正規分布 $N(0, 1)$（**標準正規分布**，standard normal distribution という）に従う．式 (2.8.5) の形の変換を**標準化**という．標準正規分布の確率密度関数は

$$\varphi(z) = \frac{1}{\sqrt{2\pi}} \exp(-z^2/2) \tag{2.8.6}$$

と表され，累積分布関数は

$$\Phi(z) = \int_{-\infty}^{z} \frac{1}{\sqrt{2\pi}} \exp(-u^2/2) du \tag{2.8.7}$$

---

[*] exp は指数関数とよばれる関数で，$\exp(x) = e^x$ で定義される．e は無限小数で表される定数 $e = 2.718\cdots$ である．

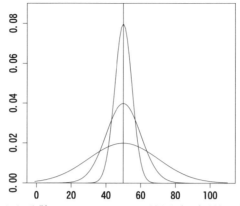

図 2.5 高いほうから分散 25, 100, 400 の正規分布（平均 50）の確率密度関数

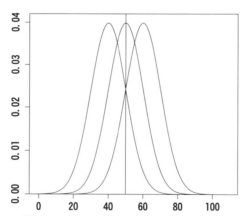

図 2.6 左から平均 40, 50, 60 の正規分布（分散 100）の確率密度関数

と表される．
3) 確率変数 X と Y が独立に正規分布 $N(\mu_1, \sigma_1^2)$, $N(\mu_2, \sigma_2^2)$ に従うとき，$X+Y$ も正規分布に従い，その分布は $N(\mu_1+\mu_2, \sigma_1^2+\sigma_2^2)$ となる．この性質は正規分布の再生性といわれる．
4) 2) と 3) の性質を利用すると，3 つ以上の確率変数 $X_1, X_2, \ldots, X_n$ が独立にそれぞれ正規分布 $N(\mu_i, \sigma_i^2)$ $(i=1, 2, \ldots, n)$ に従うとき，その和，平均，1 次結合（線形結合）

$$S_n = X_1 + X_2 + \cdots + X_n$$
$$\bar{X} = S_n/n$$
$$L = a_1 X_1 + a_2 X_2 + \cdots + a_n X_n$$

の従う分布はそれぞれ

$$S_n : N\left(\sum_{i=1}^n \mu_i, \sum_{i=1}^n \sigma_i^2\right)$$
$$\bar{X} : N\left(\sum_{i=1}^n \mu_i/n, \sum_{i=1}^n \sigma_i^2/n^2\right)$$
$$L : N\left(\sum_{i=1}^n a_i\mu_i, \sum_{i=1}^n a_i^2\sigma_i^2\right)$$

となる．

1) と 2) は，正規分布に従う確率変数に定数を加えたり定数倍しても正規分布に従い，平均や分散の値だけが変わることから確認できる[*]．標準正規分布の累積分布関数（下側確率）$\Phi(z)$ あるいは上側確率 $Q(z) = 1 - \Phi(z)$ の値の数表が作成されており，2) の標準化と数表を併せて利用することにより任意の平均，標準偏差をもつ正規分布の下側あるいは上側確率を求めることができる．表の利用方法は 7.5.1 項にある．標準化された変数 Z についてよく参照される確率を挙げておく．

$$P(Z \geq 1.282) = 0.10$$
$$P(Z \geq 1.645) = 0.05$$
$$P(Z \geq 1.960) = 0.025$$

例 6 偏差値とはテストの得点などを平均 50，標準偏差 10 に調整したものである．正規分布に従っていると仮定して，偏差値が 60 以上になる確率を求めよ．

---

[*] 3) については『統計検定 1 級対応 統計学』p.37–38 にモーメント母関数を利用した説明があるので参照されたい．

〔解答例〕

偏差値を X としそれを標準化すると,$Z = (X-50)/10$ となる.X が 60 以上であるとき,Z は $Z = (X-50)/10 \geq (60-50)/10 = 1.0$ となる.X が正規分布に従うとき,Z は標準正規分布に従うから,X が 60 以上となる確率は標準正規分布の表から次のように求めることができる.

$$P(X \geq 60) = P(Z \geq 1.0) = 0.1587$$

2.8.3 指数分布

2.7.3 項においてどの時点でも同様な起こりやすさをもつランダムな現象があるとき,一定の時間内に生起する回数がポアソン分布に従うことを説明した.同じランダムな現象に対して初めて生起するまでの待ち時間の分布を考える.待ち時間 W のとり得る値は非負の実数であり,ある $t \geq 0$ に対して $W \leq t$ である確率,すなわち,W の累積分布関数は,ポアソン分布で一定時間内に生起しない確率を利用して

$$\begin{aligned} F(t) &= 1 - P(W > t) = 1 - P([0,t] \text{の生起回数} = 0) \\ &= 1 - e^{-\lambda t} \end{aligned} \tag{2.8.8}$$

と表される.ただし,λ は単位時間における生起回数の期待値とする.式 (2.8.8) の関数は微分可能であるから,これを t で微分すると,確率密度関数

$$f(t) = dF(t)/dt = \lambda e^{-\lambda t} \qquad (0 \leq t < \infty) \tag{2.8.9}$$

が得られる.この確率分布は**指数分布** (exponential distribution) とよばれ,パラメータ λ を与えると分布が決まるので,記号 $Exp(\lambda)$ と表す.その期待値と分散は

$$E[W] = 1/\lambda, \quad V[W] = 1/\lambda^2 \tag{2.8.10}$$

で与えられる[*].指数分布の確率密度関数の例を図 2.7 に示す.生物統計学における生存時間,信頼性工学における故障するまでの寿命などの最も基本的なモデルであるが,現実には経年変化があるためどの時点でも同様な起こりやすさをもつという仮定が成り立たない場合も多い.

---

[*] 『統計検定 1 級対応 統計学』,pp.38–39 参照.

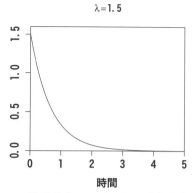

図 2.7　指数分布 $Exp(1.5)$ の確率密度関数

s 時点まで生起しなかったという条件の下で $[s, s+t]$ 間に生起しない条件付き確率を考えると

$$P(W > s+t \mid W > s) = \frac{P((W > s+t) \cap (W > s))}{P(W > s)}$$
$$= \frac{e^{-\lambda(s+t)}}{e^{-\lambda s}} = e^{-\lambda t} = P(W > t) \quad (2.8.11)$$

となり，0 時点から t 時点までに生起しない確率と同じになる．すなわち，同じ長さ t の時間間隔であれば，その時点以前に生起してもしなくても同じ生起確率をもつ．この性質は指数分布の**無記憶性** (memoryless property, lack of memory) といわれる．

§ 2.9　2 変数の確率分布

2.9.1　同時分布と周辺分布

2 つの確率変数 X と Y のとり得る値とその確率との対応関係を X と Y の**同時確率分布** (joint probability distribution) という．離散型の確率変数の場合には

$$P(X = x_i, Y = y_j) = f(x_i, y_j)$$
$$(i = 1, 2, \ldots; j = 1, 2, \ldots) \quad (2.9.1)$$

で定義される分布を同時確率分布，$f(x_i, y_j)$ を**同時確率関数** (joint probability function) という．X と Y の 2 元表の形で考えるとき，同時確率関数の行方向，列方向の和

$$f_x(x_i) = \sum_j f(x_i, y_j) = P(X = x_i), \ (i = 1, 2, \ldots) \tag{2.9.2}$$

$$f_y(y_j) = \sum_i f(x_i, y_j) = P(Y = y_j), \ (j = 1, 2, \ldots) \tag{2.9.3}$$

をそれぞれ X と Y の**周辺確率関数** (marginal probability function)，その分布を**周辺分布** (marginal distribution) という．連続型の確率変数の場合については，X，Y のとり得る値を微小な幅 Δx，Δy で分割して 2 元表をつくり，各区間の幅を 0 に近づけたときの極限を考えると，同時確率関数はなめらかな曲面の形の**同時確率密度関数** (joint probability density function) に近づく．また，周辺分布は和の代わりに積分を用いて求められ，曲線の形の**周辺確率密度関数** (marginal probability density function) となる．

2.7.2 項のコメントでも説明したが，確率変数の独立性について確認しておく．一般に，2 つの確率変数 X と Y に対する任意の事象 A と B に関して

$$P((X \in A) \cap (Y \in B)) = P(X \in A)P(Y \in B) \tag{2.9.4}$$

が成り立つとき，確率変数 X と Y は互いに独立であるという．この定義を離散型の同時確率関数および連続型の同時確率密度関数にあてはめると独立性の定義は次の形に表せる．離散型の確率変数の場合は，同時確率関数および周辺確率関数に関して

$$f(x_i, y_j) = f_x(x_i)f_y(y_j) \quad (i = 1, 2, \ldots; j = 1, 2, \ldots) \tag{2.9.5}$$

が，また同時確率密度関数 $f(x, y)$ をもつ連続型確率変数の場合は，同時確率密度関数および周辺確率密度関数に関して

$$f(x, y) = f_x(x)f_y(y) \quad (-\infty < x < \infty, -\infty < y < \infty) \tag{2.9.6}$$

が成り立つとき，2 つの確率変数は互いに独立であるという．3 つ以上の確率変数の独立性についても，同時確率関数，あるいは同時確率密度関数が周辺分布の確率関数，あるいは確率密度関数の積の形に表されるとき，それらの確率変数は互いに独立であるという．

2.9.2 共分散と相関係数

2つの確率変数の和 $X+Y$ の期待値と分散を考える．期待値は

$$\begin{aligned}
E[X+Y] &= \sum_i \sum_j (x_i + y_j) f(x_i, y_j) \\
&= \sum_i \sum_j x_i f(x_i, y_j) + \sum_i \sum_j y_j f(x_i, y_j) \\
&= \sum_i x_i f_x(x_i) + \sum_j y_j f_y(y_j) \\
&= E[X] + E[Y] = \mu_x + \mu_y
\end{aligned} \quad (2.9.7)$$

となり，確率変数の和の期待値は期待値の和に等しいことがわかる．ただし，μ_x と μ_y は X と Y の期待値を表す．一方，分散は

$$\begin{aligned}
V[X+Y] &= E[\{(X+Y)-(\mu_x+\mu_y)\}^2] \\
&= E[(X-\mu_x)^2 + (Y-\mu_y)^2 + 2(X-\mu_x)(Y-\mu_y)] \\
&= V[X] + V[Y] + 2E[(X-\mu_x)(Y-\mu_y)] \quad (2.9.8)
\end{aligned}$$

となる．右辺第3項の

$$\mathrm{Cov}[X,Y] \equiv E[(X-\mu_x)(Y-\mu_y)] \quad (2.9.9)$$

は**共分散** (covariance) とよばれる量であり，これに基づき，**相関係数** (correlation coefficient) ρ（ロー）が

$$\rho_{xy} \equiv \mathrm{Cov}[X,Y]/\sqrt{V[X]V[Y]} \quad (2.9.10)$$

のように定義される．ρ_{xy} の下付きの添字は2つの変数 X と Y の間の相関係数であることを表すために付けられるが，どの変数間かが明らかな場合は省略されることが多い．ρ_{xy} は，第1章での観測データから計算される相関係数 r_{xy} に対応する量で，確率分布に関して理論的に定義される相関係数（母相関係数）である．$X+Y$ の分散は，式 (2.9.8), (2.9.9), (2.9.10) より X と Y の分散 σ_x^2, σ_y^2 と相関係数 ρ_{xy} を用いて，

$$V[X+Y] = \sigma_x^2 + \sigma_y^2 + 2\rho_{xy}\sigma_x\sigma_y \quad (2.9.11)$$

と表される．

同様にして，n 個の確率変数 $X_1, X_2, \ldots, X_n$ の和の期待値と分散についても，X_i の期待値と分散を $\mu_i, \sigma_i^2 \, (i=1,\ldots,n)$ と表すとき

$$E[X_1 + X_2 + \cdots + X_n] = E[X_1] + E[X_2] + \cdots + E[X_n] \quad (2.9.12)$$
$$= \mu_1 + \mu_2 + \cdots + \mu_n$$

$$V[X_1 + X_2 + \cdots + X_n]$$
$$= V[X_1] + V[X_2] + \cdots + V[X_n] + 2\sum_{i=1}^{n-1}\sum_{j=i+1}^{n} \mathrm{Cov}[X_i, X_j] \quad (2.9.13)$$
$$= \sigma_1^2 + \sigma_2^2 + \cdots + \sigma_n^2 + 2\sum_{i=1}^{n-1}\sum_{j=i+1}^{n} \rho_{ij}\sigma_i\sigma_j$$

となることが導かれる．確率変数の和の期待値がそれぞれの確率変数の期待値の和に等しいという意味での加法性が成り立つ．しかし，同様な意味での加法性が分散について成り立つのは，式 (2.9.13) において，最右辺の共分散（または，相関係数）を含む項が 0 となる場合に限られることがわかる．

離散型確率分布の場合について説明してきたが，連続型の場合でも同様である．特に，$X_1, X_2, \ldots, X_n$ が独立に平均 μ，分散 σ^2 の同一の確率分布に従うとき，共分散および相関係数は 0 となり，和 $S = \sum_{i=1}^{n} X_i$ および平均 $\bar{X} = \sum_{i=1}^{n} X_i/n$ の期待値と分散は

$$E[S] = n\mu, \qquad V[S] = n\sigma^2 \quad (2.9.14)$$
$$E[\bar{X}] = \mu, \qquad V[\bar{X}] = \frac{\sigma^2}{n} \quad (2.9.15)$$

となる．

■コメント

期待値および分散の演算については 2.5 節および 2.9.2 項で説明したが，重要な性質についてまとめておく．X と Y は確率変数，a, b, c は定数とする．
期待値の演算 E の場合：

$$E[aX + c] = aE[X] + c$$
$$E[aX + bY + c] = aE[X] + bE[Y] + c$$

分散の演算 V の場合：

$$V[aX + c] = a^2 V[X]$$

$$V[aX + bY + c] = a^2 V[X] + b^2 V[Y] + 2ab \operatorname{Cov}[X, Y]$$

X と Y が独立（あるいは共分散が0）なら次の関数が成り立つ.

$$V[aX + bY + c] = a^2 V[X] + b^2 V[Y]$$

これらの式からわかるように，期待値の演算 E と分散の演算 V を確率変数の1次式に対して適用するとき，確率変数の係数は，期待値 E の場合はそのまま括弧の外に出すことができるが，分散 V の場合は2乗して外に出す必要がある．

2.9.3　2変量正規分布

2つの連続型確率変数 X と Y がある．X と Y は正規分布 $N(\mu_x, \sigma_x^2)$, $N(\mu_y, \sigma_y^2)$ に従い，これらの変数間の相関係数を ρ とする．このとき，X と Y の同時確率密度関数は2つの変数の平均と分散および相関係数の5つのパラメータを含んだ

$$f(x, y) = \frac{1}{2\pi\sqrt{\sigma_x^2 \sigma_y^2 (1 - \rho^2)}} \exp\left\{-\frac{q(x, y)}{2}\right\} \tag{2.9.16}$$
$$(-\infty < x, y < \infty)$$

$$\begin{aligned} q(x, y) = &\frac{1}{1 - \rho^2} \\ &\times \left[\left(\frac{x - \mu_x}{\sigma_x}\right)^2 - 2\rho\left(\frac{x - \mu_x}{\sigma_x}\right)\left(\frac{y - \mu_y}{\sigma_y}\right) + \left(\frac{y - \mu_y}{\sigma_y}\right)^2\right] \end{aligned} \tag{2.9.17}$$

の形で与えられる．この2次元の確率分布を **2変量正規分布** (2-variate normal distribution) とよぶ．ここで，**変量** (variate) は確率変数を意味し，多変量解析とは複数個の確率変数を含む統計解析を意味する．

　x と y を平面上の横軸と縦軸，密度関数の大きさをその平面と垂直な高さ方向にとった3次元のグラフを描くと，x 軸，y 軸に平行な方向から眺めたとき1変量の正規分布曲線が見えるが，それだけでなく，(x, y) 平面に平行な，どの方向から眺めても（すなわち，$x\cos\theta + y\sin\theta$ もまた），1変量の正規分布になるという性質がある．3変数以上の**多変量正規分布** (multivariate normal distribution) の場合も同様である．図2.8は，

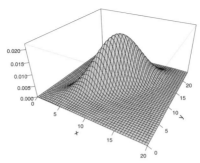

図 2.8 2 変量正規分布の図

$\mu_x = 10$, $\sigma_x^2 = 9$, $\mu_y = 12$, $\sigma_y^2 = 16$, $\rho = 0.8$ の 2 変量正規分布の図である.

$X = x$ を与えたときの Y の分布を条件付き分布という. その確率密度関数は $f_y(y\,|\,x) = f(x,y)/f_x(x)$ により求められ, 次のような平均と分散をもつ 1 変量の正規分布の確率密度関数が得られる.

$$E[Y\,|\,X = x] = \mu_y + \rho\frac{\sigma_y}{\sigma_x}(x - \mu_x) \tag{2.9.18}$$

$$V[Y\,|\,X = x] = \sigma_y^2(1 - \rho^2) \tag{2.9.19}$$

式 (2.9.18) の直線は母回帰直線を表し, 2 変量正規分布 (2.9.16) に従う標本 $\{(x_i, y_i), i = 1, 2, \ldots, n\}$ から求まる標本回帰直線は, 標本の大きさ n を大きくすると母回帰直線と一致する.

§ 2.10 標本分布

母集団から無作為標本を抽出するとき, 標本のすべて, もしくは一部の関数として与えられる各種の統計量, たとえば, 標本平均 $\bar{X} = \sum_{i=1}^{n} X_i/n$ や標本不偏分散 $S^2 = \sum_{i=1}^{n}(X_i - \bar{X})^2/(n-1)$[*] やこれらを用いたものなどの従う確率分布を**標本分布**(sampling distribution)とよぶ. 本節では, 標本分布に関する 2 つの話題を取り上げる. 1 つ目の話題は正規母集団の平均や分散に関する推測に重要な役割を果たす 3 つの分布 (χ^2 分布, t 分布, F 分

---

[*] この分散は標本の大きさ n ではなく $n-1$ で割っているが, これを用いることの詳細は第 3 章で説明する.

布）である．母集団分布が正規分布 $N(\mu, \sigma^2)$ に従うとき，標本の大きさ n が小さいときでも，これらの分布を利用して平均や分散などの母数について正確な推測ができる．2番目の話題は n が大きいときの標本分布の性質に関わる2つの定理（大数の法則と中心極限定理）である．母集団の分布が正規分布でなくても，一般に標本の大きさ n を大きくすると，標本平均の値は母平均に近づき（大数の法則），また，標本平均の分布は正規分布に近づく（中心極限定理）という定理である．大数の法則は頻度論に基づく確率の定義（2.1節）の基礎となっている定理である．中心極限定理は第3章以降で頻出する二項分布やポアソン分布の正規近似や，確率変数の和や平均の正規近似などで利用され，各種の統計量の n が大きいときの分布（漸近分布）を求めるための重要なツールとなっている．

2.10.1 χ^2 分布

確率変数 $Z_1, Z_2, \ldots, Z_n$ が互いに独立に標準正規分布 $N(0, 1)$ に従うとき

$$W = Z_1^2 + Z_2^2 + \cdots + Z_n^2 \tag{2.10.1}$$

の従う分布を自由度 n の χ^2 分布（カイ二乗分布，chi-square distribution with n degrees of freedom）とよび，記号 $\chi^2(n)$ を用いて表す．自由度 n の χ^2 分布は次のような期待値と分散をもつ．

$$E[W] = n, \qquad V[W] = 2n$$

図 2.9 からわかるように χ^2 分布は自由度によって形状が大きく異なる．χ^2 分布に関連するいくつかの性質を示しておく．

1) 2つの確率変数 W_1, W_2 が独立に $\chi^2(m_1), \chi^2(m_2)$ に従うとき，和 $W_1 + W_2$ は $\chi^2(m_1 + m_2)$ に従う．この性質は χ^2 分布の再生性といわれる．
2) $N(\mu, \sigma^2)$ に従う母集団からの大きさ n の無作為標本 $X_1, X_2, \ldots, X_n$ について，X_i $(i = 1, 2, \ldots, n)$ は互いに独立に $N(\mu, \sigma^2)$ に従うことから

$$W = \sum_{i=1}^{n} \frac{(X_i - \mu)^2}{\sigma^2} \tag{2.10.2}$$

は自由度 n の χ^2 分布に従う．

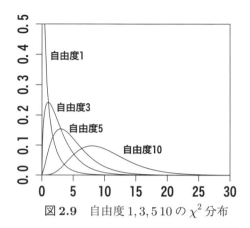

図 2.9　自由度 $1, 3, 5, 10$ の χ^2 分布

3) 同じく $N(\mu, \sigma^2)$ に従う母集団からの大きさ n の無作為標本 $X_1, X_2, \ldots, X_n$ について，$X_i\ (i = 1, 2, \ldots, n)$ は互いに独立に $N(\mu, \sigma^2)$ に従うことから

$$W = \sum_{i=1}^{n} \frac{(X_i - \bar{X})^2}{\sigma^2} = \frac{(n-1)S^2}{\sigma^2} \tag{2.10.3}$$

は自由度 $n - 1$ の χ^2 分布に従う．

　2) は $Z_i = (X_i - \mu)/\sigma$ が $N(0, 1)$ に従うことより明らか．3) は期待値（母平均）を標本平均で置き換えると自由度が 1 だけ小さくなることをいっている[*]．第 3 章以降でしばしば各種の偏差の 2 乗和（慣習として平方和とよばれる）に出会うが，その意味について説明しておく．式 (2.10.3) の右辺の分子は偏差 $X_1 - \bar{X}, X_2 - \bar{X}, \ldots, X_n - \bar{X}$ の 2 乗和の形になっているが，2 乗せずに和をとると，$\sum_{i=1}^{n}(X_i - \bar{X}) = \sum_{i=1}^{n} X_i - n\bar{X} = 0$ となり，これら n 個の偏差の間には "和がゼロである" という 1 つの線形制約式があることになる．これより，n 個の偏差のうち，$n - 1$ 個を決めると残りの 1 つはそれらの値から決まり，自由に決めることのできる偏差は $n - 1$ 個になるため，偏差平方和の自由度は $n - 1$ であるという．n 個の偏差に対して p 個の線形制約式が成り立つとき，その平方和の自由度は $n - p$ となる．

---

[*] その証明の詳細については『統計検定 1 級対応 統計学』p.47 参照．

2.10.2 t 分布

独立な2つの確率変数 Z と W があり，Z が標準正規分布 $N(0, 1)$，W が自由度 m の χ^2 分布に従うとき，

$$t = \frac{Z}{\sqrt{W/m}} \tag{2.10.4}$$

の従う分布を自由度 m の t 分布 (t distribution with m degrees of freedom) とよび，記号 $t(m)$ と表す．期待値は $m > 1$ のときのみ存在して $E[t] = 0$，分散は $m > 2$ のときのみ存在して $V[t] = m/(m-2)$ である．いくつかの自由度に対する確率密度関数のグラフを図 2.10 に示す．図からわかるように左右対称な分布であり，自由度が大きくなると標準正規分布の確率密度関数に近づく．$t(m)$ の上側 $100\alpha\%$ 点を $t_\alpha(m)$ と表す．

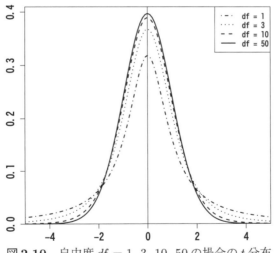

図 2.10 自由度 $df = 1, 3, 10, 50$ の場合の t 分布

正規分布 $N(\mu, \sigma^2)$ に従う母集団からの大きさ n の無作為標本 $X_1, X_2, \ldots, X_n$ について，$\sqrt{n}(\bar{X}-\mu)/\sigma$ は $N(0,1)$ に，また，式 (2.10.3) より $\sum_{i=1}^{n}(X_i - \bar{X})^2/\sigma^2$ は $\chi^2(n-1)$ に従い，さらにそれらは互いに独立であることがいえ[*]，

---

[*] 『統計検定1級対応 統計学』p. 48 参照．

$$t = \sqrt{n}(\bar{X} - \mu) \bigg/ \sqrt{\sum_{i=1}^{n}(X_i - \bar{X})^2/(n-1)} = \sqrt{n}(\bar{X} - \mu)/S$$

の従う分布は自由度 $n-1$ の t 分布となる.

2.10.3　F 分布

独立に $\chi^2(m_1)$, $\chi^2(m_2)$ に従う 2 つの確率変数 W_1, W_2 があるとき，それぞれをその自由度で割って比をとった

$$F = \frac{W_1/m_1}{W_2/m_2} \tag{2.10.5}$$

の従う分布を自由度 (m_1, m_2) の F 分布 (F-distribution with m_1 and m_2 degrees of freedom) といい，記号 $F(m_1, m_2)$ で表す．図 2.11 にいくつかの自由度の F 分布の確率密度関数の図を示す．

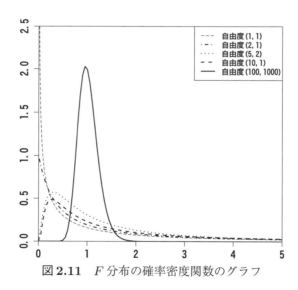

図 2.11　F 分布の確率密度関数のグラフ

$F(m_1, m_2)$ の上側 $100\alpha\%$ 点を $F_\alpha(m_1, m_2)$ と表す．$F(m_1, m_2)$ の下側 $100\alpha\%$ 点 $F_{1-\alpha}(m_1, m_2)$ は分母と分子を入れ替えた $F(m_2, m_1)$ の上側 $100\alpha\%$ 点 $F_\alpha(m_2, m_1)$ の逆数に等しい．F 分布については数値表に，種々の自由度に対する上側確率のパーセント点が記載されている．下側確率の

パーセント点を求めたい場合は自由度の順番を逆にとったときの上側確率のパーセント点の逆数を用いればよい．表の利用については 7.5.4 項にある．

式 (2.10.4) の両辺を 2 乗とすると，分子は自由度 1 の χ^2 分布になり，ちょうど式 (2.10.5) で $m_1 = 1, m_2 = m$ の場合の F に等しくなるので，$t(m)$ の 2 乗の分布は $F(1, m)$ に等しい．

正規分布 $N(\mu_1, \sigma_1^2)$ および $N(\mu_2, \sigma_2^2)$ に従う 2 つの母集団からの，それぞれ大きさ n_1, n_2 の無作為標本 $X_1, X_2, \ldots, X_{n_1}$ と $Y_1, Y_2, \ldots, Y_{n_2}$ について，式 (2.10.3) より $\sum_{i=1}^{n_1}(X_i - \bar{X})^2/\sigma_1^2$ は $\chi^2(n_1 - 1)$ に，$\sum_{j=1}^{n_2}(Y_j - \bar{Y})^2/\sigma_2^2$ は $\chi^2(n_2 - 1)$ にそれぞれ従い，さらにそれらは互いに独立であることがいえ，

$$F = \frac{\left(\sum_{i=1}^{n_1}(X_i - \bar{X})^2/\sigma_1^2\right)/(n_1 - 1)}{\left(\sum_{j=1}^{n_2}(Y_j - \bar{Y})^2/\sigma_2^2\right)/(n_2 - 1)} = \frac{\frac{S_1^2}{\sigma_1^2}}{\frac{S_2^2}{\sigma_2^2}} = \frac{S_1^2}{\sigma_1^2} \cdot \frac{\sigma_2^2}{S_2^2}$$

の従う分布は自由度 $(n_1 - 1, n_2 - 1)$ の F 分布となる．

§ 2.11　大数の法則と中心極限定理

2.11.1　チェビシェフの不等式

任意の確率変数の値の散らばりと標準偏差との関係について，チェビシェフの不等式とよばれる次のような不等式が成り立つ．

チェビシェフの不等式 (Chebyshev's inequality)
期待値 μ，分散 σ^2 をもつ確率分布に従う確率変数 X があるとする．このとき，任意の k に対して次の不等式が成り立つ．

$$P(|X - \mu| \geq k\sigma) \leq 1/k^2 \tag{2.11.1}$$

〔略証〕　簡単のため，離散型の確率変数の場合について考える．

$$\sigma^2 \equiv \sum_i (x_i - \mu)^2 f(x_i) \geq \sum_{x_i \in A}(x_i - \mu)^2 f(x_i) \geq \sum_{x_i \in A}(k\sigma)^2 f(x_i)$$

$$= k^2\sigma^2 \sum_{x_i \in A} f(x_i) = k^2\sigma^2 P(|X - \mu| \geq k\sigma) \tag{2.11.2}$$

ただし，A は式 (2.11.1) の左辺のカッコ内の条件を満たす X の範囲，すなわち，

$$A = \{x_i | |x_i - \mu| \geq k\sigma\} \tag{2.11.3}$$

と定義する．式 (2.11.2) の両辺を $k^2\sigma^2$ で割ると式 (2.11.1) が求まる．連続型確率変数の場合も同様な方法で証明できる．

式 (2.11.1) において $\varepsilon = k\sigma$ とおくと次の形に変形できる．

$$P(|X - \mu| \geq \varepsilon) \leq \sigma^2/\varepsilon^2 \tag{2.11.4}$$

$$P(|X - \mu| < \varepsilon) \geq 1 - \sigma^2/\varepsilon^2 \tag{2.11.5}$$

式 (2.11.5) は任意の確率変数に対して上限・下限を与えるという意味で重要な不等式であるが，実用的には，第3章で出てくる信頼区間と比較してあまり精度の高い限界とはいえない．

2.11.2 大数の法則

大数の法則 (law of large numbers) は多数回の試行の結果として得られたデータの平均（標本平均）や相対度数が，試行回数 n を大きくするとき，確率分布の平均（母平均）や生起確率に近づくことを保証する理論的根拠となっている定理である．大数の法則には弱法則と強法則があるが，ここでは弱法則について説明する．

$X_1, X_2, \ldots, X_n$ が互いに独立に平均 μ，分散 σ^2 の同一の確率分布に従うとする．このとき，2.9.2項で説明したように，平均 $\bar{X} = (X_1 + X_2 + \cdots + X_n)/n$ の期待値と分散は $E[\bar{X}] = \mu$, $V[\bar{X}] = \sigma^2/n$ となる．$\bar{X}$ の場合について式 (2.11.5) の不等式を求めると

$$P(|\bar{X} - \mu| < \varepsilon) \geq 1 - \sigma^2/(n\varepsilon^2) \tag{2.11.6}$$

となり，n を大きくするとき次の性質をもつことがいえる．

定理（大数の弱法則）

$X_1, X_2, \ldots, X_n$ が互いに独立に平均 μ，分散 σ^2 の同一の確率分布に従うとき，任意の ε に対して

$$\lim_{n \to \infty} P(|\bar{X} - \mu| < \varepsilon) = 1 \tag{2.11.7}$$

が成り立つ．

これを標本平均 $\bar{X}$ は母平均 μ に確率収束するといい，$\bar{X} \xrightarrow{P} \mu$ と表すことがある．

これより，標本平均 $\bar{X}$ は n を無限に大きくするとき期待値（母平均）μ に近づくこと，また，二項分布における成功の割合 X/n は，ベルヌーイ分布に従う n 個の確率変数の平均であるから，成功確率 p に近づくことがわかる．

2.11.3 中心極限定理

n 個の確率変数 $X_1, X_2, \ldots, X_n$ が互いに独立に正規分布に従うとき，それらの平均も正規分布に従うことは 2.8.2 項で述べた．実は，n が大きくなると，もとの分布が正規分布でない場合でもそれらの平均は正規分布に近づくというのが**中心極限定理** (central limit theorem) とよばれる定理である．確率変数の分布に関する条件を緩めた場合についても研究が進められているが，ここでは，以下の基本的な形を示しておく．

中心極限定理

$X_1, X_2, \ldots, X_n$ が独立に平均 μ，分散 σ^2 $(0 < \sigma^2 < \infty)$ の同一分布に従うとき

$$Z = \frac{\bar{X} - \mu}{\sigma/\sqrt{n}}$$

の分布は $n \to \infty$ とすると標準正規分布 $N(0, 1)$ に近づく[*]．

当然のことながら，平均の分布が正規分布ということは和の分布も正規分布であることを意味する．もとの確率変数の分布に関する条件を緩め，独立同一分布でない場合や独立でない場合についても成り立つことがわかっている．

二項分布は独立同一分布であるベルヌーイ分布に従う確率変数の和であるから，この定理から直ちに，n が大きいとき二項分布は正規分布で近似できることがわかる．図 2.12 は $p = 0.2$，$n = 50$ の場合の二項分布の確率関数（縦線）とそれに対応する正規分布 $N(np, np(1-p))$ の確率密度関数（曲線）を重ねて描いたものである．この2つのグラフがよく一致していることがわかる．中心極限定理の実用上の意味は，いろいろな場面で遭遇する．特に，

---

[*] 証明については『統計検定1級対応 統計学』の 1.5 節を参照されたい．

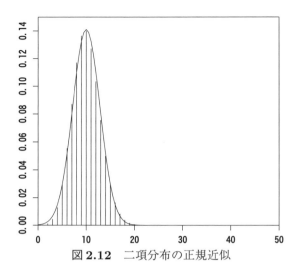

図 **2.12** 二項分布の正規近似

多数の確率変数の和や平均で表される各種の統計量に対して正規分布による近似が考えられる．

■■■ 練習問題

問 2.1 A，Bの2つの事象について $P(A) = 0.5, P(B) = 0.7$ と確率が与えられている．次の確率を求めよ．ただし，$P(A \cup B) = 0.9$ とする．

(1) $P(A \cap B)$ (2) $P(B|A)$

問 2.2 航空機の運行中止の例（例3）を用いて次の確率を求めよ．ただし，何らかのシステムの故障が生じる確率は 0.01 とし，システムの故障がない場合は必ず運行されるものとする．

(1) 全ての運行計画の中で「動力系統」が原因で運行が中止になる確率
(2) 運行中止の原因が「動力系統」である確率
(3) 何らかの故障があったにもかかわらず，運行中止にならない確率
(4) すべての運行計画の中で運行中止にならない確率

問 2.3 世論調査で，ある意見に賛成するか反対するかについて n 人に聞き，x 人が賛成と答えたとする．母比率の推定値は標本比率 $\hat{p} = x/n$ となる．標本比率の平均と標準偏差を p, n を用いて表せ．

問 2.4 ある都市では，1日当たりの交通事故数が平均 2.1（件）のポアソン分布に従っているという．このとき，交通事故数が0件，1件，2件，3件，4件以上の発生確率を求めよ．

問 2.5 次の各問に答えよ．

(1) $N(50, 100)$ に従う母集団から抽出した個体の値が 60 より大きく 70 以下になる確率を求めよ．

(2) $N(50, 100)$ に従う母集団から抽出した標本サイズ 100 の標本平均が 52 より大きくなる確率を求めよ．

(3) $N(50, 100)$ に従う母集団から抽出した標本サイズ n の標本平均が 52 より大きくなる確率が 0.05 になるという．このときの標本サイズ n を求めよ．

問 2.6 ある企業の身体検査で，社員の（着衣の）体重 x は正規分布で近似でき，平均 $\mu = 55.6$ kg，標準偏差 $\sigma = 7.2$ kg であることが知られている．制限重量が 600 kg のエレベータに 10 人が乗り込んだとき，制限重量を超える確率を求めよ．

第 3 章

統計的推定

- この章での目標

推測統計の考え方，研究デザインと統計的推定の考え方および方法の理解

- 母集団・標本・統計的研究について正しく知る
- 点推定と区間推定の特徴を理解する
- 1標本問題と2標本問題に分けて考える

■■■ 次章以降との関係

・区間推定を第4章の統計的仮説検定の考え方に活かす

第3章 統計的推定

┌─ 母集団・標本・統計的研究 ──────────┐
│ ・母集団から無作為抽出された標本を用いて母集団につ │
│ いて推測（推定・検定）するという推測統計の基本的な考 │
│ え方を理解する │
│ ・標本を取得するための実験研究・観察研究の方法を理解 │
│ する │
└────────────────────────┘ ▶ §3.1~3.2

母集団と標本	研究デザインと調査方法
§3.1　母集団と標本	§3.2　統計的な研究の種類

┌─ 点推定と区間推定 ─────────────┐
│ ・統計的推定には点推定と区間推定があり，それぞれの特 │
│ 徴を理解する │
│ ・点推定に関わる重要な性質を理解する │
│ ・区間推定の構成に関する基本的な考え方を理解する │
│ ・標本の大きさ，推定精度（信頼区間），信頼係数の関係 │
│ を理解する │
└────────────────────────┘ ▶ §3.3 点推定と区間推定

┌─ 1標本問題と2標本問題 ────────────┐
│ ・母集団が1つの場合と2つの場合に分けて区間推定を理解 │
│ する │
│ ・1標本問題：1つの母集団の母数の区間推定について理解する │
│ ・2標本問題：2つの母集団の母数の差や比の区間推定につ │
│ いて理解する │
│ ・対応のある2標本：対応のある2標本の母数に対する区 │
│ 間推定について理解する │
└────────────────────────┘ ▶ §3.4~3.5

1標本問題
§3.4　1標本問題：1つの母集団の母数に関する推定ー

2標本問題
§3.5　2標本問題：2つの母集団の母数に関する推定ー

第1章では，与えられたデータに関する統計分析手法を説明した．これは記述統計とよばれる手法である．記述統計は与えられたデータのみに着目しデータの特徴を記述することを目的としている．第1章で説明した記述統計に対して，第3章と第4章では，第2章で説明した確率変数と確率分布を基礎とする推測統計とよばれる手法（統計的推定と統計的仮説検定）を説明する．

母集団と標本の関係において，標本は母集団から抽出するごとに異なる値をとる確率変数である．実際に得られた値が観測値であり，確率変数の実現値である．また，統計量に観測値を代入した値も統計量の実現値というが誤解のない範囲で統計量の値と記す．第2章では，確率変数は大文字（X, Y など），確率変数の実現値は小文字（x, y など）で表記した．本章以降では確率変数と実現値は区別せずどちらも小文字で表す．どちらの意味で使われているかは文脈から判断してほしい．

§ 3.1 母集団と標本

推測統計においては，分析の対象とする母集団と母集団から抽出された標本（サンプル）を明確に区別する必要がある．本節ではこれらについて説明する．

3.1.1 母集団と標本

母集団 (population) は分析の結果をあてはめる対象となる全体の集合のことであり，大きく捉えると，研究対象となっているすべての集合である．**標本** (sample) は，その母集団から抽出した個体の集合で，母集団の部分集合である．母集団を対象の特性値（たとえば，身長や体重など）全体の集合，標本をその母集団から抽出された特性値の部分集合とする定義もある．3.3 節以降で標本 $x_1, \ldots, x_n$ という表現がしばしば出てくるが，それはこの特性値に対する定義に基づくものである．どちらにせよ，母集団は"知りたいもの"，標本は"知ることのできるもの"である．推測統計では，部分集合である標本から集合全体である母集団を推測するので誤差は避けられないが，確

率の理論を用いて誤差の大きさを評価し，分析結果を信頼度つきで母集団に関する情報として提示する．

母集団のサイズがあまり大きくない場合には全部を調べることが可能で，これを**全数調査** (complete survey) という．しかし多くの場合，母集団はサイズが大きく全部を調べることは不可能である．また，何らかの理由により母集団すべてを把握できないため，その母集団から標本を得て，その標本を分析することにより母集団の特性を知ろうとする．このような調査方法を**標本調査** (sample survey) とよび，これに基づく推定や検定が**統計的推測**である．母集団の特性を標本を通じて知るのであるから，標本の抽出を適切に行うことは非常に重要である．

> **例1** ある大学において，学科の学生120人の履修科目数を調査する．母集団はこの学生120人であり，学生全員を調べることは可能で，これは全数調査となる．
>
> **例2** ある大学において，学生の通学時間を把握するため100人の学生を選んで彼らの通学時間の聞き取り調査をする．母集団はその大学の学生全体の通学時間であるが，実際の通学時間は交通事情などで日によって異なる．この場合，母集団を特定するのは難しく，全数調査は可能ではない．標本は実際に得られた100人分のデータである．
>
> **例3** 新しく開発されたある病気の治療薬の有効性を評価するため，その病気の患者50人にその薬剤を投与して病気が治癒するかどうかを調査する．母集団はその病気の患者全体であるが，未来における患者も含まれる．つまり，母集合の特定は不可能であり，全数調査は可能でない．標本は実際に薬を投与した50人である．

3.1.2 調査と母集団との対応付け

研究対象となっている母集団の特性として，母集団における分布がどのようになっているのかを知りたい場合もあるが，その母集団を特徴付ける定数の値を知りたい場合もある．そのような定数を**母数**（パラメータ，

parameter）という．たとえば，例2における学生全体の通学時間の平均（**母平均**），分散（**母分散**），標準偏差（**母標準偏差**），例3における患者全体での病気の治癒する患者の比率（**母比率**）などは母数の例である．それに対し，標本からつくられた関数を**統計量**という．**標本平均**，**標本分散**，**標本標準偏差**，**標本比率**などは統計量の例である．推測統計では，観測値から計算された統計量の値に基づいて母数の値を知ろうとする．本書では，必要に応じて，母集団に対する母数については「母」を，母数を求めるための標本に基づく統計量やその値には「標本」と頭につけて区別する．

§3.2 統計的な研究の種類

　統計学の役割は，平均や分散を推測することにより母集団の特性を知るための方法を提供することだけではない．母集団から標本を正しく取り出すための方法を提供することも統計学の役割である．単純無作為抽出はよく知られているが，それ以外にも調査のための目的に応じた抽出方法がある．また，新薬開発のための動物実験や臨床試験，研究室や工場における実験のデザインを行うことも統計学の役割の一つである．本節では，適切なデータの収集について述べる．

　母集団の特性を知るための研究の種類として実験研究と観察研究がある．この2つの研究を厳密に分けることはできないが，一般に，実験研究は研究対象に介入できる研究であり，観察研究は介入できない研究である．いずれの場合にも実際に得られる標本は母集団の一部であり，一部から全体を推し量ろうとするのであるから，標本が偏りなく母集団の特徴を示すものでなくてはならず，そのための工夫が必要となる．

3.2.1　実験研究のデザイン

　実験というと実験室で行う物理実験や化学実験を思い起こすが，統計的な意味での実験は必ずしも実験室で行われるものとは限らず，条件の設定が研究者自らの手でできるものを実験という．新薬の効果を評価するための臨床試験やある種の肥料の効果を知るための農事試験なども実験である．たとえ

ば，新薬の効果の評価では，患者を新薬を投与する群（**実験群**）と新薬ではない対照薬を投与する群（**対照群**）に分けて，それらの差を測定する．**実験研究** (experimental study) では以下に述べる**フィッシャー**[*]**の3原則** (Fisher's three principle) が重要とされる．

1. **無作為化** (randomization)
2. **繰り返し** (replication)
3. **局所管理** (local control)

無作為化（ランダム化）は，たとえば
- ビールの試飲実験では，被験者に飲んでもらうビールの複数の銘柄の順番を被験者ごとにランダムに変えること
- 新薬の臨床試験で新薬と既存薬とを比較する場合に，どの患者にどちらの薬剤を投与するかをランダムに決めること（無作為割り付け）

をいう．ビールの例では複数個の銘柄，薬の例では新薬（試験薬）と既存薬（対照薬）の間の比較をしたい．このような比較実験を行うとき，実験単位（この場合被験者）に課される実験条件を**処理** (treatment) という．処理以外の条件はできるだけ均一にするが，均一にできない条件については無作為に割り付ける．それによって，予期できる偏りはもちろん，予期せぬ偏りをも防ぐ．

　データにはばらつき（変動）がつきものである．全く同じ条件で実験しても種々の理由によりデータはばらつく．そのようなばらつきを超えて処理の効果が見られるかどうかを問題とするため，ばらつきの大きさを見積もる必要があり，そのため実験を繰り返さなくてはならない．人間を対象とした臨床試験では，個体差があるため多くの被験者に対するデータを取る必要があり，これも繰り返しとみなされる．何回の繰り返しが必要であるか，何人の被験者が必要であるかを計画の段階で見積もることは，統計分析をする者の大きな仕事の一つである．

　また，処理効果をばらつきの大きさと比較して評価するため，処理効果以外のばらつきはできるだけ小さいことが望ましい．そのため，実験の場を条

---

[*] フィッシャーとは，近代統計学を確立した英国の統計学者（および遺伝学者）のRonald A. Fisher (1890–1962) のことである．

件がなるべく均一ないくつかのブロックに分けて行うことがあり，これを局所管理（ブロック化）という．新薬の臨床試験で，新薬を60代の男性に投与し，既存薬を20代の女性に投与して比較するのは意味がなく，性別や年代をブロックとして実験を実施すべきである．ブロックの設定は，同じブロック内ではなるべく均一に，異なるブロック間での違いは大きめに，というのが原則である．

3.2.2　観察研究のデザイン

処理効果の立証では実験研究が欠かせないが，問題によっては実験が倫理的あるいは現実的に不可能なこともある．喫煙が健康に対して与える影響を調べる研究や，私立高校と公立高校との教育効果の違いを知るための研究を考えてもらえばよい．喫煙の影響を調べるために被験者に喫煙を強いることはできないし，教育効果を調べるために生徒を無理やりどちらかの高校に通わせることもできない．そのような場合には**観察研究** (observational study) に頼らざるを得ない．

観察研究と実験研究との違いは，観察研究ではフィッシャーの3原則のうちの無作為化がされず，被験者自らが処理を選択している点である．処理の選択が被験者の手で行われるため，被験者の特性により処理の選択に偏りを生じる可能性がある．そのため，観察研究による処置効果の解釈には十分な注意が必要である．

例4　ある健康飲料が健康に与える影響を調べるため，その飲料を通常飲むグループと飲まないグループとを比較した結果，飲料を飲まないグループのほうが健康度が高かったとする．これは，その健康飲料に効果がないのではなく，健康に自信のない人がその飲料を飲んでいるためかもしれない．

3.2.3　標本調査と抽出方法

1) 単純無作為抽出法

母集団の特性を把握するためにデータを抽出し調査する標本調査は種々の

目的で広く行われる統計的手段である．標本調査において偏りを排除する最も基本的な方法が**単純無作為抽出法**である．単純無作為抽出法では，全部で N 個の個体からなる母集団から大きさ n の標本を得るとき，各個体が標本として選択される確率が n/N であるだけでなく，母集団におけるどの n 個の個体の組も選択される確率が等しく $1/{}_NC_n$ でなくてはならない．

> **例 5** 男女 5 人ずつの計 10 人からなる母集団から 4 人を選ぶとき，男性から 2 人，女性から 2 人をランダムに選ぶとすると，各人の選ばれる確率はそれぞれ 2/5 であるが，「男性 3 人，女性 1 人」といった組が選ばれることはないので，この抽出法は単純無作為抽出ではない．単純無作為抽出であるためには 10 人全体から 4 人をランダムに抽出し，どの 4 人の組も選ばれる確率が $1/{}_{10}C_4 = 1/210 = 0.0048$ である必要がある．

2) 系統抽出法

単純無作為抽出法は，母集団から各個体を同じ確率で無作為に抽出する方法である．単純無作為抽出法と類似した簡便な抽出法に**系統抽出法**がある．系統抽出法は，まず母集団の個体全てに番号をつける．次に第 1 番目の個体を無作為に抽出し，第 2 番目以降は番号について同じ間隔で抽出するという方法である．

3) 層化無作為抽出法

母集団が異なるいくつかの種類または層（たとえば，性別，年代別，職業別など）に層別される場合，単純無作為抽出法では，特定の層からデータが得られなかったり，層によって抽出した観測数にばらつきが生じたりする．各層からデータをまんべんなく得るため，層ごとにランダム抽出することがある．これを**層化無作為抽出法**といい，実験の計画におけるブロック化に対応したもので，ばらつきを小さくして観測の精度を上げるねらいもある．例 5 では，性別により母集団全体が 2 つの層に層別されるので，男性から 2 人，女性から 2 人をランダムに選ぶというのは層化無作為抽出法の例となっている．

4) 多段抽出法とクラスター（集落）抽出法

大規模な標本調査においては，調査対象を直接抽出することが難しい場合がある．このようなときは，抽出単位を何段階かに分けて，まず，第1次抽出単位をある確率で抽出し，次に抽出した第1次抽出単位の中から，さらにある確率で第2次抽出単位を抽出することを考える．たとえば，全国学校調査では，いくつかの県を抽出し，各県からいくつかの学校を抽出し，それらの学校から組（学級）を抽出し，そこから児童（生徒）を抽出する．このような手順で指定した段数までを行うのが**多段抽出法**である．段数が多くなる程，平均などの推定精度は悪くなる．その欠点を補うために，層化抽出法と多段抽出法を組み合わせた**層化多段抽出法**などがある．

クラスター（集落）抽出法は，母集団を網羅的に分割し小集団（クラスター）を構成する．次にいくつかのクラスターを抽出し，その成員全員を対象者とする．あらかじめクラスターごとの名簿があれば時間と費用が節約できる．ただし，精度は低下するので注意が必要である．エリア・マーケティングなどに用いられることが多い．

§3.3 点推定と区間推定

次のような問題を考える．

1) 地域の住民（総数 $N = 100,000$）のうち，ある政策に賛成の人の母比率（割合）p を知りたい．そのため，大きさ $n = 100$ の標本を無作為に抽出し賛否の調査を行った．その結果，n 人中，賛成の人数が x であったとする．x は標本を抽出するごとに異なる値をとる確率変数であるが，実際に調査すると特定の値（実現値）が得られ，その値に基づく地域住民全体（母集団）での賛成の母比率 p については標本比率 x/n で推測する．

2) 工程で製造された製品の性能（たとえば，強度）は過去のデータから正規分布 $N(\mu, \sigma^2)$ に従うことがわかっている．性能を測定して得られる値である標本 $x_1, \ldots, x_n$ はそのたびごとに異なる値をとる確率変数である．実際に測定した観測値が得られ，統計量である標本平均や標本分散にその値を代入し母平均 μ と母分散 σ^2 を推測する．この場合，母集団は仮想的な無限母

集団であると考えられる．

1), 2) とも，標本に基づいて母集団の分布を特徴づける母数，1) では母比率 p, 2) では母平均 μ と母分散 σ^2 について推測（本章では推定，次章では検定）する問題である．

本節では，母数を1つの値で示す点推定と区間によって示す区間推定の考え方と諸性質について述べる．

3.3.1 点推定

母集団分布の平均は重要な母数である．母平均 μ の推定量 $(\hat{\mu})$（このように，母数に対してその**推定量** (estimator) は母数の記号に＾「ハット」をつけて示すことが多い）としては標本平均 $(\bar{x})$ が代表的であるが，このほかにも標本の中央値や刈込み平均（後述）など多くの候補がある．このように推定したい母数を標本から求められる1つの値（推定値）で示す推定方法を**点推定** (point estimation) とよぶ．ここでは，いくつかの点推定を示し，それらのもつ性質について説明する．

標本 $x_1, x_2, \ldots, x_n$ を大きさの順に並べ替えて $x_{(1)} \leq x_{(2)} \leq \cdots \leq x_{(n)}$ としたとき，これを**順序統計量** (order statistic) とよぶ．各 $x_{(i)}$ は確率変数であり，$x_{(1)}$ は最小値，$x_{(n)}$ は最大値である．

分布が対称な場合は，順序統計量を使って定義される中央値 m を母平均の推定量と見なすことができる．n が奇数の場合は $m = x_{(n')}$, n が偶数の場合は $m = (x_{(n')} + x_{(n'+1)})/2$ とする．ここで，$[a]$ を切捨て（a を超えない最大の整数）を表す関数，また $n' = [(n+1)/2]$ と定義する．

刈込み平均 (trimmed mean) $\bar{x}_\alpha$ は，観測値を大きさの順に並べて同じ個数の大きな値と小さな値を除いて（刈込み），残りの観測値の平均として定義されるものであり，α は両側から刈込む比率を表す．正確には $[n\alpha]$ 個の観測値を両側から取り除いて，残りの $n - 2[n\alpha]$ 個の観測値から平均を計算する．フィギュアスケートなどの採点で，9人の審判のうち最高点と最低点を除いて残りの7人の平均点を求める方法は，刈込み平均の例である．

現実の観測値には，ときとしてほかの観測値と大きく異なる**外れ値** (outlier) が発生する．外れ値は，たとえば，企業に関する統計において数社だけ規模が極端に大きい場合に自然に発生する．そのほかにも観測結果の誤記入，異質な観測値の混入，コンピュータ上の互換性のない情報の転送など，

さまざまな原因で発生する．少数個の外れ値によって母数の推定値が大きく変化することは好ましくない．

例6 $\{0, 1, 2, 3, 4, 5, 6, 7, 8, 9, 10, 50\}$ からなる標本 $(n=12)$ では，最後の値 (50) が外れ値である．この標本に対して平均 $\bar{x}$，中央値 m，刈込み平均 $\bar{x}_\alpha$ $(\alpha = 0.1)$ を求めると，次のとおりである．

$$\bar{x} = 8.75 \doteqdot 8.8, \quad m = 5.5, \quad \bar{x}_{0.1} = 5.5$$

この例のように平均 $\bar{x}$ は外れ値の影響を強く受けるため，丁寧にデータを見ることがその利用の前提である．多数の候補のうち，母平均の推定量として何を用いたらよいかは，推定量の分布を理論的に調べることによって明らかにされる．

2.11.2項に記した大数の法則 $\bar{x} \xrightarrow{P} \mu$ から，平均 $\bar{x}$ は n が大きくなると母平均に近づく．一般に，ある母数 θ の推定量 $\hat{\theta}$ が $\hat{\theta} \xrightarrow{P} \theta$ を満たすことを**一致性** (consistency) とよび，$\hat{\theta}$ を**一致推定量**とよぶ．母集団分布が対称な場合には，中央値 m も刈込み平均 $\bar{x}_\alpha$ も母平均の一致推定量であることが知られており，その意味では安心して利用することができる推定量である．

一方，実際の標本では n は有限であり推定量のばらつきも無視できない．一致推定量どうしを比較するのであれば，ばらつきが小さな推定量のほうが優れている．ただし，推定量 $\hat{\theta}$ の分散は未知である．そこで分散の推定量 $\hat{V}[\hat{\theta}]$ の平方根が用いられる．これを**標準誤差** (standard error) とよび，$\text{se}(\hat{\theta})$ あるいは単に se, s.e. などと表す．統計的推定を行う際は，推定値とその標準誤差を組にして表示することを勧める．標本平均の場合について考える．標本平均の分散は $V[\bar{x}] = \sigma^2/n$ なので，σ^2 をその推定値 $\hat{\sigma}^2$ で置き換えて $\text{se}(\bar{x}) = \hat{\sigma}/\sqrt{n}$ となる[*]．

たとえば，ある無限母集団から大きさ $n = 100$ の無作為標本を抽出し，標本平均 $\bar{x} = 38.5$，標本分散 $\hat{\sigma}^2 = 12.5^2$ を得たとする．結果の報告には，母平均 μ の推定値 $\bar{x} = 38.5$ だけでなく，その標準誤差 $\text{se} = 12.5/\sqrt{100} = 1.25$ を合わせて記載することが望ましい．

---

[*] 標準誤差を推定量の標準偏差 $\{V[\hat{\theta}]\}^{1/2}$ で定義する流儀と，$\{V[\hat{\theta}]\}^{1/2}$ の推定値で定義する流儀の2種類がある．ここでは，後者を採用している．

分散 s^2 の一致性

第1章で示した分散

$$s^2 = \frac{1}{n}\sum_{i=1}^{n}(x_i - \bar{x})^2$$

について考える．$s^2 \xrightarrow{P} \sigma^2$ となることは次のように容易に確認できる．まず $s^2 = \sum(x_i - \mu)^2/n - (\bar{x} - \mu)^2$ と書き直すことができ，この式の第2項は $(\bar{x} - \mu) \xrightarrow{P} 0$ であるため，$(\bar{x} - \mu)^2 \xrightarrow{P} 0$ となる．また $\nu_i = (x_i - \mu)^2$ とおくと，ν_i は互いに独立で同じ分布に従う確率変数となり，大数の法則を適用できる．これから，第1項は $\bar{\nu} \xrightarrow{P} \sigma^2$ となり，$s^2 \xrightarrow{P} \sigma^2$ がいえる．

後述する不偏分散の一致性も示すことができる．詳細は省略するが標本標準偏差 s に関しても母標準偏差 σ の一致推定量である．

不偏性

もう一つの推定量の基準に**不偏性** (unbiasedness) がある．推定量 $\hat{\theta}$ の分布は母数 θ によって定められるが，その期待値が $E[\hat{\theta}] = \theta$ と，常に母数に等しくなる性質を不偏性とよび，その性質をもつ推定量を**不偏推定量**とよぶ．

これは一致性とは異なり，標本の大きさ n に依存しない基準である．不偏推定量でなければ，推定には**偏り** (bias) があるといい，偏りを $E[\hat{\theta}] - \theta$ で定義する．

平均の不偏推定量

母平均 μ の推定を考える．$x_1, \ldots, x_n$ を無作為標本として，母集団の平均と分散を μ, σ^2 とする．このとき，標本平均 $\bar{x} = \frac{1}{n}\sum_{i=1}^{n}x_i$ について次の性質が成り立つ．

$$E[\bar{x}] = \frac{1}{n}\sum_{i=1}^{n}E[x_i] = \frac{1}{n}\sum_{i=1}^{n}\mu = \mu \tag{3.3.1}$$

$$V[\bar{x}] = \left(\frac{1}{n}\right)^2 \sum_{i=1}^{n}V[x_i] = \left(\frac{1}{n}\right)^2 \sum_{i=1}^{n}\sigma^2 = \frac{\sigma^2}{n} \tag{3.3.2}$$

式 (3.3.1) はどのような母集団であっても，標本平均 $\bar{x}$ が母平均 μ の不偏推定量であることを示している．ただし，期待値が存在しないような例外的な状況は除く．

分散の不偏推定量

母分散 σ^2 の推定量としては第 1 章で示した分散 s^2 を考えるのが自然である．しかし，その期待値はわずかに母分散 σ^2 とは異なり，不偏推定量とはならない．このことを確かめるために偏差平方和を $T_{xx} = \sum (x_i - \bar{x})^2$ とおくと，

$$\begin{aligned} T_{xx} &= \sum (x_i - \bar{x})^2 = \sum \left[(x_i - \mu) - (\bar{x} - \mu) \right]^2 \\ &= \sum (x_i - \mu)^2 - 2(\bar{x} - \mu) \sum (x_i - \mu) + n(\bar{x} - \mu)^2 \\ &= \sum (x_i - \mu)^2 - n(\bar{x} - \mu)^2 \end{aligned} \quad (3.3.3)$$

となるから，ここで期待値を計算すると次の結果が得られる．

$$\begin{aligned} E[T_{xx}] &= \sum E\left[(x_i - \mu)^2\right] - n\, E\left[(\bar{x} - \mu)^2\right] \\ &= \sum V[x_i] - n\, V[\bar{x}] = n\,\sigma^2 - n\frac{\sigma^2}{n} = (n-1)\sigma^2 \end{aligned}$$

結局 $E[s^2] = E[T_{xx}/n] = [(n-1)/n]\sigma^2 \neq \sigma^2$ であり，以下に示す形の $\hat{\sigma}^2$ が σ^2 の不偏推定量となることがわかる．

$$\hat{\sigma}^2 = \frac{1}{n-1} \sum_{i=1}^{n} (x_i - \bar{x})^2 \quad (3.3.4)$$

この性質から式 (3.3.4) の $\hat{\sigma}^2$ を**不偏分散**とよぶ．これ以降では分散の推定には不偏分散を用い，記号は $\hat{\sigma}^2$ とする[*]．

> **コメント**
>
> 数理統計学の分野では，推定量の不偏性は理論的に重要な概念である．しかし，推定量が必ずもつべき性質とはいえない．分散については s^2 の偏りは $E[s^2] - \sigma^2 = -\sigma^2/n$ と小さいうえ，これは n が大きくなればゼロに近づく．さらに s^2 は σ^2 の一致推定量である．一方で，標準偏差に関しては $\hat{\sigma}, s$ のいずれも母標準偏差 σ の一致推定量であるが，$\hat{\sigma}, s$ はともに不偏推定量ではない．それでも，s は有用であり，実際に多く使われている．
>
> 標準偏差 σ については，標本が正規分布に従うなどの仮定があれば不偏推定量をつくることは可能である．しかし，原理的に不偏推定量がつくれない例も多い．たとえ

---

[*] 本書では，第 1 章で示した分散の記号として s^2 を用い，区別のため不偏分散の記号を $\hat{\sigma}^2$ とした．これらの記号は書籍によって異なるので注意されたい．また，統計検定の各級においても使用する記号がこれらと異なる場合がある．

ばベルヌーイ試行の成功確率 p の推定量として n 回の試行から得られる $x \sim B(n, p)$ に基づいて $\hat{p} = x/n$ とすると，これは不偏（$E(\hat{p}) = p$）である．しかし，初めて成功するまでに必要な試行回数の期待値（2.7.4 項の幾何分布を参照）である $1/p$ については，$1/\hat{p} = n/x$ は一致推定量であるが不偏推定量ではない．また，$1/p$ の不偏推定量は存在しないことが証明できる．

このようなことから，推定量の不偏性を絶対視する必要はない．

3.3.2 区間推定

ある母数を標本から得られる1つの値で推定するという**点推定**に対して，標本から2つの値（上限と下限）を計算して，その間に母数が含まれるという表現を用いて推定する方法がある．これを**区間推定** (interval estimation) とよぶ．その構成方法には頻度論に基づく古典的な方法，ベイズ統計の方法などがある．本書では最も基本的な手法として古典的な方法を説明する．

区間推定の手法では，信頼区間および信頼係数という概念が導入される．

信頼区間の構成：正規分布の平均

応用上も重要であり，わかりやすい例として，正規分布 $N(\mu, \sigma^2)$ の母平均 μ に関する区間推定を考える．なお，簡単のために母分散 σ^2 を既知とする．

標本 $x_1, \ldots, x_n$ は独立に正規分布 $N(\mu, \sigma^2)$ に従うので 2.8.2 項の性質より標本平均 $\bar{x}$ は $N(\mu, \sigma^2/n)$ に従う．標準化した変数 $z = \sqrt{n}(\bar{x} - \mu)/\sigma$ について，標準正規分布表（付表1）から $P(|z| \leq 1.96 \,|\, \mu) = 0.95$，すなわち $P(|\bar{x} - \mu| \leq 1.96\,\sigma/\sqrt{n} \,|\, \mu) = 0.95$ が成立する．したがって，次の式で与えられる区間が真の μ を含む確率は 95% となる．なお，確率を $P(\cdots \,|\, \mu)$ と表記するのは母平均が真の値 μ であるときの確率を表すからである．

$$\bar{x} - 1.96 \frac{\sigma}{\sqrt{n}} \leq \mu \leq \bar{x} + 1.96 \frac{\sigma}{\sqrt{n}} \tag{3.3.5}$$

ところが実際に標本から統計量の値，たとえば $\bar{x} = 12.3$ という結果を得たとき，

$$P\left(12.3 - 1.96 \frac{\sigma}{\sqrt{n}} \leq \mu \leq 12.3 + 1.96 \frac{\sigma}{\sqrt{n}} \,\Big|\, \mu\right) = 0.95$$

という表現は正しくないことに注意されたい．なぜなら，μ は確率変数でな

く定数であるため，この式の左辺の ( ) 内には確率変数が含まれないことになるからである．もし，このような区間推定をする機会が，同じ実験に限らずいろいろな場面で多数回あったとする．この多数回の各場面で得られる値を用いて式 (3.3.5) の区間を構成すると，そのうちの 95% が真の μ を含むことは確率的に保証される．そこで，式 (3.3.5) に $\bar{x}$ の実現値を代入した区間を**信頼区間** (confidence interval) とよび，その**信頼係数** (confidence coefficient) が 95% であると表現する．単に 95% 信頼区間とよぶこともある．任意の $\alpha \, (0 < \alpha < 1)$ に対して $P(|z| \leq z_0) = 1 - \alpha$ となるように z_0 を選ぶと $100(1-\alpha)\%$ 信頼区間が得られる．以上のように，信頼係数は区間推定の信頼性を表現する尺度であるが，一般に言うところの確率とは区別される．その意味を正確に理解することが必要である．

信頼係数を 100% に近づけようとすると信頼区間の幅は大きくなる．たとえば $P(|z| \leq 2.576) = 0.99$ なので，z_0 を 1.96 と同様に小数点以下 2 桁に丸めて 2.58 とすると，信頼係数 99% の信頼区間は $\bar{x} \pm 2.58\,\sigma/\sqrt{n}$ となる．信頼係数が 99% のとき，標準正規分布表（付表 1）からは 2.57 か 2.58 かを判断することはできないが，よく用いる信頼係数 95% と 99% については，それぞれ 1.96, 2.58 と覚えておくことを勧める．

例 7 Michaelson−Morley による光速の測定値（観測値から 299000 km/s を引いた数値）は次のとおりである．この結果を用いて光速の信頼区間を求める．

850	740	900	1070	930	850	950	980	980	880
1000	980	930	650	760	810	1000	1000	960	960

このデータから $\bar{x} = 909.0$, $\hat{\sigma} = 104.9$ が得られる．ここで仮に真の標準偏差を $\sigma = 104.9$ として信頼係数 95% の信頼区間を求めると，式 (3.3.5) から $\bar{x} \pm 1.96\,\sigma/\sqrt{n} = 909.0 \pm 1.96 \times 104.9/\sqrt{20} = [863, 955]$ が得られる．99% 信頼区間は $909.0 \pm 2.58 \times 104.9/\sqrt{20} = [848, 970]$ と広くなる．なお，有効数字を考慮して z_0 にも 3 桁しか使っていないので，小数点以下はあまり意味がない．このような有効数字に対する感覚は，統計分析の重要な基礎訓練の一部である．

> **コラム ▸▸ Column** ・・・・・・・・・・・・・・・・・・・・● 信頼係数の解釈について

品質管理の現場では，製造された製品の特性を把握するために，毎日同じ観測が繰り返される．このような場面では，信頼区間が自然であり，実際に長い間効果的に利用されている．一方で，繰り返しが想定できないような経済，経営の分野や，科学的な意思決定に関しては，そのままでは信頼区間が使えないのではないかという指摘もある．信頼係数の解釈を厳密に適用すると，統計量 $\bar{x}$ は確率変数であり，これを入れた信頼区間の式 (3.3.5) において，母数 μ を含む確率が 95% であることは確かである．しかし，観測値から計算された $\bar{x}$ を代入して求めた区間の不等式には確率変数が含まれない．そのため，母平均を含むかどうかについて確率的な表現ができないことになる．いえることは，この方式で信頼区間を求めることを多数回繰り返すときにそのうちの 95% が真の μ を含むということであり，現実に与えられた観測値については "何もいえない"（実際，この手法の提案者である J. Neyman はそう答えている）．

このような場合はベイズ流の信頼区間であれば解決される．そこで，簡単な場合についてベイズ流の信頼区間を求めてみる．

σ^2 が既知の正規母集団 $N(\mu, \sigma^2)$ からの大きさ n の標本 $x_1, \ldots, x_n$ に基づく μ の区間推定を考える．ベイズ統計学では母数 μ を確率変数とみなす．ここでは μ の**事前分布** (prior distribution) が $N(\varphi, \tau^2)$ であると仮定する．このとき，ベイズの定理より**事後分布** (posterior distribution) の確率密度関数は

$$q(\mu|x) \propto p(\mu) \prod_{i=1}^{n} (2\pi\sigma^2)^{-1/2} \exp\left\{-\frac{1}{2}\left(\frac{x_i - \mu}{\sigma}\right)^2\right\}$$
$$= \exp\left\{-\frac{(\sigma^2 + n\tau^2)}{2\sigma^2\tau^2}\left(\mu - \frac{\varphi\sigma^2 + n\bar{x}\tau^2}{\sigma^2 + n\tau^2}\right)^2 + \text{const.}\right\}$$

と表される．ただし，$p(\mu)$ は $N(\varphi, \tau^2)$ の確率密度関数である．したがって，事後分布は正規分布 $N(\psi, \gamma^2)$，ただし，

$$\psi = \frac{\varphi\sigma^2 + \bar{x}n\tau^2}{\sigma^2 + n\tau^2}, \quad \frac{1}{\gamma^2} = \frac{\sigma^2 + n\tau^2}{\sigma^2\tau^2}$$

となる．書き直すと，事後分布の平均は

$$\psi = \left(\frac{\varphi}{\tau^2} + \frac{\bar{x}}{\sigma^2/n}\right) \Big/ \left(\frac{1}{\tau^2} + \frac{1}{\sigma^2/n}\right)$$

と表すことができ，事前分布の平均 φ と標本平均 $\bar{x}$ の，それぞれの分散の逆数を重みとする加重平均となっていることがわかる．これより，母平均の事後分布に

関して

$$P\left(\psi - z_{\alpha/2}\gamma \leq \mu \leq \psi + z_{\alpha/2}\gamma | x\right) = 1 - \alpha$$

が成り立ち，ベイズ流の $100(1-\alpha)\%$ **信頼区間** (credible interval) すなわち，確率変数 μ が $100(1-\alpha)\%$ の確率で含まれる区間

$$\psi - z_{\alpha/2}\gamma \leq \mu \leq \psi + z_{\alpha/2}\gamma$$

が求まる．ここで $z_{\alpha/2}$ とは標準正規分布での上側確率が $\alpha/2$ となる値を示す．

母数 μ について何の情報もない場合には，事前分布として一様分布を考える．そのような事前分布は**無情報事前分布** (noninformative prior distribution) とよばれる．この例では事前分布 $N(\varphi, \tau^2)$ の分散が無限大の場合を考えれば μ について一様分布を考えるのと同じことになる．$\tau^2 \to \infty$ とおけば，$\psi \to \bar{x}$，$\gamma^2 \to \sigma^2/n$ となり，ベイズ流の $100(1-\alpha)\%$ 信頼区間は

$$\bar{x} - z_{\alpha/2}\sigma/\sqrt{n} \leq \mu \leq \bar{x} + z_{\alpha/2}\sigma/\sqrt{n}$$

と表される．この区間は $\alpha = 0.05$ のとき，本文の式 (3.3.5) の信頼区間と同じになる．

ほかの多くの場合の信頼区間についても，無情報事前分布を用いて数式的，あるいはシミュレーション（MCMC法）により求めたベイズ流の信頼区間とベイズ流でない古典的頻度論に基づく信頼区間は，数値的にほぼ同じ結果が出ることが知られている．

§3.4 1標本問題：1つの母集団の母数に関する推定－

前節では，母分散 σ^2 が既知の正規分布における母平均 μ の推定を例にとって信頼区間と信頼係数の考え方について説明した．本節では，より具体的に，母分散 σ^2 が既知の場合と未知の場合の母平均および母分散の信頼区間の求め方について言及し，さらに，二項分布の母比率の信頼区間についても示す．ここで **1標本問題** (one-sample problem) とは扱う母集団が1つで，その母集団から1つの標本を抽出して母集団の母数について推測することを意味する．

3.4.1 正規分布の母平均の推定

以下,母平均 μ の信頼区間を構成する方法を,いくつかの類型に分類して紹介する.ここでは標本 $x_1,\ldots,x_n$ は独立に正規分布 $N(\mu,\sigma^2)$ に従うものとする.なお,標本 $x_1,\ldots,x_n$ が正規分布 $N(\mu,\sigma^2)$ に従うとき,これを $x_1,\ldots,x_n \sim N(\mu,\sigma^2)$ と表現する.また,他の確率変数においても何らかの分布に従う場合,同様に記号 "$\sim$" を用いる.

σ^2 が既知のとき

この場合は $\bar{x} \sim N(\mu,\sigma^2/n)$ となるから,次に再掲する式(3.3.5)が95%信頼区間の公式を与える.

$$\bar{x} - 1.96\frac{\sigma}{\sqrt{n}} \leq \mu \leq \bar{x} + 1.96\frac{\sigma}{\sqrt{n}}$$

"1.96" を見たら正規分布の両側5%点を思い出すくらい,$\bar{x} \pm 1.96\,\sigma/\sqrt{n}$ をしっかり記憶するとよい.この近似式である $\bar{x} \pm 2\,\sigma/\sqrt{n}$ が実際に利用され,式が意味する標本平均からの2倍の標準誤差の幅がさまざまなところで見られるが,あくまで近似であることに注意されたい.

σ^2 が未知だが n が大きいとき

この場合は,観測値から計算された標準偏差 $\hat{\sigma}$ を式(3.3.5)の σ に代用してよい.これは,先に述べた一致性を根拠にしている.分析結果では不偏分散 $\hat{\sigma}^2$ の平方根が与えられることが多いが,$n > 100$ なら,偏差平方和を n で割った s^2 との差は1%以下なので,$\hat{\sigma}$ と s のどちらを使っても計算上は大差がない.

3.4.2 母分散が未知の場合の母平均の推定:t 分布の利用

母分散 σ^2 が未知で,標本の大きさ n が十分に大きくない場合には,前節のように $\hat{\sigma}$ を σ に代用する根拠が弱くなる.このような場合には t 分布が利用される.t 分布は次の形で正規分布と対比させて覚えるとよい.

σ^2 が既知のとき　　$z = \dfrac{\bar{x} - \mu}{\sigma/\sqrt{n}} \sim N(0,\,1)$　　（標準正規分布）

σ^2 が未知のとき　　$t = \dfrac{\bar{x} - \mu}{\hat{\sigma}/\sqrt{n}} \sim t(n-1)$　　（自由度 $n-1$ の t 分布）

つまり，$\hat{\sigma}$ を σ に代入し，正規分布に代えて t 分布を用いる．区間推定のためには自由度 $n-1$ の t 分布で上側確率が $\alpha/2$ となる値 $t_{\alpha/2}(n-1)$ を求める．このとき $P(|t| \leq t_{\alpha/2}(n-1)) = 1-\alpha$ となるので，$-t_{\alpha/2}(n-1) \leq (\bar{x}-\mu)/(\hat{\sigma}/\sqrt{n}) \leq t_{\alpha/2}(n-1)$ という不等式を解けば信頼区間が求められる．結局，$100(1-\alpha)\%$ 信頼区間の式は次のとおりである．

$$\bar{x} - t_{\alpha/2}(n-1)\frac{\hat{\sigma}}{\sqrt{n}} \leq \mu \leq \bar{x} + t_{\alpha/2}(n-1)\frac{\hat{\sigma}}{\sqrt{n}} \tag{3.4.1}$$

信頼係数としては 95% がよく用いられる．t 分布表（付表2）を説明のために簡便にした表を表3.1に掲げる．表3.1の2.5%点の行を見ると，自由度が60のとき $t_{0.025}(60)$ は約 2.000 となり，それより大きいと次第に 1.960 に近づいていくことがわかる．自由度が240より大きければ，正規分布とほとんど同じ結論を得る．前節で n が大きいときには $\hat{\sigma}$ を σ に代用してよいと記したのはこの性質による．

表3.1 t 分布の上側 % 点と自由度

自由度	10	20	30	60	120	240	正規分布
0.5%点	3.169	2.845	2.750	2.660	2.617	2.596	2.576
2.5%点	2.228	2.086	2.042	2.000	1.980	1.970	1.960
5.0%点	1.812	1.725	1.697	1.671	1.658	1.651	1.645

▎コメント

　上の結論は n が小さい場合には注意が必要である．標本 $x_1,\ldots,x_n$ が"厳密に"正規分布に従うことが条件であり，外れ値が出やすい裾の長い分布，特に，所得などの経済統計では全く正当性を失う．一方，品質管理の分野では，標本が正規分布に従うとしてよい理論的・経験的な根拠がある事例もあり，そのような場合には $n=10$ 程度でも現実的な問題が解かれる．

　t の定義で用いられる標準偏差は不偏分散の平方根である．$s^2 = \sum(x_i-\bar{x})^2/n$ を用いると $t = \sqrt{n-1}(\bar{x}-\mu)/s$ となり，z の定義と微妙に異なって覚えにくい．1950年代には両方の表現が使われていたが，最近は不偏分散 $\hat{\sigma}^2$ による表現が広く使われるようになった．z と t の対応が容易であることが，一つの理由であろう．

3.4.3 母分散の区間推定

母分散の信頼区間の求め方について説明する．2.10.1 項で説明したように，正規分布からの標本 $x_i \sim N(\mu, \sigma^2)$ $(i = 1, \ldots, n)$ に対して，次の統計量は自由度 $n-1$ の χ^2 分布に従う．

$$\chi^2 = \frac{\sum(x_i - \bar{x})^2}{\sigma^2} = \frac{(n-1)\hat{\sigma}^2}{\sigma^2} \sim \chi^2(n-1)$$

自由度 $n-1$ の χ^2 分布の下側と上側の $100\alpha/2\%$ 点をそれぞれ $\chi^2_{1-\alpha/2}(n-1)$, $\chi^2_{\alpha/2}(n-1)$ とおくと，$P(\chi^2_{1-\alpha/2}(n-1) \leq (n-1)\hat{\sigma}^2/\sigma^2 \leq \chi^2_{\alpha/2}(n-1)) = 1 - \alpha$ なので，次の信頼区間が得られる．

$$\frac{(n-1)\hat{\sigma}^2}{\chi^2_{\alpha/2}(n-1)} \leq \sigma^2 \leq \frac{(n-1)\hat{\sigma}^2}{\chi^2_{1-\alpha/2}(n-1)} \tag{3.4.2}$$

図 3.1 は分散の区間推定において用いる χ^2 分布の両側の $100\alpha/2\%$ 点のイメージ図である．正規分布や t 分布と異なり左右対称ではないため，両方の点を調べる必要がある．自由度 ν が大きくなるほど左右対称になる．

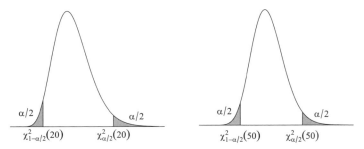

図 3.1 χ^2 分布による信頼区間（左：$\nu = 20$，右：$\nu = 50$）

> **例 8** 例 7 では光速の測定値に関して母平均の 95% 信頼区間を求めた．ここでは同じ例に対して母分散の信頼区間を求める．

$\hat{\sigma}^2 = 11009.47$ である．χ^2 分布表（付表 3）より，自由度 19 の χ^2 分布の下側および上側 2.5% 点は $\chi^2_{0.975}(19) = 8.91$ と $\chi^2_{0.025}(19) = 32.85$ から，

95%信頼区間は次のように与えられる．

$$\frac{19 \times 11009.47}{32.85} \leq \sigma^2 \leq \frac{19 \times 11009.47}{8.91}$$
$$6367.7 \leq \sigma^2 \leq 23477.0 \quad (3.4.3)$$

なお，母集団の母標準偏差 σ に対しては式 (3.4.3) の平方根が 95%信頼区間を与えることも容易にわかる．

$$\sqrt{6367.7} \leq \sigma \leq \sqrt{23477.0} \quad \text{より} \quad 79.8 \leq \sigma \leq 153.2$$

コラム ▶▶ Column ･･････････ ●両側信頼区間と片側信頼区間

3.4.1–3.4.3 項で，正規分布の平均と分散に関する信頼区間について，標本分布の両裾 $\alpha/2$ を除いた残りの確率 $1-\alpha$ の部分から，$100(1-\alpha)$%（両側）信頼区間を構成する方法を説明した．このような両側信頼区間以外にも，片側信頼区間や両裾の確率の異なる両側信頼区間が存在する．

片側信頼区間は実際に応用されることは少ないが，次章で解説する仮説検定における片側検定と両側検定に対応して，**片側信頼区間** (one-sided confidence interval) と**両側信頼区間** (two-sided confidence interval) を構成することができる．たとえば，健康被害の観点から有害物質の濃度の母平均が指定された値より確実に小さくあってほしいという場合，極めて小さい α を設定して

$$P\left(\mu \leq \bar{x} + t_\alpha(n-1)\frac{\hat{\sigma}}{\sqrt{n}}\right) = 1 - \alpha$$

のカッコ内の区間

$$\left[0, \bar{x} + t_\alpha(n-1)\frac{\hat{\sigma}}{\sqrt{n}}\right]$$

の上限を $100(1-\alpha)$% **上側信頼限界** (upper confidence bound) といい，その値を注意深く見守ればよい．この例の場合，濃度に負の値はあり得ないので下限を 0 としたが，一般には下限は $-\infty$ となる．また，工場で製造する食品の重量については消費者に対して一定の重量以上の製品を提供する義務があるので，下限が重要であり，次のような**下側信頼限界** (lower confidence bound) が有用となる．

$$\left[\bar{x} - t_\alpha(n-1)\frac{\hat{\sigma}}{\sqrt{n}}, \infty\right)$$

しかし，これらの上側および下側信頼限界を求める代わりに，確率 α を両裾にとった $100(1-2\alpha)\%$ 信頼区間

$$\left[\bar{x} - t_\alpha(n-1)\frac{\hat{\sigma}}{\sqrt{n}}, \bar{x} + t_\alpha(n-1)\frac{\hat{\sigma}}{\sqrt{n}}\right]$$

の上限か下限の一方を用いても同じになるので，特に片側信頼区間を求めることが少ないのではないかと思われる．

次に，両側信頼区間の両裾への確率 α の配分について補足しておく．通常は正規分布の平均と分散の区間推定の場合に関連して述べたように両裾に $\alpha/2$ ずつを配分する．この配分法は，母平均の場合のように信頼区間を構成するための標本分布が対称なときには自然な方法といえるが，分散の場合のように非対称な場合には自然とはいえない．この配分法を利用すると，標本分布が正規分布や t 分布のように対称なときには同じ信頼係数の信頼区間の中で幅（長さ）が最小となるが，χ^2 分布のように非対称なときには最小にはならない．非対称なときに区間幅を最小にする区間を求めるためには反復計算が必要となる．

3.4.4 母比率の推定

はじめに，次のような例を考える．

> **例9** ある大都市の世帯のうち，介護が必要な世帯員がいる割合を知るため，無作為に1200世帯を抽出して面接調査を実施した．1200世帯のうち65世帯で要介護の家族がいて，その比率は $65/1200 \times 100 = 5.4\%$ となった．この都市全体で要介護者のいる世帯の割合の95%信頼区間を求める．

母集団における要介護者がいる世帯の母比率 p を推定することになる．この例では母集団は有限でもその大きさ N は十分大きいと考えてよいから，標本のうちで該当する世帯の数 x は二項分布 $B(n, p)$ に従うと想定する．

二項分布に従う確率変数 x の期待値と分散はそれぞれ

$$E[x] = np, \qquad V[x] = np(1-p)$$

である．

正確には，母集団の大きさ N が小さい場合に**非復元抽出** (sampling without replacement) を適用するときの x の分布は7.1.1項で説明する**超幾何分布**であり，その期待値と分散は次のとおりである．

$$E[x] = np, \qquad V[x] = \frac{N-n}{N-1} np(1-p) \doteqdot (1-f)\, np(1-p)$$

ここで $f = n/N$ は抽出率であり，これが非復元単純無作為抽出の場合に用いられる式である．有限母集団の場合に必要な修正項となる $(N-n)/(N-1) \doteqdot 1 - f$ は**有限母集団修正**とよばれている．この式からも N がある程度大きければ，二項分布の想定は妥当であることがわかる．

ここで p の推定量として**標本比率** $\hat{p} = x/n$ を用いると，その期待値と分散は次のとおりで，$\hat{p}$ は p の不偏推定量である．

$$E[\hat{p}] = p, \qquad V[\hat{p}] = \frac{p(1-p)}{n} \qquad (3.4.4)$$

さらに n が大きい場合，二項分布に関する中心極限定理によって次の z は近似的に標準正規分布に従う．

$$z = \frac{\hat{p} - p}{\sqrt{p(1-p)/n}} \sim N(0,\,1) \qquad (3.4.5)$$

したがって，標準正規分布の上側 $100\alpha/2\%$ 点を $z_{\alpha/2}$ とすると，次の表現が得られる．

$$P\left(\hat{p} - z_{\alpha/2}\sqrt{\frac{p(1-p)}{n}} \leq p \leq \hat{p} + z_{\alpha/2}\sqrt{\frac{p(1-p)}{n}}\right) = 1 - \alpha$$

左辺の $(\cdots)$ 内の不等式を p について解けば信頼区間が得られるが，それは2次不等式となり，解くには多少複雑な計算が必要となる．そこで式(3.4.5)に戻ると，分母は $\hat{p}$ の標準偏差である．元々 n が大きいので $\hat{p} \xrightarrow{P} p$ という大数の法則を利用して，分子の p を推定値 $\hat{p}$ で置き換える．結局，次の形の信頼区間が得られる．

$$\hat{p} - z_{\alpha/2}\sqrt{\frac{\hat{p}(1-\hat{p})}{n}} \leq p \leq \hat{p} + z_{\alpha/2}\sqrt{\frac{\hat{p}(1-\hat{p})}{n}} \qquad (3.4.6)$$

ここでは，(1) 有限母集団を無限母集団と見なす，(2) 中心極限定理を利用して正規分布で近似する，(3) 推定量の標準偏差をその推定量（標準誤差）で置き換える，という3つの近似が用いられている．

例 9 では，$n = 1200, \hat{p} = 65/1200 = 0.054, 1 - \hat{p} = 0.946$ なので，95％信頼区間は次のとおりである．

$$0.054 \pm 1.96\sqrt{\frac{0.054 \times 0.946}{1200}} = [0.041, 0.067]$$

今，この都市の規模が小さく $N = 6000$ 世帯であるとして，有限母集団の影響を修正してみる．抽出率は $f = 1200/6000 = 0.2$ と比較的大きいが，結果はそれほど変わらない．

$$0.054 \pm 1.96\sqrt{(1 - 0.2)\frac{0.054 \times 0.946}{1200}} = [0.043, 0.066]$$

このように，抽出率が極端に大きくない限り，式 (3.4.6) の近似は非常に良い．

無限母集団と有限母集団の違い

実験や観測が同じ条件で繰り返せる場合，標本 $x_1, \ldots, x_n$ は互いに独立と考えてよい．また，$x_i\,(i = 1, \ldots, n)$ の分布は同一で，母集団分布そのものである．このような母集団の想定を無限母集団とよぶ．

有限母集団の場合，独立に同一の分布に従うという想定は成り立たない．通常の調査方法は非復元単純無作為抽出であり，例 9 においても N 枚のカードから $n = 1200$ 枚を抜き出すように世帯が選ばれる．同一の世帯が繰り返して抽出されることがないため，要介護の世帯数は二項分布ではなく超幾何分布に従う（7.1.1 項参照）．有限母集団の場合であっても，毎回 n 枚のカードを元に戻しながら抽出する世帯を選び，重複を排除しないという復元単純無作為抽出とよばれる方法を採用すれば，無限母集団と同じく，二項分布が適切なモデルとなる．

連続修正

二項分布の正規近似は n がそれほど大きくないときでも比較的正確であるが，少しの工夫で，さらに改良することができる．

たとえば，確率変数 $x \sim B(16, 0.5)$ において $x \geq 10$ となる確率は約 0.2272 である．この二項分布を $E[x] = 8, V[x] = 4 = 2^2$ の正規分布で近似するとき，正規分布で $P(x \geq 10) = 0.1586$ とする代わりに $P(x > 10 - 0.5) = 0.2266$ とするとよい近似が得られる．図 3.2 に示すよう

に，離散的な確率変数が $x=10$ となる確率は，正規分布で $9.5 < x < 10.5$ の範囲の確率で近似することが適当である．連続分布では $P(x=10)=0$ である．このように離散分布の確率を連続分布で近似するのに $x \pm 0.5$ と修正する方法を**連続修正** (continuity correction) とよぶ[*]．

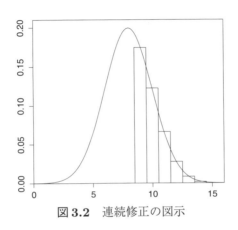

図 3.2 連続修正の図示

表 3.2 は $x \sim B(16, 0.5)$ について $P(x \leq r)$ の値を比較したものである．連続修正は $P(x < r+0.5)$ の値であり，修正の効果が大きい．比較的大きな n に対してさえ，$p=0.6$ の場合のいくつかの例について確率を比較した表 3.3 を見れば，連続修正の有効性が確認できる．連続修正は第 4 章の仮説検定においてもしばしば利用される．

表 3.2 連続修正の効果： $B(16, 0.5)$ の場合

$P(x \leq r)$	$r=4$	5	6	7	8
二項分布	0.0384	0.1051	0.2272	0.4018	0.5982
正規近似	0.0228	0.0668	0.1587	0.3085	0.5000
正規近似（連続修正）	0.0401	0.1056	0.2266	0.4013	0.5987

---

[*] 連続補正ともいう．Yates(1934) が 2×2 分割表における χ^2 の計算に対して提案した補正法で**イエーツの補正** (Yates' correction) ともよばれる．

表3.3　連続修正の効果：n が大きい場合

$B(n, p)$	$(100, 0.6)$	$(200, 0.6)$	$(300, 0.6)$
$P(x \leq r)$	$r = 57$	$r = 114$	$r = 175$
二項分布	0.3033	0.2132	0.2970
正規近似	0.2701	0.1932	0.2778
正規近似（連続修正）	0.3049	0.2136	0.2979

§ 3.5　2標本問題：2つの母集団の母数に関する推定

前節では1標本問題とよばれる母集団が1つの場合の母数の区間推定について説明した．本節では，母集団が2つあり，それらの母集団から抽出された2つの標本に基づいて母数の差や比を考える．このような問題の設定を1標本問題に対して**2標本問題** (two-sample problem) という．ここでは，母平均の差，母分散の比，母比率の差の信頼区間を扱う．

3.5.1　2つの母平均の差の区間推定

次のような例について考える．

例10　英語教材の改訂版が作成された．ある学校で生徒を無作為に2つのクラスに分けて別々の教材を使って教えた後で，共通の問題を使って試験を実施したところ，次の結果が得られた．平均点の差は9.2点であるが，大勢の生徒を対象にしてこれらの教材を使った場合，平均点の差の大きさはどういう範囲に入るといえるか．95% 信頼区間を求める．

教材	人数	平均	標準偏差
標準版（A）	32	62.2	11.0
改訂版（B）	35	71.4	10.8

教材 (A), (B) それぞれを使った授業を受ける対象として想定している生

徒全体の成績を 2 つの母集団，実際に試験を受けた生徒たちの成績を 2 つの母集団から抽出された独立な 2 つの標本と考えると，母平均の差を推定することができる．

教材 (A), (B) を使った生徒について，2 つの母集団（母平均 μ_1，母分散 σ_1^2 と母平均 μ_2，母分散 σ_2^2）からの無作為標本を $x_1, \ldots, x_m$, $y_1, \ldots, y_n$ とし，それぞれの母平均 μ_1, μ_2 の推定量として $\bar{x} = \sum x_i/m$ と $\bar{y} = \sum y_j/n$ を利用する．母集団の分布はそれぞれ $N(\mu_1, \sigma_1^2)$, $N(\mu_2, \sigma_2^2)$ と仮定する．または，中心極限定理によって $\bar{x} \sim N(\mu_1, \sigma_1^2/m)$ と $\bar{y} \sim N(\mu_2, \sigma_2^2/n)$ とみなせる場合を考える．このとき，$\bar{x}$ と $\bar{y}$ の差 $d = \bar{x} - \bar{y}$ を母平均の差 $\mu_1 - \mu_2$ の推定量とするのも自然である．

2.8.2 項で述べた正規分布の性質 4) より，確率変数 $\bar{x}$ と $\bar{y}$ が正規分布に従うことから，d も正規分布に従い，その平均は $\delta = \mu_1 - \mu_2$，分散は $V[d] = \sigma_1^2/m + \sigma_2^2/n$ となる．これより，$d = \bar{x} - \bar{y}$ は $\delta = \mu_1 - \mu_2$ の不偏推定量となっていることがわかる．$\bar{x}$ と $\bar{y}$ は独立なので，共分散はゼロとなり $V[d]$ の式には現れない．

母分散が既知の場合

母分散が過去のデータやそのほか何らかの理由でわかっている場合，

$$z = \frac{d - \delta}{\sqrt{\dfrac{\sigma_1^2}{m} + \dfrac{\sigma_2^2}{n}}} \sim N(0, 1) \tag{3.5.1}$$

となる．標準正規分布の上側 2.5% 点 $z_{\alpha/2} = 1.96$ を用いて，次の式のように信頼区間が求められる．異なる信頼係数に対する信頼区間は $z_{\alpha/2}$ の値をその信頼係数に対応して変更すればよい．

$$d - 1.96\sqrt{\frac{\sigma_1^2}{m} + \frac{\sigma_2^2}{n}} \le \delta \le d + 1.96\sqrt{\frac{\sigma_1^2}{m} + \frac{\sigma_2^2}{n}} \tag{3.5.2}$$

教材 (A), (B) に関して，与えられた標準偏差を，仮に母集団の値と考えてみる．

$$\sqrt{\frac{\sigma_1^2}{m} + \frac{\sigma_2^2}{n}} = \sqrt{\frac{11.0^2}{32} + \frac{10.8^2}{35}} = 2.667$$

これより，$\mu_1 - \mu_2$ の 95% 信頼区間は次のように求められる．

$$(62.2 - 71.4) \pm 1.96 \times 2.667 = -9.2 \pm 5.23 = [-14.4, -4.0]$$

母分散が未知で等しい場合

母分散が未知であるが等しいことはわかっている場合，式 (3.5.1) で共通の母分散 $\sigma_1^2 = \sigma_2^2 = \sigma^2$ に対する推定値 $\hat{\sigma}^2$ で置き換えた確率変数は自由度 $m + n - 2$ の t 分布に従う．このことを利用して，信頼区間を構成する．

$$t = \frac{d - \delta}{\sqrt{\frac{1}{m} + \frac{1}{n}}\,\hat{\sigma}} \sim t(m + n - 2) \tag{3.5.3}$$

推定量 $\hat{\sigma}^2$ については x, y のそれぞれから不偏分散が計算できるので，それらを合成する．$\hat{\sigma}_1^2 = \sum(x_i - \bar{x})^2/(m-1)$, $\hat{\sigma}_2^2 = \sum(y_j - \bar{y})^2/(n-1)$ とすると，**プールした分散** (pooled estimator)[*] は

$$\hat{\sigma}^2 = \frac{(m-1)\hat{\sigma}_1^2 + (n-1)\hat{\sigma}_2^2}{(m-1)+(n-1)} = \frac{\sum(x_i - \bar{x})^2 + \sum(y_j - \bar{y})^2}{m + n - 2}$$

と求められる．$\hat{\sigma}^2$ は明らかに不偏推定量である．自由度が 2 つ減るのは，平方和の計算で μ_1 と μ_2 に代えて $\bar{x}$ と $\bar{y}$ を用いているためである．

教材 (A), (B) に関して，標本から得られた標準偏差はわずかに異なるが，これは誤差の範囲であると考えて，母分散は等しいと仮定する．この場合は

$$\hat{\sigma}^2 = \frac{(32-1)11.0^2 + (35-1)10.8^2}{65} = 10.90^2$$

となり，自由度 65 の t 分布の上側 2.5% 点 $t_{0.025}(65) = 2.00$ を用いて

$$(62.2 - 71.4) \pm 2.00 \times 10.90 \sqrt{\frac{1}{32} + \frac{1}{35}} = -9.2 \pm 5.33 = [-14.5, -3.9]$$

と，母分散を既知と仮定した場合よりわずかに広い信頼区間が導かれる．

なお，「母分散が未知で等しくない場合」には，式 (3.5.1) の σ_1, σ_2 を推定量 $\hat{\sigma}_1$, $\hat{\sigma}_2$ で置き換えた確率変数が，ある自由度の t 分布で近似されるという性質を利用する．この点に関しては 4.4.1 項の Welch の検定を参照されたい．

---

[*] プールした分散は，併合した分散，合併した分散，こみにした分散などの言い方がある．また「した」は「された」と表現することも，また，省略することもある．

3.5.2 対応のある2標本の場合

2組の標本の間に対応があり，それらの差を考える場合について説明する．前項で扱った2標本問題の平均の差に関する区間推定に似ているが，用いる考え方や手法は異なる．

> **例11** 次の20組のデータは，1990年代の男子大学生20人について得られた，本人と父親の身長である．男子学生は1970年代に生まれた世代である．この時期に，日本人の身長はどの程度高くなったと判断できるだろうか．身長には遺伝の影響があるから，背の高い父親からは背の高い息子が生まれる傾向があると考えられるため，その点に注意しなくてはならない．
>
> (172, 165) (176, 150) (170, 170) (174, 165) (170, 163)
> (167, 165) (175, 171) (179, 156) (162, 160) (169, 165)
> (184, 178) (170, 172) (167, 163) (165, 163) (165, 160)
> (175, 176) (180, 175) (175, 170) (163, 170) (175, 172)

子の身長と親の身長は互いに独立ではなく関連がある．このように2つの標本の対 (x_i, y_i) $(i=1,\ldots,n)$ として与えられる場合を**対応のある2標本** (two related samples) あるいは**対標本** (paired samples) という．この問題では差 $d_i = x_i - y_i$ を標本と考えれば，平均の差に関する区間推定は1標本の場合に帰着されるから，d の平均 $\bar{d}$ と分散 $\hat{\sigma}^2$ を求めればよい．

対応がある標本の場合に，独立な2標本の区間推定の手法を用いてはいけない．

親子の身長差を推定する問題では，子の身長を x，親の身長を y，差を $d = x - y$ とする．自由度19の t 分布の上側2.5%点 $t_{0.025}(19) = 2.09$ であるため，期待値の差 δ の95%信頼区間は次のように求められる．

$$\bar{d} = 5.2, \quad \hat{\sigma} = 7.530, \quad 5.2 \pm 2.09 \times \frac{7.530}{\sqrt{20}} = [1.7, 8.7] \qquad (3.5.4)$$

もし，このデータを親子のデータではなく，1970年代に生まれた男性の身長とその親の世代の男性の身長を別々に調査した結果と考えて，前節の手法

で2つの標本に関する平均の差を推定すると，式 (3.5.3) から 95% 信頼区間は [1.1, 9.3] となり，式 (3.5.4) より広くなっている．これは式 (3.5.3) の分母におかれるべき $d = \bar{x} - \bar{y}$ の標準偏差として，x と y の相関を無視して計算した値を用い，真の d の標準偏差より大きい値を使ったことによる．この点については，後述の仮説検定でも同じことがいえる．

3.5.3 母分散の比の区間推定

散らばりを表す分散や標準偏差といった指標は正の値（正確には非負の値）だけをとるので，その大きさについて議論するとき，差ではなく比で考えるほうが適切である．たとえば，製造される製品の散らばりが $\sigma_A = 0.5\,\text{mm}\ (\sigma_A^2 = 0.25\,\text{mm}^2)$ の工程 A と $\sigma_B = 1.0\,\text{mm}\ (\sigma_B^2 = 1.00\,\text{mm}^2)$ の工程 B があるとき，工程 A のほうが工程 B に比べて $\sigma_A/\sigma_B = 0.5$ だけ散らばりが小さい（精度は2倍良い）といえる．分散と標準偏差のうち，解釈の観点からは観測値と同じ測定単位をもつ標準偏差を用いるのが便利であるが，推定における理論的な取り扱いでは分散のほうが適している．

2.10.1 項の性質 3) で述べたように，正規母集団からの標本によって計算された偏差の2乗和を母分散で割った量は χ^2 分布に従う性質がある．2つの母集団からの標本が $x_i \sim N(\mu_x, \sigma_x^2)\,(i = 1, \ldots, m)$, $y_j \sim N(\mu_y, \sigma_y^2)\,(j = 1, \ldots, n)$ を満たすとき，次の統計量は互いに独立に自由度 $m-1$ と $n-1$ の χ^2 分布

$$\frac{\sum (x_i - \bar{x})^2}{\sigma_x^2} = \frac{(m-1)\hat{\sigma}_x^2}{\sigma_x^2} \sim \chi^2(m-1)$$

$$\frac{\sum (y_j - \bar{y})^2}{\sigma_y^2} = \frac{(n-1)\hat{\sigma}_y^2}{\sigma_y^2} \sim \chi^2(n-1)$$

に従う．また，2.10.3 項で述べたように，W_1 と W_2 が独立に $\chi^2(m-1)$，$\chi^2(n-1)$ に従うとき，

$$F = \frac{W_1/(m-1)}{W_2/(n-1)}$$

で定義される F は自由度 $(m-1, n-1)$ の F 分布 $F(m-1, n-1)$ に従う．このことから，W_1, W_2 として2つの標本から得られた統計量を用いると

§3.5 2標本問題：2つの母集団の母数に関する推定— **127**

$$F = \frac{\frac{\hat{\sigma}_x^2}{\sigma_x^2}}{\frac{\hat{\sigma}_y^2}{\sigma_y^2}} = \frac{\hat{\sigma}_x^2}{\sigma_x^2} \cdot \frac{\sigma_y^2}{\hat{\sigma}_y^2} \sim F(m-1, n-1)$$

となり，F分布の表から，自由度$(m-1, n-1)$における上側$100\alpha/2$%点$F_{\alpha/2}(m-1, n-1)$と下側$100\alpha/2$%点$F_{1-\alpha/2}(m-1, n-1)$の値を用いて，

$$P(F_{1-\alpha/2}(m-1, n-1) \leq \frac{\hat{\sigma}_x^2}{\sigma_x^2} \cdot \frac{\sigma_y^2}{\hat{\sigma}_y^2} \leq F_{\alpha/2}(m-1, n-1)) = 1-\alpha$$

と表すことができる．母分散の比σ_y^2/σ_x^2の信頼係数$100(1-\alpha)$%の信頼区間は次のように求めることができる．

$$\left[F_{1-\alpha/2}(m-1, n-1)\frac{\hat{\sigma}_y^2}{\hat{\sigma}_x^2},\ F_{\alpha/2}(m-1, n-1)\frac{\hat{\sigma}_y^2}{\hat{\sigma}_x^2}\right]$$

自由度(m_1, m_2)のF分布での上側$100(1-\alpha/2)$%点の値は，自由度(m_2, m_1)のF分布の上側$100\alpha/2$%点の逆数，つまり，$F_{1-\alpha/2}(m_1, m_2) = 1/F_{\alpha/2}(m_2, m_1)$である．

たとえば，ある既製品から16個の製品を抜き取り，重さを量ったところ，$\hat{\sigma}_x^2 = 6$であり，新製品から11個の製品を抜き取り，重さを量ったところ，$\hat{\sigma}_y^2 = 3$となった．このときの母分散の比σ_y^2/σ_x^2について信頼係数90%の信頼区間を考える．ただし，それぞれの製品の重さは正規分布に従うとする．まず，$\hat{\sigma}_y^2/\hat{\sigma}_x^2 = 3/6 = 0.5$である．付表4を用いると，自由度$(15, 10)$の上側5%点$F_{0.05}(15, 10) = 2.845$であり，自由度$(10, 15)$の$F$分布の上側5%点$F_{0.05}(10, 15) = 2.544$であることから，

$$[(1/2.544) \times 0.5,\ 2.845 \times 0.5] = [0.20,\ 1.42]$$

となる．

3.5.4 母比率の差の区間推定

ここでは，母比率の差の区間推定について説明する．母比率の推定についてはいくつかの近似が必要であるため，このことに関する諸注意は3.4.4項を再度確認されたい．2つの母集団から得られた確率変数x_1, x_2が二項分布

に従い，それぞれ，$x_1 \sim B(n_1, p_1)$, $x_2 \sim B(n_2, p_2)$ を満たすとする．n_1, n_2 がともに大きいとき，それぞれの標本比率 $\hat{p}_i = x_i/n_i$ $(i = 1, 2)$ は近似的に正規分布 $N(p_i, p_i(1-p_i)/n_i)$ に従うので，それらの差も正規分布に従う．

$$\hat{p}_1 - \hat{p}_2 \sim N\left(p_1 - p_2, \frac{p_1(1-p_1)}{n_1} + \frac{p_2(1-p_2)}{n_2}\right) \tag{3.5.5}$$

次のように z を書き換えると近似的に標準正規分布に従う．

$$z = \frac{(\hat{p}_1 - \hat{p}_2) - (p_1 - p_2)}{\sqrt{p_1(1-p_1)/n_1 + p_2(1-p_2)/n_2}} \sim N(0, 1) \tag{3.5.6}$$

標準正規分布の上側 $100\alpha/2\%$ 点を $z_{\alpha/2}$ とすると，次のように表現できる．

$$P\left((\hat{p}_1 - \hat{p}_2) - z_{\alpha/2}\sqrt{\frac{p_1(1-p_1)}{n_1} + \frac{p_2(1-p_2)}{n_2}}\right.$$
$$\left. \leq p_1 - p_2 \leq (\hat{p}_1 - \hat{p}_2) + z_{\alpha/2}\sqrt{\frac{p_1(1-p_1)}{n_1} + \frac{p_2(1-p_2)}{n_2}}\right) = 1 - \alpha$$

n_1, n_2 がともに大きいことから，$\sqrt{}$ の中の未知の p_1, p_2 を推定値 $\hat{p}_1, \hat{p}_2$ で置き換える．これによって信頼係数 $100\alpha\%$ の信頼区間

$$\left[\hat{p}_1 - \hat{p}_2 - z_{\alpha/2}\sqrt{\frac{\hat{p}_1(1-\hat{p}_1)}{n_1} + \frac{\hat{p}_2(1-\hat{p}_2)}{n_2}},\ \hat{p}_1 - \hat{p}_2 + z_{\alpha/2}\sqrt{\frac{\hat{p}_1(1-\hat{p}_1)}{n_1} + \frac{\hat{p}_2(1-\hat{p}_2)}{n_2}}\right]$$

が求められる．

■■■ 練習問題

問 3.1 英語の教材の例（例 10）にある標準版 (A), 改訂版 (B) のそれぞれについて，母平均 μ_1, μ_2 の 95% 信頼区間を求めよ．

(1) 母分散が $\sigma_1^2 = 11.0^2$, および $\sigma_2^2 = 10.8^2$ と仮定する場合
(2) 母分散が未知で $\hat{\sigma}_1^2 = 11.0^2$ および $\hat{\sigma}_2^2 = 10.8^2$ を用いる場合

問 3.2 ある年に首都圏の勤労者世帯 $n = 2500$ を対象に実施された調査で，当該月の消費支出の平均が $\bar{x} = 32.8$ 万円，標準偏差が $\hat{\sigma} = 29.5$ 万円となった．

(1) 首都圏の勤労者世帯を母集団とする平均消費支出額 μ について 95% 信頼区間を求めよ．
(2) 調査世帯数が $n = 25$ で，$\bar{x} = 32.8$, $\hat{\sigma} = 29.5$ となった場合，μ の 95% 信頼区間の信頼性について述べよ．

問 3.3 人口 $N = 10$ 万人の集団から $n = 2500$ 人を抽出し，ある政策について尋ねたところ，$x = 1500$ 人が支持すると回答した．

(1) 母集団比率 p について信頼係数 95% の有限母集団修正を行わない信頼区間を求めよ．
(2) 実際は非復元抽出を用いている．有限母集団修正を行うと信頼区間はどう変わるか．
(3) $N = 5000$ 人の集団から $n = 2500$ 人を抽出し，$x = 1500$ 人が支持すると回答した場合，母集団における支持率の 95% 信頼区間を求めよ．

問 3.4 親子の身長の例（例 11）の観測値のうち，父親が 150, 156 cm の 2 ケースを除いた $n = 18$ の観測値について分析する．このときの父親の身長の平均と不偏分散はそれぞれ 167.94, 29.70 であり，子の身長の平均と不偏分散はそれぞれ 171.00, 34.12 である．また，不偏共分散は 24.71 である．

(1) 2つの母集団から親と子の身長に関する観測値が独立に得られたと仮定して，身長の差に関する 95% 信頼区間を求めよ．
(注意：この分析は正しくない．)
(2) 対応のある場合なので，親子を対にした分析によって身長の差に関する 95% 信頼区間を求めるほうが適切である．この信頼区間を求め，(1) の結果と比較せよ．

問 3.5 通信教育の語学学校で，全国の受講者から 300 人を無作為に抽出して 30 人ずつ 10 クラスを編成した．5 人の教員 $T_1, \ldots, T_5$ が 2 種類の教材 E_1, E_2 を用いて 4 週間の授業を行い，最後に共通の試験 (200 点満点) を実施した結果が次の表である．

$T_i E_j$	$T_1 E_1$	$T_2 E_1$	$T_3 E_1$	$T_4 E_1$	$T_5 E_1$
$\bar{x}_{ij}$	145.5	150.1	133.9	140.0	154.3
s_{ij}	19.66	17.36	18.81	22.57	20.29

$T_i E_j$	$T_1 E_2$	$T_2 E_2$	$T_3 E_2$	$T_4 E_2$	$T_5 E_2$
$\bar{x}_{ij}$	158.1	157.8	148.0	145.6	168.3
s_{ij}	17.43	21.25	24.57	19.51	19.67

全国の受講者を母集団と考えて教材 E_1, E_2 を用いた場合の平均得点を μ_1, μ_2 とする．それぞれの平均と分散は次のとおりである．

$$\bar{x}_1 = 144.8, \qquad \bar{x}_2 = 155.6$$
$$\hat{\sigma}_1^2 = 434.537 \doteq 20.85^2, \qquad \hat{\sigma}_2^2 = 480.10 \doteq 21.91^2$$

試験の成績は正規分布に従うとして各問に答えよ．

(1) μ_1, μ_2 のそれぞれに対して 95% 信頼区間を求めよ．
(2) 各教材を用いた母分散 σ_1^2, σ_2^2 について，それぞれ 95% 信頼区間を求めよ．
(3) 母分散が等しいと仮定して $\delta = \mu_1 - \mu_2$ の 95% 信頼区間を求めよ．

(4) 教員によって教え方に違いがあると考えると，2種類の教材による試験結果の差は対応のある標本となる．そこで，各教員 $i = 1, \ldots, 5$ について $d_i = \bar{x}_{i1} - \bar{x}_{i2}$ が正規分布 $N(\delta, \sigma^2)$ に従うと仮定する．この仮定の下で，δ の95%信頼区間を求めよ．なお，$\bar{d} = -10.8, \hat{\sigma} = 3.91$, $n = 5$ である．

第 4 章

統計的仮説検定

この章での目標

統計的仮説検定の考え方とその基本的な構造の理解

- ■ 統計的仮説検定の基本的な考え方を知る
- ■ 区間推定と仮説検定の対応を意識して理解する
- ■ 1 標本問題と 2 標本問題に分けて考える

■■■ 次章以降との関係

・第 3 章と第 4 章の考え方を第 5 章と第 6 章に活用する
　検出力と検出力関数やネイマン・ピアソンの基本定理　→　7.2 節

第 4 章 統計的仮説検定

― 統計的仮説検定の基本 ―
- 仮説検定における帰無仮説と対立仮説の役割を理解する
- 片側対立仮説と両側対立仮説のどちらを使うかを理解する
- 仮説検定における 2 種類の誤り（第 1 種過誤と第 2 種過誤）について理解する

▶§4.1~4.2

仮説検定とは	仮説検定の構造
§4.1　仮説検定の考え方	§4.2　基本的な仮説検定の構造

―1 標本問題と 2 標本問題 ―
- 母集団が 1 つの場合と 2 つの場合に分けて仮説検定を理解する
- 区間推定と仮説検定の対応を意識して理解する
- 1 標本問題：1 つの母集団の母数に関する仮説検定について理解する
- 2 標本問題：2 つの母集団の母数の差や比に関する仮説検定について理解する
- 対応のある 2 標本：対応のある 2 標本の仮説検定について理解する

▶§4.3~4.4

1 標本問題
§4.3　1 標本問題：1 つの母集団の母数に関する検定 ―

2 標本問題
§4.4　2 標本問題：2 つの母集団の母数に関する検定 ―

推測統計の手法は大きく第 3 章で扱った母数の推定と本章で扱う仮説検定がある（簡単に，検定ということもある）．仮説検定は，正確には統計的仮説検定とよばれ，研究者または実験者が考えた仮説に対し，与えられたデータからその正しさを統計的に考察するものである．一般的な仮説検定では，帰無仮説，対立仮説をおき，帰無仮説の下で統計量が従う確率分布を用いて判断する．検定のための統計量（検定統計量という）と確率分布は推定の際に用いたものとほぼ同じであり，仮説検定の考え方の枠組みと検定統計量の利用を理解することが重要である．

§4.1 仮説検定の考え方

はじめに次の例を用いて仮説検定の考え方についてふれる．

> **例 1** ある水族館で飼育されているタコには，サッカーの試合でチームの勝敗を予言する能力があるという．もし 10 試合連続で予言が的中したら，このタコには予言能力があるといえるだろうか．

例 1 について，実際はタコに予言能力がなく，タコはでたらめにチームを選んでいるに過ぎないという仮説を考える．この仮説を H_0 と表し，**帰無仮説** (null hypothesis) とよぶ．名称のとおり，何かが「ない」ことを表す仮説である．この帰無仮説は，確率の用語を用いて表すと，成功確率 $p = 1/2$ のベルヌーイ試行を行っていることに相当し，この仮説の下で n 回中 x 回的中する確率は $p = 1/2$ の二項分布 $B(n, p)$ を用いて $P(x \mid H_0) = {}_nC_x \left(1/2\right)^n$ と求められる．10 回の試行ですべて的中する確率は $(1/2)^{10} = 1/1024$ と非常に小さく，全くの偶然とは考えにくい．反対に 10 回の予言がすべて外れる確率も，同じく $(1/2)^{10} = 1/1024$ となるが，これも偶然ではなく，区別がついていた可能性が疑われる．

このように帰無仮説 H_0 の下で発生する確率が小さい事象が観測された場合には，帰無仮説 H_0 の妥当性を疑い，"確率の小さい現象が偶然に起こった"のではなく，"帰無仮説は正しくない"と考える．

別のタコが 20 試合中 14 試合の結果を的中させたとする．偶然にこの結果を得る確率は $_{20}C_{14}(1/2)^{20}$ すなわち 3.7% と小さいが，観測された特定の結果の確率だけを評価して帰無仮説 H_0 を正しくないと考えるのは適切でない．なぜなら，帰無仮説の下での確率変数 x の期待値は $\mu = E(x) = 10$ なので，的中させた試合数 $x = 14$ が期待値から離れていて珍しい結果だとすれば，$x = 15, \ldots, 20$ はさらに珍しい．珍しい結果をひろい上げるなら逆方向についても考慮して，期待値と実現値の差 $14 - 10 = 4$ 以上に離れた結果が得られる確率を評価する必要があり，その確率は $P(|x - \mu| \geq 4 \mid H_0) \fallingdotseq 0.115$ となる．この程度ならそれほど珍しい事象とはいえない．

以上のように，帰無仮説の下で想定される確率分布の裾の確率を判断基準とし，その確率が基準となる値 α より小さいときに帰無仮説は正しくないと判定するのが，統計的仮説検定の基本的な考え方である．α は**有意水準** (level of significance) とよばれ，$\alpha = 0.05$ (5%) または $\alpha = 0.01$ (1%) が用いられることが多い．このような形で帰無仮説を正しくないと判定するとき，「有意水準 α で帰無仮説は**棄却** (reject) される」，あるいは「有意水準 α で**有意** (significant) である」と表現する．

§ 4.2 基本的な仮説検定の構造

本書で扱う仮説検定の手法についてその構造を整理する．説明のため次の例を追加する[*]．

> **例 2** あるダイエット処方の効果を確かめるために，無作為に選んだ $n = 10$ 人の被験者に処方を適用したところ，処方前の体重 (diet.w)，1 か月後の体重 (diet.w2)，その変化 (diet)（いずれも kg）は次のとおりであった．処方を与えた 10 人について，体重変化の平均は $\bar{x} = -2.42$ と減少しているが，この処方は効果があるといえるだろうか．

---

[*] 例 2 では，体重が減少していたら処方の効果があるとしているが，生活環境の要因や心理的要因などいろいろな要因が体重の減少に関与するので，実際の臨床試験ではそれらが入りこまない工夫が必要となる．ここでは，仮説検定の考え方を説明するために単純化されているものと理解されたい．

diet.w	65.0	79.3	55.9	73.2	58.0	68.5	68.1	69.9	71.7	58.3
diet.w2	65.1	75.1	49.5	69.9	55.0	64.3	65.3	70.8	75.2	53.5
diet	0.1	−4.2	−6.4	−3.3	−3.0	−4.2	−2.8	0.9	3.5	−4.8

4.2.1 帰無仮説・対立仮説と有意水準

仮説検定では確率変数 x について帰無仮説 H_0 を想定し，得られた値がこの帰無仮説の下でどの程度珍しいかを裾の確率を用いて測定して，その確率が有意水準 α より小さければ帰無仮説を棄却する．

通常，帰無仮説として何らかの意味で差がない状態を想定する．タコの例では，予言の能力がなく的中率が半々であること，詳しくいえば，成功確率 p の二項分布において $H_0 : p = 1/2$ と想定する．また，例 2 ではダイエットには効果がない，つまり，前後の体重に差がないことを表現するため，帰無仮説は体重変化量の母平均 μ に関して $H_0 : \mu = 0$ と想定する．ただし，体重の変化は正規分布 $N(\mu, \sigma^2)$ に従うものと仮定する．

帰無仮説が棄却されたときに代わりとして採用する仮説を明示的に考えることがある．それを**対立仮説** (alternative hypothesis) とよび，H_1 という記号を用いる．帰無仮説が "差がない状態" を表すのに対し，対立仮説は "差がある状態" を表現し，差の方向を考えるかどうかにより，**片側対立仮説**と**両側対立仮説**がある．

帰無仮説 H_0 と対立仮説 H_1 を対比して考えるとき，仮説検定は，数理的には標本に基づいて H_0 と H_1 という 2 つの仮説の中から 1 つを選択するための方法ということができる．しかし，2 つの仮説 H_0 と H_1 の役割は対称的ではない．

"帰無仮説 H_0 が棄却される" という結果が得られ，H_1 が選択されたときには，この選択が間違いである（すなわち，本当は H_0 が正しいのに間違ってそれを棄却する）確率は有意水準として定められた α 以下であることが保証されている．したがって，対立仮説 H_1 が成り立っていると積極的に主張してよい．

"帰無仮説 H_0 が棄却されない" という結果が得られ，H_0 が選択されることは「帰無仮説 H_0 は**受容** (accept) される」とも表現されるが，この選択が

間違いである(すなわち,本当は H_1 が正しいのに間違って H_0 が受容される)確率については,通常の検定手順の中で何も言及されておらず,誤りの確率が小さいことは保証されていない.したがって,帰無仮説 H_0 が棄却されないからといって,H_0 が正しいと積極的には主張できない.H_0 はいわば証拠不十分で棄却されなかったに過ぎないのである.このことは,具体的な問題において,母数に関する帰無仮説 H_0 が棄却されなかったときに,その母数に関して区間推定を行ってみると信頼区間に幅があり,母数の真の値が帰無仮説で規定された母数以外である可能性が残ることから理解できる.

4.2.2 片側対立仮説と両側対立仮説

タコの例では,チームの選び方がでたらめでなく勝敗に関して多少とも区別がついていることを表現するため,対立仮説は $H_1 : p \neq 1/2$ とおく.これは両側対立仮説の例である.両側対立仮説に対する検定を**両側検定** (two-sided test, two-tailed test) とよぶ.一方,ダイエットの場合は効果があれば μ は小さくなり,それを見つけたいのであるから $H_1 : \mu < 0$ とおく.これは片側対立仮説の例である.片側対立仮説に対する検定を**片側検定** (one-sided test, one-tailed test) とよぶ.土壌中の有害物質の濃度が基準値 μ_0 を超えているかどうかを判断する場合,片側対立仮説は逆向きの不等号で $H_1 : \mu > \mu_0$ とする.

仮説検定の結果で積極的に主張できることは帰無仮説 H_0 を棄却し対立仮説 H_1 が正しいとして選択するときだけである.したがって,研究者が実験や調査によって主張したいことを対立仮説にしておけばよい.見つけたいこと,疑っていること,証明したいことでもよい.タコの例では,タコが何らかの予知能力をもっている(勝敗の区別がついている)こと,ダイエットの例では,体重が減少する(ダイエットの効果がある)こと,有害物質を測定する場合には,濃度が基準値より高いことを対立仮説とすればよい.

対立仮説を両側にするか片側にするかは問題に応じて定まり,タコの例では両側,ダイエットの例では片側が自然である.しかし,その設定はデータ分析の目的を反映するものであり,厳密な基準があるわけではない.たとえば,体重を増加させる逆効果も含めて処方には何らかの効果があることを見つけたい場合には,両側対立仮説が適切である.

4.2.3 検定統計量と棄却域

検定に利用される標本平均 $\bar{x}$ や標本比率 $\hat{p} = x/n$ を**検定統計量** (test statistic) とよび，観測値より計算された統計量の値（実現値）がある領域の値をとるときに帰無仮説を棄却するのが一般的な手順である．帰無仮説を棄却する範囲を**棄却域** (rejection region) とよび，棄却しない領域を**受容域** (acceptance region) とよぶ．

伝統的な手順では，帰無仮説を棄却する基準としてあらかじめ固定した有意水準 α（または $100\alpha\%$）が用いられるが，関連する判断基準に P-**値** (p-value) がある．P-値は有意確率，または「観測された有意水準」ともよばれ，その表記も P-値，P 値，p 値などがある．P-値は帰無仮説が正しいときに「検定統計量が実現値と同じか，それ以上に極端な値をとる確率」と漠然と定義される．片側検定の場合においてはこの定義で問題はないが，両側検定の場合においては注意が必要である．

$\bar{x}$ を検定統計量とする片側検定で $\bar{x}$ が大きいときに棄却する場合，実現値を $\bar{x}_{\mathrm{obs}}$ とすると P-値は $P(\bar{x} \geq \bar{x}_{\mathrm{obs}} \mid H_0)$ と評価される．もし P-値が 0.03 となったとすると，有意水準5%なら帰無仮説は棄却されるが，有意水準が1%であれば棄却されない．このように，観測結果から棄却される有意水準を明示できる点で，固定した有意水準の結論だけを報告するよりも情報量が豊富である．「観測された有意水準」という名称もこのことを意味している．

両側検定の場合は定義が必ずしも明確でない場合があり，その場合の両側検定の P-値としては，片側検定の P-値の2倍とする方式と，「観測結果と比べて出現する確率が小さい事象の確率」とする方式が代表的である．2番目の方式を正確に記せば，標本 $\boldsymbol{x} = (x_1, \ldots, x_n)$ の確率密度（離散分布の場合は確率）関数を $f(\boldsymbol{x})$ と表すとき，帰無仮説 H_0 の下での事象 $E = \{\boldsymbol{x} \mid f(\boldsymbol{x}) \leq f(\boldsymbol{x}_{\mathrm{obs}})\}$ の確率を P-値とする．

正規分布のように対称な場合にはどちらの定義でも同じ値となるが，非対称な場合や離散分布の場合には定義によって両側検定の結果が異なる場合もある．タコの例は離散分布であるが，たまたま $p = 1/2$ の二項分布が対称であるのでどちらの定義でも同じになる．2番目の定義に従って，観測値の確率より小さな確率の合計を P-値とすると，10回連続で的中したタコの例では，$x = 0$ は観測された $x = 10$ と同じ確率を与えるから，P-値は

$P(x = 0 \cup x = 10) = 2/1024$ である.

4.2.4 棄却と受容, 2種類の誤り

これまで述べてきた方法で仮説検定を行うとき, 2種類の誤りが生じ得る. 1つは帰無仮説 H_0 が正しいときに H_0 を棄却する誤り, もう1つは対立仮説 H_1 が正しい (H_0 が正しくない) とき H_0 を棄却しない誤りである. 帰無仮説 H_0 が正しいときに誤って棄却する誤りを**第1種過誤**(**生産者危険**または**生産者リスク**)とよぶ. 有意水準 α は第1種過誤の確率を表す. 繰り返しになるが, これは帰無仮説が正しくない確率ではないこと, 帰無仮説を"棄却する"と"棄却しない=受容する"は対称的な表現ではないことを注意しておく.

帰無仮説を棄却せず受容することは帰無仮説が正しいことを意味するのではなく, 帰無仮説を棄却するための十分な証拠がないことを表している. 対立仮説が正しいときに間違って帰無仮説を受容する誤りを**第2種過誤**(**消費者危険**または**消費者リスク**)とよび, その確率を β と表記する. 対立仮説が正しいときには帰無仮説を棄却するのが正しい判断である. 対立仮説が正しいとき, それを検出する確率を検定の**検出力** (power of test) とよぶ.

通常, β を求めるためには H_1 を特定する必要がある. たとえば度数 x が二項分布 $B(n, p)$ に従う場合, 帰無仮説 $H_0 : p = 1/2$, 対立仮説 $H_1 : p = p_1, p_1 > 1/2$ に対して, 棄却域を $x \geq c$ (c はある定数) と定めると, $\beta = P(x < c \,|\, H_1) = 1 - P(x \geq c \,|\, H_1)$ を求めるためには p_1 の値を特定する必要がある. 以上の関係を表4.1にまとめておく.

表 **4.1** 2種類の過誤

判断	H_0 が正しいとき	H_1 が正しいとき (H_0 は誤り)
H_0 を棄却	第1種過誤 $P(\text{reject} \mid H_0) = \alpha$	正しい判断 $P(\text{reject} \mid H_1) = 1 - \beta = $ 検出力
H_0 を受容	正しい判断	第2種過誤 $P(\text{accept} \mid H_1) = \beta$

なお，生産者危険，消費者危険の名称は，製品の一部を検査して品質が管理状態にあると判断できれば出荷するという事例に基づいている．ここで帰無仮説は管理状態にあることで，管理状態にあるのにたまたま検査された標本の不良率が高いため出荷されないときには生産者が損失を受け，管理が不十分であるのに標本の不良率が低いため出荷されるときには品質の悪い製品が検査で見逃されることになり消費者が被害を受ける．

検定統計量は1つとは限らず，その選び方については7.2.2項で基礎的な理論について説明するが，一般に，第1種過誤の確率 α を定めて，第2種過誤の確率 β を小さくするように検定統計量を選ぶ．以下で紹介する例では，このような意味で標準的な検定統計量を用いている．

4.2.5 母集団の平均に関する仮説

仮説検定の方法は，第3章の推定に関する1標本問題と2標本問題に対応して，検定に関する1標本問題および2標本問題と分類して考えると理解しやすい．たとえば，正規分布の母平均 μ に関する検定は次のように分類できる．

1. 1つの母平均に関する検定（1標本問題）
    (a) 母分散が既知の場合（正規分布による検定）
    (b) 母分散が未知の場合（t 分布による検定）
2. 2つの母平均の差に関する検定（2標本問題）
    (a) 母分散が既知の場合（正規分布による検定）
    (b) 母分散が未知で等しい場合（t 分布による検定）
    (c) 母分散が未知で等しいと仮定できない場合（t 分布による検定）
3. 2つの母平均の差に関する検定（標本に対応のある場合）
    (a) 母分散が既知の場合（正規分布による検定）
    (b) 母分散が未知の場合（t 分布による検定）

また，母分散に関する仮説検定や母比率に関する仮説検定についても信頼区間と同様に考えることができる．

§ 4.3　1標本問題：1つの母集団の母数に関する検定－

4.3.1　正規分布の母平均に関する検定
（母分散が既知の場合，z 検定）

両側対立仮説の場合

　これは最も基本的な内容を含む問題である．ここで，標本 $x_1, \ldots, x_n$ が独立に同じ正規分布 $N(\mu, \sigma^2)$ に従うことを仮定する．なお，本項では母分散 σ^2 は既知とする．

　まず両側検定の場合について説明する．帰無仮説は $H_0 : \mu = \mu_0$，対立仮説は $H_1 : \mu \neq \mu_0$ である．ただし，μ_0 は既知の値とする．検定統計量として標本平均 $\bar{x}$ を利用する．仮説 H_0 の下で $\bar{x} \sim N(\mu_0, \sigma^2/n)$ となるので，これを $z = \dfrac{\bar{x} - \mu_0}{\sigma/\sqrt{n}} \sim N(0, 1)$ と標準化する．有意水準を 5% ($\alpha = 0.05$) とすると，標準正規分布では $P(|z| \geq 1.96) = 0.05$ となり，観測値より求められた $\bar{x}$ を標準化した z の絶対値が 1.96 より大きいとき，仮説 H_0 を棄却する．有意水準が 1% ($\alpha = 0.01$) なら $P(|z| \geq 2.58) = 0.01$ を利用する．以上をまとめると，$\bar{x}$ に関する次の棄却域が得られる．

$$\text{有意水準 5\% のとき} \quad |\bar{x} - \mu_0| \geq 1.96 \frac{\sigma}{\sqrt{n}}$$

$$\text{有意水準 1\% のとき} \quad |\bar{x} - \mu_0| \geq 2.58 \frac{\sigma}{\sqrt{n}}$$

　形式的に判断するには，初めから $\bar{x}$ を標準化した $z = \sqrt{n}(\bar{x} - \mu_0)/\sigma$ を検定統計量として，その実現値を 1.96 または 2.58 と比較するのが簡単である．z を用いて棄却域を表示すると図 4.1 ($\alpha = 0.05$ の場合) のようになる．この図の確率密度関数は仮説 H_0 が正しいときの z の確率分布，すなわち標準正規分布であり，影をつけた部分の面積が有意水準 α に対応する．なお，両側対立仮説の P-値は，実現値 z_obs より外側の確率 $P(|z| \geq |z_\mathrm{obs}|)$ と定義される．

片側対立仮説の場合

　片側対立仮説の場合も，両側検定と同様の手順が利用できる．帰無仮説は

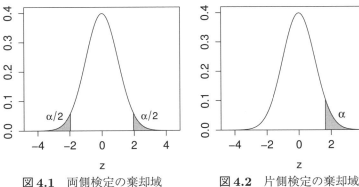

図4.1 両側検定の棄却域　　図4.2 片側検定の棄却域

$H_0 : \mu = \mu_0$ であり，これは対立仮説によらない．片側対立仮説 H_1 としては $\mu > \mu_0$ の場合と $\mu < \mu_0$ の場合があるが，そのどちらかは具体的な問題によって決定される．どちらの場合も考え方は同じであるため，ここでは $H_1 : \mu > \mu_0$ の場合について説明する．

検定統計量 $\bar{x}$ の分布は H_0 の下では $\bar{x} \sim N(\mu_0, \sigma^2/n)$ であり，H_1 の下では $\bar{x} \sim N(\mu_1, \sigma^2/n), (\mu_1 > \mu_0)$ である．つまり，H_0 の場合より H_1 の場合に $\bar{x}$ が大きな値をとる可能性が高い．実際，最適な棄却域は H_0 の下で $\bar{x}$ が大きな値をとる確率が α となるように定められる．

$\bar{x}$ ではなく z を用いて棄却域を表現すると，図4.2（$\alpha = 0.05$ の場合）のようになる．

$$z = \frac{\bar{x} - \mu_0}{\sigma/\sqrt{n}} \geq z_\alpha \quad \text{有意水準 5\% のときは } z_{0.05} = 1.645$$

なお，標準正規分布では $P(z \geq 2.33) = 0.01$ となり，有意水準を 1% としたときの棄却域は $\bar{x} \geq \mu_0 + 2.33\,(\sigma/\sqrt{n})$ と定められる．

例3 ある大学では，毎年新入生全員約 3000 人に，同一の問題を用いた英語の試験を実施しており，過去の試験の成績 x は平均 450 点，標準偏差 80 点の正規分布で近似される．今年の新入生のうち，ある教員が担当するクラスで $n = 36$ 人の成績を調べたところ，平均は $\bar{x} = 480$ 点，標準偏差は $\hat{\sigma} = 82$ 点であった．このクラスの結果から新入生全体で英語力に変化があったと判断できるだろうか．

例 3 の英語の試験では，過去の値として $\sigma = 80$ が与えられている．$n = 36$ の観測値から得られた標準偏差 $\hat{\sigma} = 82$ を用いず，母分散が既知の場合の正規分布による検定を適用してみる．観測値の平均は従来と比べ高くなっているが，英語力に"変化があった"かどうかが問題とされているので，ここでは両側検定を行うこととする．帰無仮説は"英語力は従来と変わらない"を表す $H_0 : \mu = 450$ であり，H_0 の下では $\bar{x}$ は平均 $\mu = 450$，標準偏差 $\sigma/\sqrt{n} = 80/\sqrt{36} = 13.33$ の正規分布に従う．検定統計量を計算すると $z = (480 - 450)/13.33 = 2.25$ となり，帰無仮説は有意水準 5% で棄却される．すなわち今年度の新入生は従来の学生に比較して英語の能力に差があると判断する．なお，P-値は $P(|z| \geq 2.25) = 0.0244$ となる．

今年の新入生の成績 μ と過去の成績（450 点）の差 $(\delta = \mu - 450)$ の大きさがどの程度であったかについては，3.4.1 項の式を用いて区間推定を求めればわかる．95% 信頼区間の上限と下限は $(\bar{x} - 450) \pm 1.96\sigma/\sqrt{n} = 30 \pm 1.96 \times 13.33 = 30 \pm 26.13$，95% 信頼区間は $[3.87, 56.13]$ となる．

ここでは仮説検定の結果，有意水準 5% で有意差があったが，この差の値と偶然変動の大きさがどのくらいであるかは区間推定により確認できる．検定結果が有意でなかった場合も区間推定を行い，差の値と偶然変動の大きさを調べておくと，差の点推定の値が小さかったためか，偶然変動（差の標準誤差）が大きかったためかがわかり，今後の研究方向のヒントが得られる．

有意水準 5% とは仮説が正しい場合にこの手順を多数回実施して検定を行うとき，間違って帰無仮説を棄却する割合が 5% であるという意味であり，特定の判断が間違っている確率が 5% ということではない．このことは信頼区間の場合と同様である．

4.3.2　正規分布の母平均に関する検定 （母分散が未知の場合，t 検定）

前項では母分散 σ^2 が既知の場合を解説したが，これは実際には例外的な状況であり，通常は母分散は未知である．

この場合には，与えられたデータから σ^2 の推定値を求める必要があり，標本不偏分散 $\hat{\sigma}^2 = \sum (x_i - \bar{x})^2/(n-1)$ を計算して使用する．しかし，σ を $\hat{\sigma}$ でおきかえた $t = \sqrt{n}(\bar{x} - \mu_0)/\hat{\sigma}$ は，$\hat{\sigma}$ が σ と等しくないため標準正規分布

表 4.2 t 分布の自由度と上側 5% 点, 2.5% 点

自由度	10	20	30	60	120	240	正規分布
5% 点	1.812	1.725	1.697	1.671	1.658	1.651	1.645
2.5% 点	2.228	2.086	2.042	2.000	1.980	1.970	1.960

には従わず,2.10.2 項で述べたように自由度 $n-1$ の t 分布に従う.

このように帰無仮説の下で t 分布に従う検定統計量(t 統計量)の実現値を **t-値** (t-value) とよび,これに基づく検定を **t 検定** (t test) とよぶ.両側検定の棄却域は $|t| \geq t_{\alpha/2}(n-1)$ という形で与えられるが,$t_{\alpha/2}(n-1)$ の値は自由度 $n-1$ に依存して決まり,正規分布を用いた検定と異なる.

t 検定の形は次の対比で容易に覚えることができる.

$$z = \frac{\bar{x} - \mu_0}{\sigma/\sqrt{n}} \sim N(0,1) \quad \longleftrightarrow \quad t = \frac{\bar{x} - \mu_0}{\hat{\sigma}/\sqrt{n}} \sim t(n-1) \tag{4.3.1}$$

2.10.2 項で説明したように自由度が大きくなると t 分布は標準正規分布に近づく.実際,表 4.2 にまとめた t 分布の上側 5% 点,2.5% 点の値を見ると,n が大きいときは正規分布の場合とあまり差がないことがわかる.たとえば,上側 2.5% 点(両側 5% 点)を正規分布の 1.960 と比較すると,自由度が 60 のとき 2.000 であり,自由度が 240 より大きければ,正規分布とほとんど同じである.

例 3 の英語の成績について,今年度の新入生の母平均,母分散とも未知と考えるほうが自然なので t 検定を適用する.帰無仮説を $H_0 : \mu = 450$, 対立仮説を $H_1 : \mu \neq 450$ とする両側検定を考えると,$\bar{x}$ の標準誤差は $\hat{\sigma}/\sqrt{n} = 13.67$ であり,自由度 $n-1 = 35$ の t 分布の上側 2.5% 点は $t_{0.025}(35) = 2.03$ である.これから,有意水準 5% の棄却域は $|\bar{x} - 450| \geq 2.03 \times 13.67 = 27.8$ となる.観測結果は $\bar{x} - 450 = 30 \geq 27.8$ となり,仮説は棄却できる.

直接 t-値を計算するほうが簡単である.$t = (\bar{x} - \mu_0)/(\hat{\sigma}/\sqrt{n}) = 30/13.67 = 2.19$ であり,これは $t_{0.025}(35) = 2.03$ よりも大きい.両側検定なので,P-値は,帰無仮説の下での t 統計量の両裾の確率 $2 \times P(t \geq 2.19) = P(|t| \geq 2.19) = 0.0353$ となり,有意水準を 1% とした検定の場合は,帰無仮説は棄却されないことになる.P-値の具体的な値は t 分布表(付表 2)からは導出できないので,必要となる場合は統計に関係するソフトウェアを利用する.

過去の成績との差 $\delta = \mu - 450$ の 95% 信頼限界は
$$30 \pm 2.03 \times 13.67 = 30 \pm 27.75$$
となり，母分散 σ^2 を既知と考えた 4.3.1 項の結果と比べると信頼区間の幅が少し広くなっている．

コメント

(1) n が大きい場合は，**大数の法則**から $\hat{\sigma} \doteqdot \sigma$ と考えることができる．同時に**中心極限定理**から，母集団の分布が正規分布とは多少異なっていても，標本平均は近似的に正規分布に従うことも保証される．したがって，母分散が既知の場合の正規分布による検定が利用できることになり，両側検定なら有意水準 5% の棄却域は $|\bar{x} - \mu_0| \geq 1.96\,\hat{\sigma}/\sqrt{n}$ で与えられる．

経済，社会，心理などの分野では標本の大きさ n が数百から数千以上となるため，ほとんどの場合，このような**正規近似**が利用できる．

例（世帯の支出金額） 総務省が実施する家計調査では毎月約 8000 世帯の家計簿に基づいてさまざまな情報を公開している．世帯の支出額の分布はかなり大きな正の歪みをもっているが，n がこれだけ大きいため $\bar{x}$ の分布は正規分布に近い．

世帯主が勤労者である 2 人以上の世帯について，2000 年の 1 か月あたり消費支出額の平均は 341,896 円であった．これに対して 2010 年の消費支出額の平均は 318,211 円となっている．景気低迷の結果として，勤労者世帯の消費支出額は本当に減少したのだろうか．

この問題には次のように答えることができる．まず公表されている指標によれば，毎月の $\bar{x}$ の分布の変動係数（標準誤差率ともよぶ）$(\hat{\sigma}/\sqrt{n})/\bar{x}$ は約 1.1% と安定的で，$\hat{\sigma}/\sqrt{n} = 0.011 \times 318211 \doteqdot 3500$ と評価できる．これを用いて，帰無仮説を $H_0 : \mu = 341896$ とする片側仮説を検定すればよい．$z = (318211 - 341896)/3500 = -6.77$ であり，標準正規分布でこれより小さい値が観測される確率，すなわち P-値は 1 兆分の 6 と極めて小さい．年平均の標準偏差は月平均の約 $1/\sqrt{12} = 0.29$ 倍とさらに小さいが，月次の比較でも差は明瞭である．

(2) 上のコメント (1) では 2000 年と 2010 年の家計の 1 か月あたりの消費支出の間に極めて高度な有意差（P-値は 6×10^{-12} ときわめて小さい）が検出されている．仮説検定の検出力は母数の差と標本の大きさ n に依存して決まり（7.2.1 項参照），この例の場合 $|\mu_1 - \mu_2|/(\sigma/\sqrt{n})$（ただし，$\mu_1$ と μ_2 は 2000 年と 2010 年の消費支出の母平均，σ は母標準偏差であるが，大標本なので $\hat{\sigma} = \sigma$ とみなすことができる）の増加関数として表される．したがって，母平均の差 $|\mu_1 - \mu_2|/\sigma$ が小さい値であっても n が大きくなると有意差が検出されやすくなり，コメント (1) の例で P-値が非常に小さくなったことも $n = 8000$ を考えれば納得できる．

ところで，P-値が小さいことは差が大きいことを意味するわけではなく，"差がある

と判断することの確からしさの度合いが高い（信頼度が高い）"ことを表す．統計的な有意差を検出して差があることを確認することは重要であるが，それだけでは十分ではない．実際上（この場合は経済的に）意味ある差であるかどうかを吟味することが重要である．その吟味のためには差の点推定値と信頼区間が役に立つ．

(3) n が小さい場合に t 分布を利用できるのは，正規分布からの標本の場合である．生産工程を十分に管理した状況での品質管理の問題であればこの条件が満たされると考えられるが，経済データではそのような状況はほとんど期待できない．

しかし，t 検定は母集団の分布が正規分布から逸脱している場合でも，著しく非対称であるといった大きい逸脱の場合を除き，分析結果の妥当性への影響が小さいことが知られており，t 検定は**頑健性**あるいは**ロバスト性**（robustness）をもつといわれる．著しく非対称であったり，外れ値があったりするような場合は，特定の分布を前提としないウィルコクソンの順位和検定などのノンパラメトリック法[*]を用いて検定を行えばよい．

4.3.3 母分散に関する検定

母分散 σ^2 の検定の考え方について説明する．母分散の検定についても母平均の検定と同様で，帰無仮説は $H_0 : \sigma^2 = \sigma_0^2$，両側検定の対立仮説は $H_1 : \sigma^2 \neq \sigma_0^2$ となる．片側だけを検定することもあり，そのときの対立仮説は $H_1 : \sigma^2 > \sigma_0^2$ または $\sigma^2 < \sigma_0^2$ である．ただし，σ_0^2 は既知の値とする．帰無仮説の下での標本 $x_i \sim N(\mu, \sigma_0^2)\,(i=1,2,\ldots,n)$ に対して，次の統計量は自由度 $n-1$ の χ^2 分布に従うことは 2.10.1 項で説明し，分散の区間推定（3.4.3 項）に利用した．

$$\chi^2 = \frac{\sum(x_i - \bar{x})^2}{\sigma_0^2} = \frac{(n-1)\hat{\sigma}^2}{\sigma_0^2} \sim \chi^2(n-1)$$

この統計量（χ^2 統計量）を利用して母分散の検定を行えばよい．たとえば，有意水準 5% の両側検定を行う場合，自由度 $n-1$ の χ^2 分布の下側と上側の 2.5% 点をそれぞれ $\chi^2_{0.975}(n-1)$，$\chi^2_{0.025}(n-1)$ とおき，上の χ^2 統計量の実現値（χ^2 値）と比較すればよい．片側検定の場合は，下側または上側の 5% 点との比較で判断する．

---

[*] 『統計検定 1 級対応 統計学』5.4 節参照．

> **例 4** これまでの生産ラインで製造されるある製品（単位：g）の重さの分散は 1.4 であった．新型の生産ラインを購入し同じ製品を作り，無作為に 10 個の製品について重さを量ったところ次のようになった．新型の生産ラインによる製品の重さの分散はこれまでと同じとみなせるか否かを有意水準 5% で検定する．
>
> 8.1 7.2 7.1 6.8 7.3 7.3 7.8 8.6 7.4 8.8

これまでの生産ラインでの製品の重さの分散 1.4 を母分散とみなし，帰無仮説 $H_0 : \sigma^2 = \sigma_0^2$，対立仮説 $H_1 : \sigma^2 \neq \sigma_0^2$ の両側検定を考える．ここで，$\sigma_0^2 = 1.4$ である．新型の生産ラインでの製品 10 個の重さの分散 $\hat{\sigma}^2$ は 0.443 であり，$\chi^2 = (n-1)\hat{\sigma}^2/\sigma_0^2 = (10-1) \times 0.443/1.4 = 2.85$ と計算される．自由度 9 の χ^2 分布の下側と上側の 2.5% 点はそれぞれ，$\chi^2_{0.975}(9) = 2.70$ と $\chi^2_{0.025}(9) = 19.02$ である．χ^2 値がこれらの値の間にあるので帰無仮説は棄却されず，新型のラインにおいて製品の重さの分散はこれまでとは同じではないとはいえない．

この企業は分散が小さくなることを期待し新型の生産ラインにしたとすると，期待したように分散が小さくなったかどうかを確認するため $H_0 : \sigma^2 = \sigma_0^2$ vs. $H_1 : \sigma^2 < \sigma_0^2$ の片側検定を考えるほうがよい．自由度 9 の χ^2 分布の下側の 5% 点は $\chi^2_{0.95}(9) = 3.33$ となるため，この場合，χ^2 値 2.85 は 3.33 より小さく，有意水準 5% で帰無仮説は棄却され，重さの分散は小さくなり改善の効果があったと判断される．

4.3.4 母比率に関する検定

母比率 p に関する仮説を検定する問題も多い．母集団から n 人を無作為に抽出して調査した場合，支持者数 x の分布は二項分布 $B(n, p)$ と考えることができる．ただし，p は母集団における支持者の比率である．n が大きい場合，3.4.4 項で述べたとおり，二項分布は正規分布で近似できるので，母比率に関する検定にも 4.3.1 項の正規分布に関する議論が応用できる．厳密には超幾何分布であるが，母集団の人数 N が大きいときには二項分布と考えてよいことも，3.4.4 項で指摘した．

母比率 p の検定では帰無仮説 $H_0 : p = p_0$ とする．この仮説の下で次の z は近似的に標準正規分布に従う．

$$z = \frac{\hat{p} - p_0}{\sqrt{p_0(1-p_0)/n}} = \sqrt{n}\frac{\hat{p} - p_0}{\sqrt{p_0(1-p_0)}} \sim N(0, 1)$$

ここで，母比率の推定量 $\hat{p} = x/n$ である．有意水準を 5% とする検定の棄却域は両側対立仮説なら $|z| \geq 1.96$，片側対立仮説なら $z \geq 1.65$ （または $z \leq -1.65$）となる．

> **例5** 全国の有権者から 2400 人を無作為に選んで面接調査を実施したところ，1250 人がある政策に賛成と回答した．この結果から，この政策は有権者全体の過半数が支持しているといえるだろうか．

例5の問題では帰無仮説 $H_0 : p = 1/2$ を片側対立仮説 $H_1 : p > 1/2$ に対して検定することになる．$n = 2400$，$x = 1250$ だから，$\hat{p} = 1250/2400 = 0.5208$．したがって $z = \sqrt{2400}\,(0.5208 - 0.5)/\sqrt{0.5 \times 0.5} = 2.04$ となり，帰無仮説は有意水準 5% で棄却される．すなわち，有権者全体での政策支持率は 50% 以上といえる．なお P-値は $P(\hat{p} \geq 0.5208 \mid H_0) = 0.0207$ となる．

参考までに支持率の 95% 信頼区間の上限と下限は

$$0.5208 \pm 1.96 \times \sqrt{\frac{0.5208 \times (1 - 0.5208)}{2400}} = 0.5208 \pm 0.0200$$

信頼区間は $[0.501, 0.541]$ となる．

試行回数 n が小さい場合には二項分布の確率計算を行うことは難しくない．宇宙開発の例として，新しく開発された技術を用いた実験 $n = 20$ 回のうち $x = 16$ 回が成功したとき，新技術は過去の成功率 $p = 0.6$ に比べて改善されたかという問題を考える．仮説 $H_0 : p = 0.6$ を $H_1 : p > 0.6$ に対して検定するときの P-値は式 (2.7.3) を用いて $P(x \geq 16 \mid H_0) = 0.0509$ となり，この結果は 5% よりわずかに大きく，有意にならない．

技術に差があるかどうかを問題として両側検定を考えたい場合がある．2項分布 $B(n, p)$ の確率計算によって両側検定を行う場合，両裾の棄却域のとり方，または P-値の定義の仕方に関していくつかの考え方がある．a) 棄却

域は両裾に確率 $\alpha/2$ ずつとり,P-値としては片側 P-値を 2 倍した値を用いる.b) P-値は H_0 の下での期待値 $E[x\,|\,H_0] = \mu$ と観測された x_{obs} の差以上となる x に対する確率の合計,つまり,P-値 $= P(|x - \mu| \geq |x_{\text{obs}} - \mu|)$ とする.c) P-値 $= P(x\,|\,P(x) \leq P(x_{\text{obs}}))$ とする.ただし,これらの式の確率計算はすべて H_0 の下で行う.

先の例に対して 3 つの方法で P-値を求めると,a) の方法では,$P(x \geq 16) = P(x=16) + \cdots + P(x=20) = 0.0509$ であるため,P-値はその 2 倍の 0.1019,b) の方法では,$P(|x-12| \geq |16-12|) = P(x=0) + \cdots + P(x=8) + P(x=16) + \cdots + P(x=20) = 0.1075$,c) の方式では,確率が $P(x=16) = 0.03499$ と等しいか小さい $x = 0, 1, \ldots, 7, 16, \ldots, 20$ に対する確率の合計で,$P(x\,|\,P(x) \leq P(x=16)) = P(x=0) + \cdots + P(x=7) + P(x=16) + \cdots + P(x=20) = 0.0720$ となる.有意水準 10% の両側検定を行う場合,a),b) では有意ではないが,c) では有意となる.

§ 4.4 2 標本問題:2 つの母集団の母数に関する検定

4.4.1 母平均の差の検定

この項では 2 つの正規分布の母平均 (μ_1, μ_2) に差があるかどうかを検討する問題を扱う.

> **例 6** ラットにたんぱく質を含んだ餌を与えて体重がどの程度増加するかを調べる実験が行われた.L (beef.L),H (beef.H),C (cereal) はそれぞれビーフ低水準,ビーフ高水準,穀類である.これら 3 種類の餌によって効果は異なるだろうか.
>
> | L | 90 | 76 | 90 | 64 | 86 | 51 | 72 | 90 | 95 | 78 |
> |---|---|---|---|---|---|---|---|---|---|---|
> | H | 73 | 102 | 118 | 104 | 81 | 107 | 100 | 87 | 117 | 111 |
> | C | 116 | 68 | 32 | 142 | 110 | 56 | 94 | 64 | 92 | 104 |

それぞれの餌を与えられたラットの母集団を簡単に L, H, C とよぶことにする．まず，ラットの体重増加量の分布を知るため観測値に対して箱ひげ図を描いてみる（図 4.3）．L と H でわずかに非対称性が見られ，C は L と H より散らばりが大きい傾向が見られる．

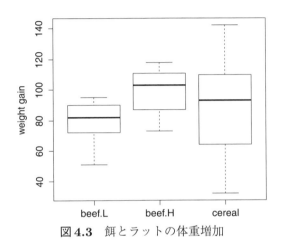

図 4.3　餌とラットの体重増加

この例題は 3 つの標本の比較が課題となっている．それに対する解答は第 5 章にゆずり，ここでは 2 標本の比較，すなわち，ビーフの水準（L と H）による違いに焦点をあてて検討する．ただし，L, H からの標本 $x_1,\ldots,x_m$ および $y_1,\ldots,y_n$ は，いずれも正規分布に従うものとみなす．

図 4.3 を見ると L より H のほうが大きな値をとっているが，この差は偶然変動の範囲を超えているだろうか．L と H の標本平均 $\bar{x}=\sum x_i/m$ と $\bar{y}=\sum y_j/n$ を利用し，まず，母分散が既知の場合について説明する．

母分散が既知の場合

L と H からの標本 $x_1,\ldots,x_m$ と $y_1,\ldots,y_n$ が母分散の等しい正規分布 $N(\mu_1,\sigma^2)$, $N(\mu_2,\sigma^2)$ に従うとき，標本平均 $\bar{x}\sim N(\mu_1,\sigma^2/m)$ と $\bar{y}\sim N(\mu_2,\sigma^2/n)$ の差 $d=\bar{x}-\bar{y}$ も正規分布に従うことを利用する．L, H からの標本は独立な 2 標本と考えられるので，2.8.2 項で説明したように d の平均は $E[d]=\delta=\mu_1-\mu_2$，分散は $V[d]=\sigma^2/m+\sigma^2/n=\sigma^2(1/m+1/n)$ となる．$\bar{x}$ と $\bar{y}$ は独立なので，共分散はゼロとなり，$V[d]$ の式には現れない．

帰無仮説 $H_0: \delta = 0$ の下では，d の分布は $d \sim N(0, \{(1/m) + (1/n)\}\sigma^2)$ となり，有意水準 5% の棄却域は次の式で与えられる．

両側対立仮説 ($H_1: \delta \neq 0$) の場合 　　$|d| \geq 1.96\sqrt{\dfrac{1}{m} + \dfrac{1}{n}}\,\sigma$

なお，母分散が既知の場合には，それぞれの母分散が等しくなくても d を利用して検定を行うことができる．すなわち，x の母分散を σ_1^2，y の母分散を σ_2^2 とすると，標本平均の分布は $\bar{x} \sim N(\mu_1, \sigma_1^2/m)$ および $\bar{y} \sim N(\mu_2, \sigma_2^2/n)$ となり，これらが独立であることより，d の分散は $(\sigma_1^2/m) + (\sigma_2^2/n)$ となる．したがって，たとえば両側対立仮説の棄却域（有意水準 5%）は次のように定められる．

$$|d| \geq 1.96\sqrt{\frac{\sigma_1^2}{m} + \frac{\sigma_2^2}{n}} \tag{4.4.1}$$

母分散が未知で等しい場合

母分散 σ^2 が既知の場合，d を標準化した z は標準正規分布に従い，母分散が未知の場合，母分散の推定量 $\hat{\sigma}^2$ を σ^2 に代用した t は自由度 $m+n-2$ の t 分布に従う．

$$z = \frac{\bar{x} - \bar{y}}{\sqrt{\frac{1}{m} + \frac{1}{n}}\,\sigma} \sim N(0, 1) \quad \longleftrightarrow \quad t = \frac{\bar{x} - \bar{y}}{\sqrt{\frac{1}{m} + \frac{1}{n}}\,\hat{\sigma}} \sim t(m+n-2) \tag{4.4.2}$$

ここで，共通の分散 $\hat{\sigma}^2$ の推定には x, y の不偏分散をそれぞれの自由度を重みとした加重平均，すなわち，$\hat{\sigma}_1^2 = \sum(x_i - \bar{x})^2/(m-1)$，$\hat{\sigma}_2^2 = \sum(y_j - \bar{y})^2/(n-1)$ として，

$$\hat{\sigma}^2 = \frac{(m-1)\hat{\sigma}_1^2 + (n-1)\hat{\sigma}_2^2}{(m-1)+(n-1)} = \frac{\sum(x_i - \bar{x})^2 + \sum(y_j - \bar{y})^2}{m+n-2}$$

の形で求めた推定量（プールした分散）を用いる．

例 6 のラットの餌の例では，$\bar{x} - \bar{y} = 79.2 - 100.0 = -20.8$ である．また，$\hat{\sigma}_1^2 = 192.84$ と $\hat{\sigma}_2^2 = 229.11$ から $\hat{\sigma}^2 = 9(192.84 + 229.11)/18 = 210.975, \hat{\sigma} = 14.525$ となる．これより t-値は $t = -20.8/(\sqrt{2/10} \times 14.525) = -3.202$ と求められる．

有意水準5%の両側検定では，$|t|$を自由度18のt分布表から得られる$t_{0.025}(18) = 2.101$と比較して，"体重を増加させる効果に差がない"という仮説は棄却できる．P-値は$P(|t| \geq 3.202) = 0.0049$だから，観測された結果は1%水準で有意といえる．参考までに3.5.1項の方法で母平均の差の95%信頼区間を求めると次のようになる．

$$\bar{x} - \bar{y} \pm t_{0.025}(m+n-2)\sqrt{\frac{1}{m} + \frac{1}{n}}\hat{\sigma}$$
$$= -20.8 \pm 2.101 \times 14.525\sqrt{\frac{1}{10} + \frac{1}{10}}$$
$$= -20.8 \pm 2.101 \times 6.5$$
$$= [-34.5, -7.1]$$

母分散が未知で等しくない場合

現実の観測値では母分散の推定値が一致することはない．もし推定値の差が大きく，母分散σ_1^2とσ_2^2が等しいと想定することに無理がある場合には，次のようにtを定義する．

$$t = \frac{\bar{x} - \bar{y}}{\sqrt{\frac{\hat{\sigma}_1^2}{m} + \frac{\hat{\sigma}_2^2}{n}}} \tag{4.4.3}$$

このtは帰無仮説の下で「近似的に」次の自由度fをもつt分布に従うことが知られている．fは整数とは限らない．t分布表のパーセント点を利用し，補間法を利用して求める（7.5.2項参照）．

$$f = \frac{(g_1 + g_2)^2}{g_1^2/(m-1) + g_2^2/(n-1)} \qquad \text{ただし，} g_1 = \frac{\hat{\sigma}_1^2}{m}, \quad g_2 = \frac{\hat{\sigma}_2^2}{n}$$

式(4.4.3)のtを用いる方法は**ウェルチの検定**(Welch's test)とよばれる．

母分散が未知のときは$\sigma_1^2 = \sigma_2^2$が成り立つかどうかで検定方法が異なり，どちらを使うかの判断が必要となる．その判断のためにはしばしば4.4.3項の母分散の比の検定が利用される．等分散の帰無仮説が棄却されないことが必ずしも等しいことを意味するわけではないが，t検定には，母分散が少しくらい異なっていても検定の有意水準や検出力があまり影響を受けない頑健

性 (robustness) という性質があり，等分散の検定で棄却されない程度の違いであれば許容されるという考え方である．

なお上述のとおり，母分散が大きく異なる2つの標本で母平均を比較することに意味があるかどうかを確認することは重要であり，そのためには箱ひげ図などを用いた探索的分析が効果的である．

4.4.2 対応のある2標本の場合

前項では2つの母集団から得られた独立な2標本に基づいて母平均の差を検定する問題を扱った．

これに対して，例2では処方前後に同じ人の体重を測定しており，各標本の対（処方前の体重，1か月後の体重）$= (x_i, y_i)$ $(i = 1, \ldots, n)$ として与えられる点が異なっている．このような場合を**対応のある2標本** (two related samples) または**対標本** (paired samples) とよぶ．対をつくることによって処理効果を個体間の差から分離して判断できる点で優れた方法とされる．同一の個体の観測値 (x, y) の間には正の相関があるとすれば，その差 $d = y - x$ の分散は $\sigma_d^2 = \sigma_x^2 + \sigma_y^2 - 2\sigma_{xy}$ となり，独立な2標本の場合の $d = y - x$ の分散 $\sigma_x^2 + \sigma_y^2$ より小さくなることからも，対をつくることの有効性がわかる．この問題では効果を示す体重の変化である差 $d_i = y_i - x_i$ を考えると，処方前後の平均の差に関する検定の問題は1標本 $\{d_i, i = 1, \ldots, n\}$ の母平均に関する検定の問題に帰着される．すなわち x, y の母平均をそれぞれ μ_1, μ_2 とするとき，帰無仮説 $H_0: \mu_1 = \mu_2$ の下で，d は平均 $\mu_d = 0$，分散 σ_d^2 の正規分布に従うので，母集団が1つの場合の t 検定を適用すればよい．$\bar{d} = \sum_{i=1}^{n} d_i/n$, $\hat{\sigma}_d^2 = \sum_{i=1}^{n}(d_i - \bar{d})^2/(n-1)$ を用いて $t = \sqrt{n}\bar{d}/\hat{\sigma}_d$ とすると，これは帰無仮説 $H_0: \mu_d = 0$ の下で自由度 $n-1$ の t 分布に従う．

例2では「体重を減少させる効果」を検証したいので，片側対立仮説を採用する．データから $\hat{\sigma}_d = 3.010$ が得られるから，$\bar{d}$ の標準誤差は $\hat{\sigma}_d/\sqrt{n} = 3.010/\sqrt{10} = 0.9517$ である．t-値を計算すると，$t = \sqrt{n}\bar{d}/\hat{\sigma}_d = -2.42/0.9517 = -2.54$ となる．自由度 $n-1 = 9$ の t 分布の下側 5% 点は $t_{0.95}(9) = -1.83$ であり，帰無仮説は棄却される．

片側検定の P-値は H_0 の下で観測された値より小さい値が発生する確率であり，今の例では $P(t \leq -2.54) = 0.016$ となる．この結果から，ダイ

エットの有効性にはある程度の根拠があるといえる.

対応のある2標本の場合に,間違えて独立な2標本の検定を用いてはいけない. このことは,3.5.2項で示した対応のある2標本に対する区間推定の場合と同じである. 例2において, x (diet.w), y (diet.w2) に対して式 (4.4.2) の t-値を計算すると $t = -0.652$ が得られる. 自由度は 18 であり, P-値は 0.2613 となり, 効果は見られない. その理由は x と y の相関係数が 0.950 と高く, ダイエットの効果が体重の個人差に隠されるためである. このことは処方前後の体重を用いた散布図を描いて確認することができる.

4.4.3 母分散の比の検定

2つの母集団の母分散の大きさが異なるか否かは 3.5.3 項で説明した統計量を利用する. 3.5.3 項と同様に,2つの母集団からの標本が $x_i \sim N(\mu_x, \sigma_x^2)\,(i=1,\ldots,m)$, $y_j \sim N(\mu_y, \sigma_y^2)\,(j=1,\ldots,n)$ を満たすとする. 母分散が等しいという帰無仮説 $H_0 : \sigma_x^2 = \sigma_y^2$ は $H_0 : \sigma_y^2/\sigma_x^2 = 1.0$ と同値である. 今, 対立仮説 $H_1 : \sigma_x^2 \neq \sigma_y^2$ という両側検定を考えると, σ_y^2/σ_x^2 の値がどのくらい 1.0 より離れているかにより判断することができる. 帰無仮説の下で

$$F = \frac{\hat{\sigma}_x^2}{\sigma_x^2} \cdot \frac{\sigma_y^2}{\hat{\sigma}_y^2} = \frac{\hat{\sigma}_x^2}{\hat{\sigma}_y^2} \sim F(m-1, n-1)$$

であるので, この検定統計量(F 統計量)を利用して,有意水準 $100\alpha\%$ の両側検定の場合には,自由度 $(m-1, n-1)$ の F 分布の上側 $100\alpha/2\%$ 点 $F_{\alpha/2}(m-1, n-1)$ と下側 $100\alpha/2\%$ 点(上側 $100(1-\alpha/2)\%$ 点)$F_{1-\alpha/2}(m-1, n-1)$ と, F 統計量の実現値(F-値)とを比べ

$$F_{1-\alpha/2}(m-1, n-1) \leq F \leq F_{\alpha/2}(m-1, n-1) \tag{4.4.4}$$

であれば,帰無仮説を受容し,そうでないときは棄却すればよい. より簡単な検定手順としては,不偏分散 $\hat{\sigma}_x^2$ と $\hat{\sigma}_y^2$ のうち大きいほうを小さいほうで割った量を検定統計量 F として, $F > F_{\alpha/2}(\phi_1, \phi_2)$ ならば H_0 を棄却するという方式がある. ただし, ϕ_1 は分子の, ϕ_2 は分母の不偏分散の自由度を表す.

3.5.3 項で考察した例では,既製品から 16 個の製品を抜き取った重さの分散の推定値は $\hat{\sigma}_x^2 = 6$ であり,新製品から 11 個の製品を抜き取った重

さの分散の推定値は $\hat{\sigma}_y^2 = 3$ であった．このことより，分散の比（F-値）$F = 6/3 = 2$ が計算できる．有意水準10%で検定を行うと，自由度 $(15, 10)$ の上側5%点は $F_{0.05}(15, 10) = 2.845$ であり，上側の95%点は，自由度 $(10, 15)$ の F 分布の上側5%点 $F_{0.05}(10, 15) = 2.544$ の逆数として得られることから，$1/2.544 \fallingdotseq 0.393$ である．したがって，式 (4.4.4) は $0.393 \leq F \leq 2.845$ となる．つまり，$F = 2$ は区間 $[0.393, 2.845]$ に含まれているので，有意水準10%で帰無仮説は棄却できない．3.5.3項で求めた σ_y^2/σ_x^2 の信頼係数90%の信頼区間は $[0.197, 1.422]$ であり，1.0を含んでいるので，この結果からも有意水準10%で帰無仮説は棄却できないと判断できる．

4.4.4　母比率の差の検定

最後に母比率の差の検定について説明する．

> **例7**　次の表は無作為に抽出した若年男性480人の労働時間に関する調査結果の一部で，パートタイム等も含めて過去1か月以内の労働時間の長さに従って分類している．この結果から年代によって労働時間に差があると考えられるだろうか．
>
> | | 長時間 | 短時間 | 計 |
> |--------|-------|-------|-----|
> | 25–29歳 | 116 | 76 | 192 |
> | 30–34歳 | 244 | 44 | 288 |
> | 計（人） | 360 | 120 | 480 |

若年男性が長時間働く比率は25–29歳で $116/192 = 0.6042$，30–34歳で $244/288 = 0.8472$ となっている．これらの比率には年代によってかなりの差があるが，各年齢階層に属する192人および288人の調査から2つの母集団の比率が異なるといえるか否かを検定する．

この例では，各年齢層で長時間働く人の数 x は，母比率 p を母数とする二項分布 $B(n, p)$ に従う．2つの母集団からの標本に基づいて，帰無仮説 $H_0 : p_1 = p_2$ を検定する手順は次のとおりである．n_1, n_2 がいずれも大きいとき，それぞれの標本比率 $\hat{p}_i = x_i/n_i$ は近似的に正規分布

$N(p_i, p_i(1-p_i)/n_i)$ に従うので，それらの差も正規分布となる．

$$\hat{p}_1 - \hat{p}_2 \sim N\Big(p_1 - p_2, \frac{p_1(1-p_1)}{n_1} + \frac{p_2(1-p_2)}{n_2}\Big) \qquad (4.4.5)$$

通常は次の z が近似的に標準正規分布に従うことを利用して仮説の検定を行う．

$$z = \frac{(\hat{p}_1 - \hat{p}_2) - (p_1 - p_2)}{\sqrt{\dfrac{\hat{p}_1(1-\hat{p}_1)}{n_1} + \dfrac{\hat{p}_2(1-\hat{p}_2)}{n_2}}} \qquad (4.4.6)$$

この式の分母は，式 (4.4.5) の分散に含まれている未知の p_1, p_2 を $\hat{p}_1, \hat{p}_2$ で置き換えたものである．この手順は大きな n_1, n_2 に対しては大数の法則によって正当化される．

帰無仮説 $H_0 : p_1 = p_2$ の下では，式 (4.4.6) の分子は $\hat{p}_1 - \hat{p}_2$ である．この形の検定は，より一般的な帰無仮説 $H_0 : p_1 = p_2 + \delta$ に対しても，式 (4.4.6) の分子を $(\hat{p}_1 - \hat{p}_2) - \delta$ に代えるだけで利用できる．

例 7 の長時間労働の比率では $\hat{p}_1 = 0.6042$, $\hat{p}_2 = 0.8472$, $n_1 = 192$, $n_2 = 288$ となり，式 (4.4.6) にこれらの値を代入して $z = (0.6042 - 0.8472)/0.0412 = -5.90$ が得られる．$|z| = 5.90 > z_{0.005} = 2.576$ であるため，有意水準 1% で帰無仮説は棄却される．両側対立仮説に関する P-値は $P(|z| \geq 5.90) = 3.6 \times 10^{-9}$ と極めて小さい．

なお，式 (4.4.6) の分母を次のように修正した統計量を用いることもある．

$$z = \frac{\hat{p}_1 - \hat{p}_2}{\sqrt{\hat{p}^*(1-\hat{p}^*)(1/n_1 + 1/n_2)}} \qquad \text{ただし，} \quad \hat{p}^* = \frac{x_1 + x_2}{n_1 + n_2} \qquad (4.4.7)$$

労働時間の比率をこの式に代入すると，分母の標準偏差は 0.0412 から 0.0403 へ変化し，$z = -6.03$ と若干変化するが，結論はほとんど変わらない．

■■■ 練習問題

問 4.1 ある双子の兄弟は互いの心を読むことができるという．このことを確かめるために，心理学者は 2 人を別室に入れて，1 人に対して赤と白のカードを見せ，もう 1 人にその色を答えさせるという実験を行ったところ，色を当てたのは 20 回中 15 回であった．適切な帰無仮説と対立仮説を提示して有意水準 5% で検定せよ．

問 4.2 Michaelson–Morley による光速の測定値の例（第 3 章の例 7）では，実験当時に信じられていた光速は 299990 km/s であり，現在知られている光速は 299792.458 km/s である．それぞれを帰無仮説として有意水準 5% で検定せよ（仮説は $H_0 : \mu = 990$ または $H_0 : \mu = 792$ として行うこと）．

問 4.3 ある大学では新入生を対象とする英語の試験を毎年行っている．例年の成績は平均 500 点，標準偏差 100 点の正規分布 $N(500, 100^2)$ に従っているものとする．

(1) あるクラスで新入生 40 名の平均点が $\bar{x} = 485$ となった場合，新入生全体でも英語力が低下したと判断できるか，有意水準 5% で検定せよ．
(2) 特定のクラスの平均点を利用した推論は適切ではない可能性がある．無作為に新入生 40 名を選ぶことと比較して，注意点を述べよ．

問 4.4　ある製品の特性 x は，技術的に管理される平均 μ と，一定の標準偏差 $\sigma = 10$ をもつ正規分布に従うことが知られている．ある日に製造された製品から無作為に $n = 16$ 個を抽出して検査したところ，その平均は $\bar{x} = 207$ であった．

(1)　この日に製造された製品が標準的な規格 $\mu = 200$ を満たしているかどうか，有意水準 5% で検定せよ．

(2)　この日の製品全体の母平均 μ について信頼係数 95% の信頼区間を求めよ．

(3)　σ は未知で，標本から計算された不偏分散が $\hat{\sigma}^2 = 100$ とする．このとき，帰無仮説 $H_0 : \mu = 200$ を有意水準 5% で検定せよ．また，母平均 μ について信頼係数 95% の信頼区間を求めよ．

問 4.5　ある教育方法を比較するために生徒を無作為に n_1 人，n_2 人の 2 つの組に分け，1 学期間教えた後で共通試験を実施した結果，各組の平均点は $\bar{x}_1, \bar{x}_2$ となった．$x_1 \sim N(\mu_1, \sigma^2)$, $x_2 \sim N(\mu_2, \sigma^2)$ と仮定して，母平均の差 ($\delta = \mu_1 - \mu_2$) に関する帰無仮説 $H_0 : \delta = 0$ を検定したい．

(1)　帰無仮説 H_0 が真のとき，$d = \bar{x}_1 - \bar{x}_2$ の期待値と分散を数式で表現せよ．

(2)　σ^2 が既知の場合，δ の信頼係数 95% の信頼区間を一般的な数式で表現せよ．

(3)　$n_1 = n_2 = 20$, $\sigma^2 = 40 \doteq 6.32^2$, $\bar{x}_1 = 65.0$, $\bar{x}_2 = 70.0$ のとき，帰無仮説 H_0 を有意水準 5% で検定せよ．なお，対立仮説を明記すること．

問 4.6 第3章の練習問題3.5のデータについて，以下の分析を行え．

(1) 共通試験は標準偏差が20点となるように設計されているという．この主張を，教材 E_1, E_2 を用いた2つの標本のそれぞれに対して確認するために，$H_0 : \sigma^2 = 20^2$ という帰無仮説を有意水準5%で検定せよ．

(2) 教材 E_1, E_2 を用いた場合の得点の平均 μ_1, μ_2 が等しいという仮説を，それぞれ $n = 150$ の独立した観測値が与えられたものとして，有意水準5%で検定せよ．

(3) 各教員の担当したクラスの差 d_i が正規分布 $N(\delta, \sigma^2)$ に従うという仮定の下で，前問の帰無仮説を検定せよ．有意水準は5%とする．

第 5 章

線形モデル分析

―この章での目標 ―――――――――
　　　　線形回帰モデルの分析と分散分析の理解

■ 回帰モデルとそれに基づく推測の考え方を理解する
■ 線形単回帰モデルと回帰係数を理解する
■ 線形重回帰モデルと回帰係数（偏回帰係数）を理解する
■ 2 標本から多標本，1 因子から 2 因子への拡張の考え方を理解する
■ 分散分析の考え方と分散分析表を理解する

■■■ 高度な統計学との関係

・線形モデルの拡張やモデルの条件緩和に発展する
　コクランの定理とその応用　→　7.3 節
　多重比較の扱い　→　7.4 節

第5章 線形モデル分析

```
┌─ 線形単回帰モデルと線形重回帰モデル ──────────┐
│ ・回帰モデルを通して数理モデルの考え方を理解する      │
│ ・回帰モデルとそれに基づく推測の考え方を理解する      │
└────────────────────────────┘
```
▶§5.1 線形回帰モデル

```
┌─ 線形単回帰モデルと回帰係数 ──────────────┐
│ ・回帰係数の区間推定・仮説検定を理解する          │
│ ・平均への回帰について正しく理解する            │
└────────────────────────────┘
```

 単回帰モデルから重回帰モデルに拡張

```
┌─ 線形重回帰モデルと回帰係数(偏回帰係数) ────────┐
│ ・決定係数と自由度調整済み決定係数を理解する        │
│ ・回帰係数(偏回帰係数)の区間推定・仮説検定を理解する  │
│ ・複数のモデルに対するモデル選択の考え方を理解する     │
└────────────────────────────┘
```

```
┌─ 分散分析と分散分析表 ──────────────────┐
│ ・2標本から多標本,1因子から2因子への拡張の考え方を  │
│  理解する                          │
│ ・分散分析の考え方と分散分析表で示された内容を理解する  │
│ ・実験計画(モデル)と分散分析の関係を理解する       │
└────────────────────────────┘
```
▶§5.2 分散分析モデル

§5.1 線形回帰モデル

1.6.4項では，賃貸マンションデータについて，部屋の大きさを x, 家賃を y とおき，その間に
$$y = \alpha + \beta x$$
という直線関係を考え，部屋の大きさ x から家賃 y を予測した．この直線を**回帰直線**, α と β を**回帰係数**とよび[*]，回帰係数の推定値 $\hat{\alpha}, \hat{\beta}$ を**最小二乗法** (least squares method) により求めた．

これらの回帰係数に関する区間推定や検定を行うためには，単に回帰直線を求めるのではなく，確率変数を含む**線形回帰モデル**を考えた上で考察する必要がある．まずはこれについて説明する．

5.1.1 線形単回帰モデル

賃貸マンションデータで考察したように，同じ部屋の大きさでも家賃に差があり，部屋の大きさのみで説明できない誤差が生じる．そこで，家賃 y を部屋の大きさ x と誤差項 ϵ を用いて説明するモデルを想定する．一般に，y_i の期待値は x_i の関数 $E[y_i \mid x_i] = f(x_i)$ で表され，誤差項 ϵ_i は互いに独立で，正規分布 $N(0, \sigma^2)$ に従うとする．これを式で表すと，
$$y_i = f(x_i) + \epsilon_i, \quad \epsilon_i \sim N(0, \sigma^2) \quad (i = 1, \ldots, n)$$
となる．このモデルで，説明する変数 x を**説明変数** (explanatory variable)（**独立変数**，**予測変数**，**共変量**など）といい，説明される変数 y を**応答変数** (response variable)（**目的変数**，**被説明変数**，**従属変数**，**基準変数**など）という．最も基本的なモデルとして $f(x)$ が x の1次式で表される
$$y_i = \alpha + \beta x_i + \epsilon_i, \quad \epsilon_i \sim N(0, \sigma^2) \quad (i = 1, \ldots, n) \tag{5.1.1}$$
を**線形単回帰モデル** (simple linear regression model) とよぶ．部屋の大きさのみで家賃を予測するモデルであるが，築年数や駅からの近さなども家賃

---

[*] 詳しくは α は切片 (intercept) とよぶが，常に値1をとる説明変数 w を考えると，$y = \alpha w + \beta x$ とも表され，w に対する係数となるので α, β を合わせて回帰係数とよんでおく．

を決定する要素となりうるため，2つ以上の説明変数を考えることもある．そのような場合は**線形重回帰モデル** (multiple linear regression model) とよぶ[*]．重回帰モデルについては5.1.5項で扱う．このように，応答変数を1つまたは複数の説明変数によってどの程度説明できるかを定量的に分析する手法を**回帰分析** (regression analysis) という．

標準的な仮定では応答変数 y は確率的に変動するが，説明変数 x はあらかじめ選ばれて固定された値とされる．この仮定を緩め x も確率的に変動するとしてもよい．その場合，説明変数 x を与えたときの y の条件つき期待値は $E[y\,|\,x] = \alpha + \beta x$，分散は $V[y\,|\,x] = \sigma^2$ で，誤差項は互いに独立であり，x とは独立に正規分布に従うと仮定する．たとえば，無作為に抽出した n 世帯に関して，今月の収入 x と消費支出 y との関係を表す消費関数 $y = \alpha + \beta x$ を回帰分析を用いて推定するときは (x, y) が両方とも確率的に変動するが，この場合でも標準的な回帰分析モデルに基づく分析の結果が利用できる．

5.1.2　回帰係数の区間推定

最小二乗法により求められる回帰係数 β の推定量 $\hat{\beta}$（式 (1.6.6)）は $\hat{\beta} = T_{xy}/T_{xx}$ と書き直すことができる．ただし，$T_{xy} = \sum_{i=1}^{n}(x_i - \bar{x})(y_i - \bar{y})$ は x と y の偏差の積和，$T_{xx} = \sum_{i=1}^{n}(x_i - \bar{x})^2$ は x の偏差平方和である．なお，y の偏差平方和も T_{yy} という記号で表すことにする．

単回帰モデルの下では，最小二乗法によって得られた $\hat{\beta}$ は確率変数であり，β の不偏推定量である．このことを確かめるために $T_{xy} = \sum_{i=1}^{n}(x_i - \bar{x})y_i$ および $\sum_{i=1}^{n}(x_i - \bar{x}) = 0$ という性質を利用し，y_i に $\alpha + \beta x_i + \epsilon_i$ を代入して整理すると

$$T_{xy} = \sum_{i=1}^{n}(x_i - \bar{x})(\alpha + \beta x_i + \epsilon_i) = \beta \sum_{i=1}^{n}(x_i - \bar{x})x_i + \sum_{i=1}^{n}(x_i - \bar{x})\epsilon_i$$

が得られる．最後の式の第2項に確率変数 ϵ_i が現れていることから，$\hat{\beta}$ が確率変数であることがわかる．さらに $w_i = (x_i - \bar{x})/T_{xx}$ と表すと，$\hat{\beta} = \beta + \sum_{i=1}^{n} w_i \epsilon_i$ という表現が得られる[**]．この形から，正規分布に従う

---

[*] 以後，特に問題がない限り，線形単回帰モデルを単回帰モデル，また線形重回帰モデルを重回帰モデルと表す．

[**] 回帰係数の推定量が母回帰係数＋誤差項の1次式で表されるのが，重回帰も含めた線形

ϵ_i の 1 次式である $\hat{\beta}$ も正規分布に従うことが導かれる．さらにその期待値と分散は次の式で評価される．

$$E[\hat{\beta}] = \beta + \sum_{i=1}^{n} w_i E[\epsilon_i] = \beta \tag{5.1.2}$$

$$V[\hat{\beta}] = \sum_{i=1}^{n} w_i^2 V[\epsilon_i] = \left(\sum_{i=1}^{n} w_i^2\right) \sigma^2 = \frac{\sigma^2}{T_{xx}} \tag{5.1.3}$$

式 (5.1.2) は $\hat{\beta}$ が β の不偏推定量であることを示している．以上をまとめると次の表現が得られる．

$$\hat{\beta} = \frac{T_{xy}}{T_{xx}} \sim N(\beta, \sigma^2/T_{xx}) \tag{5.1.4}$$

誤差項 ϵ_i の分散 σ^2 を推定するには，まず各観測値 y_i $(i = 1, \ldots, n)$ に対応して，y_i の予測値 $\hat{y}_i = \hat{\alpha} + \hat{\beta} x_i = \bar{y} + \hat{\beta}(x_i - \bar{x})$ と残差 $e_i = y_i - \hat{y}_i$ を求める．残差 e_i は誤差 ϵ_i に近いと考えれば，これから $V[\epsilon] = \sigma^2$ を推定できることが理解できる．証明は省略するが，次の $\hat{\sigma}^2$ が σ^2 の不偏推定量となる．

$$\hat{\sigma}^2 = \frac{1}{n-2} \sum_{i=1}^{n} e_i^2 = \frac{1}{n-2} \sum_{i=1}^{n} (y_i - \hat{y}_i)^2 \tag{5.1.5}$$

次の式 (5.1.6) で対比されるように，z の式に現れる未知の σ^2 を $\hat{\sigma}^2$ で置き換えた統計量 t は自由度 $n-2$ の t 分布に従うことが導かれる．

$$z = \frac{\hat{\beta} - \beta}{\sigma/\sqrt{T_{xx}}} \sim N(0,1) \quad \longleftrightarrow \quad t = \frac{\hat{\beta} - \beta}{\hat{\sigma}/\sqrt{T_{xx}}} \sim t(n-2) \tag{5.1.6}$$

$\hat{\beta}$ の信頼区間は式 (5.1.6) の統計量 t を利用して構成される．具体的には自由度 $n-2$ の t 分布から上側 $100\alpha/2$% 点 $t_{\alpha/2}(n-2)$ を求めれば $P(|t| \leq t_{\alpha/2}(n-2)) = 1 - \alpha$ となるから，次の信頼区間が得られる．

$$\hat{\beta} - t_{\alpha/2}(n-2) \frac{\hat{\sigma}}{\sqrt{T_{xx}}} \leq \beta \leq \hat{\beta} + t_{\alpha/2}(n-2) \frac{\hat{\sigma}}{\sqrt{T_{xx}}} \tag{5.1.7}$$

回帰モデルの特徴である．この特徴が満たされるために重要なことは，モデルが未知パラメータ α, β に関して線形であることであって，説明変数に関して線形であることではない．説明変数 x の部分は x^2 や $\log x$ であってもよく，1 次式に限る必要はない．

式 (5.1.3) より標準誤差 $\mathrm{se}(\hat{\beta}) = \hat{\sigma}/\sqrt{T_{xx}}$ であるため，この記号を用いた次の表現が簡明である．

$$\hat{\beta} - t_{\alpha/2}(n-2)\,\mathrm{se}(\hat{\beta}) \leq \beta \leq \hat{\beta} + t_{\alpha/2}(n-2)\,\mathrm{se}(\hat{\beta}) \tag{5.1.8}$$

なお分散 $\hat{\sigma}^2$ の推定に現れる残差平方和は，次の式を利用して計算することができる．電卓などで計算する際に便利な式なので覚えておくとよい．

$$\sum_{i=1}^{n}(y_i - \hat{y}_i)^2 = T_{yy} - \hat{\beta}\,T_{xy} \tag{5.1.9}$$

〔例題〕 親子の身長のデータ（3.5.2 項の例 11）の回帰分析

3.5.2 項の例 11 に示した 20 組（男子大学生とその父親）のデータに対して，父親の身長 x から男子学生の身長 y を予測するための回帰分析を行う．必要な統計量の値は次のとおりである．

$$\bar{x} = 166.45 \qquad \bar{y} = 171.65$$
$$\hat{\sigma}_x^2 = 48.682^* \quad \hat{\sigma}_{xy} = 13.376^* \quad (\hat{\sigma}_y^2 = 34.766^*)$$

これから次の推定値が得られる．

$$\hat{\beta} = \frac{\hat{\sigma}_{xy}}{\hat{\sigma}_x^2} = \frac{13.376}{48.682} = 0.2748,$$
$$\hat{\alpha} = \bar{y} - \hat{\beta}\bar{x} = 171.65 - 0.2748 \times 166.45 = 125.9$$

つまり，推定された回帰式は"息子の身長 $= 125.9 + 0.2748 \times$ 父親の身長"である．このとき，誤差分散 σ^2 の推定値は，

$$\hat{\sigma}^2 = \frac{19}{20-2}(34.766 - 0.2748 \times 13.376) = 32.816$$

となり，$\hat{\beta}$ の分散の推定値（標準誤差の 2 乗）は，$T_{xx} = (n-1)\hat{\sigma}_x^2$ を用いて

$$\mathrm{se}(\hat{\beta})^2 = \frac{\hat{\sigma}^2}{19 \times \hat{\sigma}_x^2} = \frac{32.816}{19 \times 48.682} = 0.03548 = 0.1884^2$$

---

[*] 標本 (x_i, y_i), $i = 1, \ldots, n$ に基づく，$\hat{\sigma}_x^2 = \sum(x_i - \bar{x})^2/(n-1)$ は x の分散 $\sigma_x^2 = E[(x - \mu_x)^2]$ に対する不偏推定量，$\hat{\sigma}_y^2$ も同様である．また，$\hat{\sigma}_{xy} = \sum(x_i - \bar{x})(y_i - \bar{y})/(n-1)$ は x と y の共分散 $\sigma_{xy} = E[(x - \mu_x)(y - \mu_y)]$ に対する不偏推定量である．推測統計では通常これらの推定量が利用される．

と求められる．以上の準備から β の 95% 信頼区間は自由度 18 の t 分布の上側 2.5% 点 $t_{0.025}(18) = 2.10$ を用いて次のように求められる．

$$\hat{\beta} \pm t_{0.025}(18)\,\mathrm{se}(\hat{\beta}) = 0.2748 \pm 2.10 \times 0.1884 = [-0.12, 0.67]$$

次の枠の中は R を用いて回帰分析を実行して得られた出力から，この節の説明に関係する部分を抜き出したものである．このように，多くの統計解析ソフトウェアでは推定値 $\hat{\beta} = 0.2748$ とともに標準誤差 $\mathrm{se}(\hat{\beta}) = 0.1884$ が出力される．

```
lm(formula = son ~ father)
Coefficients:
            Estimate Std. Error t value Pr(>|t|)
(Intercept) 125.9143    31.3791   4.013 0.000816
father        0.2748     0.1884   1.459 0.161867

Residual standard error: 5.729 on 18 degrees of freedom
Multiple R-squared: 0.1057,     Adjusted R-squared: 0.05604
```

この出力で，`Estimate` の列は回帰係数の推定値（推定量の実現値）$\hat{\alpha}$ と $\hat{\beta}$，`Std. Error` の列は各回帰係数の推定量の標準誤差である．`t value` と `Pr(>|t|)` については，次の回帰係数に関する検定の項で説明する．

下の 2 行にある，`Residual standard error` は誤差項の標準偏差の推定値 $\hat{\sigma}$，自由度は 18，`Multiple R-squared` は決定係数 R^2 であり，単回帰の場合は x と y の相関係数の 2 乗に等しい．この例では説明変数 x は応答変数 y の変動の約 10% (0.1057) しか説明していないという結果である．

5.1.3 回帰係数に関する検定

単回帰モデルでは，係数 β について $H_0 : \beta = \beta_0$（β_0 は既知かつ定数）という帰無仮説の検定がよく利用される．経済分析における所得に対する消費を示した消費関数を例にとると，傾き β は限界消費性向とよばれる重要な指標である．経済学では，最近時点の β が石油危機以前の値であった $\beta_0 = 0.78$ から変化しているか，という問題は興味深い分析対象である．

説明変数 x が応答変数 y の変化に "影響を与えない" という帰無仮説 $H_0 : \beta = 0$ の検定に強い関心がもたれるが，これは上の一般的な仮説で $\beta_0 = 0$ と考えればよい．一般の仮説 $H_0 : \beta = \beta_0$ を検定するには式 (5.1.6)

の t 統計量の実現値 (t-値),すなわち $t = \dfrac{\hat{\beta} - \beta_0}{\hat{\sigma}/\sqrt{T_{xx}}}$ を求めて,自由度 $n-2$ の t 分布のパーセント点と比較すればよい.

〔例題〕 ダイエットデータ (4.2 節の例 2) の回帰分析

4.2 節の例 2 ではダイエット処方の効果を確かめるにあたり,処方前の体重 (diet.w),1 か月後の体重 (diet.w2),その変化 (diet = diet.w − diet.w2) のデータを用いて,帰無仮説"変化量の母平均が 0 である",つまり $H_0 : \text{diet} = 0$ とする検定を行った.ここでは変化量の大きさが処方前の体重に依存するかどうかを回帰分析を用いて調べる.

処方前後の体重の変化 (diet) を y,処方前の体重 (diet.w) を x とおいた単回帰モデル
$$y_i = \alpha + \beta x_i + \epsilon_i, \quad i = 1, \ldots, n$$
を想定して,R で回帰分析を実行すると次の出力が得られる.

```
lm(formula = diet ~ diet.w)
Coefficients:
            Estimate Std. Error t value Pr(>|t|)
(Intercept) -11.9125     8.9025  -1.338    0.218
diet.w        0.1421     0.1325   1.072    0.315

Residual standard error: 2.985 on 8 degrees of freedom
Multiple R-squared: 0.1257,     Adjusted R-squared: 0.01638
```

この結果を見ると x の回帰係数は $\hat{\beta} = 0.1421$ とプラスになっていて,体重 x が重いほど体重の増加 y は大きくなり,減量が小さくなることを示している.たとえば体重 60kg の人の体重増加は $\hat{y} = \hat{\alpha} + \hat{\beta} \times 60 = -11.9 + 0.142 \times 60 = -3.4$ kg であるのに対して,体重 80kg の人については $-11.9 + 0.142 \times 80 = -0.5$ kg と減量が小さくなる.

ここで,t value (t-値) は,帰無仮説 $H_0 : \beta = 0$ に対する $t = \hat{\beta}/\text{se}(\hat{\beta})$ である.また Pr(>|t|) が P-値を表している.これらを見ると,$\hat{\beta}$ の t-値は 1.072 と小さく,P-値も 0.315 となっている.すなわち有意水準 5% で有意ではないだけではなく,有意水準を 30% としても棄却されない程度の弱い証拠である.この観測結果からは,"減量の大きさは体重と無関係である"という仮説を否定する根拠は得られない.このように,回帰係数の t-値は,

通常"係数がゼロ"すなわち"説明変数が応答変数に影響を与えない"という帰無仮説に対して計算される.

以上の性質は,説明変数 x が固定されている場合に導かれたものであり,形式的には x を固定した条件付き確率分布に基づいて導出されている.しかし最終的に導かれた t の分布は自由度だけに依存し,x とは無関係,すなわち確率的に独立である.つまり,x が確率的に変動する場合でも t 統計量を利用した検定の利用が正当化されている.

5.1.4 回帰の現象(平均への回帰)

次の出力結果は,小学校 6 年の男子児童 50 人を対象にして,ある週と翌週に 2 回ソフトボール投げの記録を測定して,1 回目の記録を x (m),2 回目の記録を y (m) とし,R を用いて回帰分析を行った結果の一部である.平均は $\bar{x} = 28.31$,$\bar{y} = 28.01$,相関係数は $r = 0.7526$ となった.平均には大差がないが,1 回目に良い記録を出した児童は 2 回目にも比較的良い記録を出す傾向があるといえる.

```
lm(formula = soft.y ~ soft.x)

Coefficients:
            Estimate Std. Error t value Pr(>|t|)
(Intercept)   5.3317     3.0488   1.749   0.0867 .
soft.x        0.8010     0.1012   7.919 2.92e-10 ***

Residual standard error: 7.388 on 48 degrees of freedom
Multiple R-squared: 0.5664,    Adjusted R-squared: 0.5574
```

x の回帰係数が 0.8010 であるということは,1 回目に平均より遠くまで投げた児童は 2 回目には 1 回目ほど良い記録を出せなかったことを表している.正確に表現すると $\hat{y} - \bar{y} = \hat{\beta}(x - \bar{x})$ となるので,1 回目に平均より 10m 遠くまで投げた児童は 2 回目には平均より $0.801 \times 10 \fallingdotseq 8$ (m) しか遠くまで投げられない.逆に 1 回目の距離が平均より 10m 短かった児童は 2 回目には $10 - 8 = 2$ m ほど平均に近づく傾向がある.

このように繰り返し観測すると,2 回目は 1 回目より全体の平均に近づく性質がある.これを**回帰の現象** (regression phenomenon) または**平均への回帰**とよぶ.身長もこの例の一つであり,背の高い父親の子は比較的背が高

いが，父親ほどは高くないという現象が観察される．このほか，同じ学生を対象にして 2 回の試験を実施すると，1 回目に高得点を取った学生は 2 回目にも比較的高い得点を取るが，1 回目ほどは良くないことも広く観察される回帰の現象である．

試験の結果から直ちに"1 回目に悪い成績を取った学生によく勉強するよう厳しく注意した"ことの効果があったとするような解釈は誤りである．1 回目の結果に基づいてとった処置の効果を検証するためにはもっと慎重な検討が必要である．このように回帰分析が本来もっている性質を，1 回目と 2 回目の間にとったアクションによるものと間違って判断することを**回帰の錯誤** (regression fallacy) とよぶ．

フランシス・ゴールトン (Sir Francis Galton) は相関・回帰の概念と方法の確立への貢献が大きな統計学者・遺伝学者として知られており，『カッツ数学の歴史』[*] や Pearson による相関の歴史に関する論文 (1920)[**] などにもその業績が紹介されている．それによれば，彼は 1875 年くらいから遺伝に関する実験や観察を開始し，父と子の身長やスイートピーの親種子と子種子の大きさおよび重さの関係などについて分析して，上で取り上げたソフトボール投げの成績の場合と類似の「回帰の現象」を発見している．Pearson の論文中の説明とは多少異なるが，わかりやすくするため，2 変量正規分布を仮定して説明する．

2.9.3 項で述べたように，説明変数（父親の身長）X と応答変数（息子の身長）Y の両方が確率変数で 2 変量正規分布に従う場合，$X = x$ と固定したときの Y の条件付き期待値（母回帰直線）は $E[Y \mid X = x] = \mu_y + \rho(\sigma_y/\sigma_x)(x - \mu_x)$，分散は $V[Y \mid X = x] = \sigma_y^2(1 - \rho^2)$ となる．最小二乗法によって求められた回帰式（回帰直線）はこの母回帰直線を推定したもので，$n \to \infty$ のときに両者は一致する．

世代間で身長の分布が変わらなければ $\mu_x = \mu_y$，$\sigma_x = \sigma_y$ となり，回帰係数は相関係数 ρ に等しい．したがって，$E[Y \mid X = x] - \mu_y = \rho(x - \mu_x)$ となり，散布図が完全に直線上にのる $\rho = 1$ の場合を除いて息子の偏差

---

[*] ヴィクター J. カッツ 著，上野健爾・三浦伸夫 監訳『カッツ 数学の歴史』共立出版 (2005) pp. 856–857.

[**] Karl Pearson(1920). Notes on the history of correlation, *Biometrika*, Vol. **13**, pp. 25–45.

$E[Y \mid X = x] - \mu_y$ は父親の偏差 $(x - \mu_x)$ より小さくなる.

参考のために 3.5.2 項の例 11 のデータにおいて,息子の身長で父親の身長を説明する回帰式を R を用いて求めると次のような結果が出力される. 平均より高い息子の父親は平均より高いが,息子ほどは高くないという結果が読み取れる. このように因果関係を逆にした回帰分析は適切とはいえないが,結果を解釈するうえで良い訓練になる.

```
lm(formula = father ~ son)

Coefficients:
            Estimate Std. Error t value Pr(>|t|)
(Intercept) 100.4068    45.2996   2.217   0.0398 *
son           0.3848     0.2638   1.459   0.1619

Residual standard error: 6.779 on 18 degrees of freedom
Multiple R-squared: 0.1057,     Adjusted R-squared: 0.05604
```

5.1.5 線形重回帰モデル

ここまでは,単回帰モデルでの回帰係数の推定と検定,決定係数について説明した. 第 1 章で扱った賃貸マンションデータでは家賃を説明する変数の候補として部屋の大きさ以外にも築年数や駅からの近さなどが考えられる. 説明変数を 1 個含む線形単回帰モデル(式 (5.1.1))に対して,次のような複数個(p 個)の説明変数を用いる線形重回帰モデルを考える.

$$y_i = \beta_0 + \beta_1 x_{1i} + \cdots + \beta_p x_{pi} + \epsilon_i, \qquad i = 1, \ldots, n \qquad (5.1.10)$$

誤差項 ϵ_i は互いに独立で,正規分布 $N(0, \sigma^2)$ に従う. 説明変数 $x_1, \ldots, x_p$ は標準的には確率変数でなく固定された値と仮定されるが,単回帰モデルの項で述べたように説明変数が確率変数の場合にも応用できる. その場合は,式 (5.1.10) の右辺の誤差項を除いた項は,$x_1, \ldots, x_p$ を与えたときの y の期待値を表し,誤差項 ϵ_i は互いに独立かつ説明変数とは独立に $N(0, \sigma^2)$ に従うと仮定する. $(\beta_0, \beta_1, \ldots, \beta_p)$ は重回帰モデルにおける回帰係数で**偏回帰係数** (partial regression coefficient) ともよばれる.

ここで,各回帰係数は,それ以外の説明変数の値を固定し,その説明変数の値を 1 単位増加させたとき,y がどの程度増加するかを示していると解釈できる. しかし,実際には,説明変数間に相関関係があり,ある説明変数の

値が1単位変化するとほかの説明変数の値も変化するので，回帰係数については，回帰式に含めたほかの説明変数と合わせて検討しなければならない．

最小二乗法による回帰係数の推定法について説明する．単回帰の場合と同様に最小二乗法を用い

$$S(\hat{\beta}_0, \hat{\beta}_1, \ldots, \hat{\beta}_p) = \sum_{i=1}^{n}\{y_i - (\hat{\beta}_0 + \hat{\beta}_1 x_{1i} + \cdots + \hat{\beta}_p x_{pi})\}^2 \quad (5.1.11)$$

を最小にする $\hat{\beta}_0, \hat{\beta}_1, \ldots, \hat{\beta}_p$ を求める．そのため，式 (5.1.11) の両辺を $\hat{\beta}_0, \hat{\beta}_1, \ldots, \hat{\beta}_p$ のそれぞれで偏微分して0とおいた式（**正規方程式**という）を求めて整理すると，p 元連立1次方程式

$$\begin{cases} \hat{\sigma}_{11}\hat{\beta}_1 + \cdots + \hat{\sigma}_{1p}\hat{\beta}_p = \hat{\sigma}_{1y} \\ \qquad\qquad\vdots \\ \hat{\sigma}_{p1}\hat{\beta}_1 + \cdots + \hat{\sigma}_{pp}\hat{\beta}_p = \hat{\sigma}_{py} \end{cases} \quad (5.1.12)$$

および

$$\hat{\beta}_0 = \bar{y} - (\hat{\beta}_1 \bar{x}_1 + \cdots + \hat{\beta}_p \bar{x}_p) \quad (5.1.13)$$

が導かれる[*]．そこで式 (5.1.12) の連立方程式を解いて $\hat{\beta}_1, \ldots, \hat{\beta}_p$ を求め，それらを式 (5.1.13) に代入して $\hat{\beta}_0$ を計算する．ただし，$\hat{\sigma}_{ij}$ は x_i と x_j の共分散の不偏推定量，$\hat{\sigma}_{iy}$ は x_i と y の共分散の不偏推定量を表す．得られた $\hat{\beta}_0, \hat{\beta}_1, \ldots, \hat{\beta}_p$ を用いて説明変数の任意の値 $(x_{10}, \ldots, x_{p0})$ に対する**予測値** (predicted value) $\hat{y}_0 = \hat{\beta}_0 + \hat{\beta}_1 x_{10} + \cdots + \hat{\beta}_p x_{p0}$ が計算できる．標本データの説明変数の組に対する予測値は**あてはめ値** (fitted value) とも言われ

$$\hat{y}_i = \hat{\beta}_0 + \hat{\beta}_1 x_{1i} + \cdots + \hat{\beta}_p x_{pi}, \quad i = 1, \ldots, n \quad (5.1.14)$$

あるいは

$$\hat{y}_i = \bar{y} + \hat{\beta}_1 (x_{1i} - \bar{x}_1) + \cdots + \hat{\beta}_p (x_{pi} - \bar{x}_p), \quad i = 1, \ldots, n \quad (5.1.15)$$

---

[*] 第1章の回帰直線や相関係数に関する説明では，データに基づく分散・共分散は偏差の平方和・積和を n で割った平均で定義したが，第4章で述べたように，推測統計では自由度 $n-1$ で割った，母集団の分散 σ^2，共分散 σ_{ij} に対する不偏推定量を用いる．式 (5.1.12) の係数や右辺は不偏推定量 $\hat{\sigma}_{ij}$, $\hat{\sigma}_{iy}$ を用いている．しかし，この両辺を $(n-1)/n$ 倍すると s_{ij}, s_{iy} となり，$p=1$ の場合の解，$\hat{\beta}_0$ や $\hat{\beta}_1$ はどちらの方法で計算した標本分散，共分散を用いても同じになることが容易に確認できる．

により計算される．このようにして推定された回帰係数および予測値に関して

$$E[\hat{\beta}_j] = \beta_j, \qquad j = 0, 1, \ldots, p$$
$$E[\hat{y}_i] = E[\hat{\beta}_0 + \hat{\beta}_1 x_{1i} + \cdots + \hat{\beta}_p x_{pi}]$$
$$= \beta_0 + \beta_1 x_{1i} + \cdots + \beta_p x_{pi}, \qquad i = 1, \ldots, n$$

が成り立ち，$\hat{\beta}_j$ は β_j に対する不偏推定量である．

単回帰の場合について，1.6.4項において (a)〜(e) の 5 つの性質が成り立つことを説明した．同じ性質が重回帰においても成り立つ．

(a) 予測値の平均は観測値の平均と等しい

略証）式 (5.1.13) より，$\bar{y} = \hat{\beta}_0 + \hat{\beta}_1 \bar{x}_1 + \cdots + \hat{\beta}_p \bar{x}_p$ となる．また，式 (5.1.14) の両辺を $i = 1, \ldots, n$ に対して平均をとると，$\bar{\hat{y}} = \hat{\beta}_0 + \hat{\beta}_1 \bar{x}_1 + \cdots + \hat{\beta}_p \bar{x}_p$ となるので，$\bar{\hat{y}} = \bar{y}$ が成り立つ．

(b) 残差 $e_i = y_i - \hat{y}_i$ の平均は 0 となる

このことは (a) より明らかである．

(c) 回帰式 $y = \hat{\beta}_0 + \hat{\beta}_1 x_1 + \cdots + \hat{\beta}_p x_p$ は点 $(\bar{x}_1, \ldots, \bar{x}_p, \bar{y})$ を通る

得られた回帰式に式 (5.1.13) を代入すると $y = \bar{y} + \hat{\beta}_1(x_1 - \bar{x}_1) + \cdots + \hat{\beta}_p(x_p - \bar{x}_p)$ となることから明らかである．

(d) 予測値 $\hat{y}_i$ と残差 $e_i = y_i - \hat{y}_i$ の相関係数は 0 である

略証）式 (5.1.14) の $\hat{\beta}_0$ に式 (5.1.13) を代入すると

$$\hat{y}_i = \bar{y} + \sum_j \hat{\beta}_j \left(x_{ji} - \bar{x}_j \right), \quad i = 1, \ldots, n$$
$$e_i = y_i - \hat{y}_i = (y_i - \bar{y}) - \sum_k \hat{\beta}_k (x_{ki} - \bar{x}_k), \quad i = 1, \ldots, n$$

と表すことができるので，$\bar{e} = 0$ と式 (5.1.12) を利用することで，$\hat{y}$ と e の共分散は次のように計算される．

$$\hat{\sigma}_{\hat{y}e} = \frac{1}{n-1} \sum_i \left(\hat{y}_i - \bar{y} \right) e_i$$
$$= \frac{1}{n-1} \sum_i \left\{ \sum_j \hat{\beta}_j (x_{ji} - \bar{x}_j) \right\} \left\{ (y_i - \bar{y}) - \sum_k \hat{\beta}_k (x_{ki} - \bar{x}_k) \right\}$$
$$= \sum_j \hat{\beta}_j \hat{\sigma}_{jy} - \sum_j \sum_k \hat{\beta}_j \hat{\beta}_k \hat{\sigma}_{jk}$$

$$= \sum_j \hat{\beta}_j \left\{ \hat{\sigma}_{jy} - \sum_k \hat{\beta}_k \hat{\sigma}_{jk} \right\} = 0$$

(e) 平方和の分解：y の変動を示す平方和 $\sum_i (y_i - \bar{y})^2$ に関して，$\sum_i (y_i - \bar{y})^2 = \sum_i (\hat{y}_i - \bar{y})^2 + \sum_i (y_i - \hat{y}_i)^2$ と分解ができる．左辺は y_i の総平方和 S_y（あるいは S_T，T は合計 total を意味する），右辺の第 1 項は回帰による平方和 S_R（R は回帰 regression の頭文字），第 2 項は残差平方和 S_e とよばれる．

〔略証〕

$$\sum_i (y_i - \bar{y})^2 = \sum_i \{(\hat{y}_i - \bar{y}) + (y_i - \hat{y}_i)\}^2$$
$$= \sum_i (\hat{y}_i - \bar{y})^2 + \sum_i (y_i - \hat{y}_i)^2 + 2 \sum_i (\hat{y}_i - \bar{y})(y_i - \hat{y}_i)$$

となるが，右辺の第 3 項の積和は予測値と残差の共分散の $n - 1$ 倍であり，(d) の性質より 0 となる．

性質 (e) より，y_i の総平方和 S_y のうち回帰式で説明される部分 S_R の割合を，1.6 節の単回帰の場合と同様に，決定係数

$$R^2 = S_\mathrm{R}/S_y$$

の形で定義することができ，簡単な計算で R^2 の平方根 R が観測値 $\{y_i\}$ と予測値 $\{\hat{y}_i\}$ の相関係数（重相関係数とよばれる）と等しいことが確認できる．

5.1.6 自由度調整済み決定係数

応答変数 y の変動を表す総平方和 S_y のうちモデルがどの程度を説明しているかは決定係数 R^2 を用いて評価できることを説明した．しかし，決定係数 R^2 は，説明変数の個数 p の等しいモデル間の比較には利用できるが，p が異なる場合の比較には利用できない．説明変数の候補のうち q 個を用いたモデルに対する残差平方和を $S_\mathrm{e}(q)$，そのモデルに説明変数を 1 個追加したモデルの残差平方和を $S_\mathrm{e}(q+1)$ と表すとき，$S_\mathrm{e}(q)$ は追加した説明変数に対する回帰係数を 0 と固定したときの残差平方和，$S_\mathrm{e}(q+1)$ は固定係数を自由に動かして最小化した残差平方和を表すので，一般に，$S_\mathrm{e}(q) \geq S_\mathrm{e}(q+1)$ の関係

が成り立つ．等号は追加した変数が q 個の変数の1次式の形で表され，y の予測に関してまったく寄与しない場合に限られる．したがって，説明変数を増やすと残差平方和は小さくなり，それに伴って $R^2 = S_R/S_y = 1 - S_e/S_y$ は大きくなる性質がある．極端な場合として，説明変数を $n-1$ 個まで増やすと $S_e(n-1) = 0$, $R^2 = 1$ となる．

この欠点を解消して p の異なるモデルの比較に利用するために提案された指標の1つが**自由度調整済み決定係数**または**自由度修正済み決定係数**（adjusted R^2）である．本書では R^{*2} で表す（他にも，$\tilde{R}^2$, R_a^2, R_{adj}^2 などさまざまな記号で表される）．R^2 の式の S_y, S_e の代わりに，それらをそれぞれの自由度で割った量を用いて次の式で定義される．

$$R^{*2} = 1 - \frac{S_e/(n-p-1)}{S_y/(n-1)} \tag{5.1.16}$$

右辺第2項の分母は y の分散 σ_y^2 に対する不偏推定量 $\hat{\sigma}_y^2$, 分子は回帰モデルの誤差項 ϵ の分散 σ^2 に対する不偏推定量 $\hat{\sigma}^2$ であり，R^{*2} は回帰モデルを利用することで誤差分散 σ^2 の変化する割合を反映する．σ_y^2 はモデルを仮定しない場合の（誤差）分散，σ^2 はモデルを仮定した場合の誤差分散ということもでき，R^{*2} はモデルを仮定することによる誤差分散の減少の度合いを表す．応答変数 y の予測に役立つ変数を追加すると $\hat{\sigma}^2$ は小さくなるが，あまり役立たない変数を追加すると自由度 $n-p-1$ が小さくなることの方が効いてきて $\hat{\sigma}^2$ はかえって大きくなる．

5.1.7 回帰の有意性の検定と回帰係数に関する検定

決定係数 R^2 は，第1章の回帰直線の項（1.6.4項）で導入したことからわかるように，応答変数 y の変動のうち回帰式が説明する割合を示す記述統計的な指標である．しかし，式 (5.1.1) あるいは式 (5.1.10) のように誤差項 ϵ_i の確率分布を想定すると，回帰の有意性の検定（分散分析）やそれぞれの回帰係数に関する検定および区間推定を行うことができる．

重回帰モデルを以下のように書き直す．

$$y = \beta_0 + \beta_1 x_1 + \beta_2 x_2 + \cdots + \beta_p x_p + \epsilon, \quad \epsilon \sim N(0, \sigma^2) \tag{5.1.17}$$

このとき，

$$E[y] = \beta_0 + \beta_1 x_1 + \beta_2 x_2 + \cdots + \beta_p x_p \tag{5.1.18}$$

$$V[y] = \sigma^2 \tag{5.1.19}$$

となる.まず,回帰の有意性の検定について説明する.

5.1.5項で説明したように,回帰モデルによる分析を最小二乗法を用いて行ったとき,y の総平方和 S_y は次のように回帰による平方和の S_R と残差平方和 S_e に分解される.

$$\sum_i (y_i - \bar{y})^2 = \sum_i (\hat{y}_i - \bar{y})^2 + \sum_i (y_i - \hat{y}_i)^2 \tag{5.1.20}$$
$$S_y\,(=S_T)\ =\ \ \ \ S_R\ \ \ \ +\ \ \ \ S_e$$

これらの平方和の自由度はそれぞれ $n-1$,p,$n-p-1$ となり式 (5.1.20) の平方和の分解に対応している.これより自由度も

$$n - 1 = p + (n - p - 1)$$

と分解されていることがわかる.自由度とは n 個の項(偏差)の2乗和の中で独立に動くことのできる項の数である.(n 個の項を n 次元空間における点の座標と考えれば,S_y の場合は $\{y_i - \bar{y}\}$ の和が0であるという条件があるため,この点は $n-1$ 次元の部分空間の中で動き,S_R の n 個の項の表す点は p 次元部分空間,S_e の n 個の項の表す点は $n-p-1$ 次元の部分空間の中で動く.式 (5.1.20) は $n-1$ 次元空間の中の原点からの長さの2乗が,p 次元空間内の長さの2乗と $n-p-1$ 次元空間内の長さの2乗の和になるというピタゴラスの定理に相当する.)

この回帰モデルに含まれる説明変数の中に,y の予測(説明)に役立つ変数があるかどうか,すなわち,"$H_0: \beta_1 = \cdots = \beta_p = 0$ vs $H_1: \beta_1, \ldots, \beta_p$ のどれかが0でない"の仮説検定を考える.7.3.2項で説明するように,残差平方和 S_e をその自由度 $n-p-1$ で割った量(平方和を平均した量という意味で**平均平方** (mean square) といわれる)により,誤差分散 σ^2 を推定することができる.また,H_0 が正しいときは S_R をその自由度で割った量の期待値も誤差分散 σ^2 に等しいが,H_0 が正しくないときにはその期待値は σ^2 より大きくなる.帰無仮説 H_0 の下で,S_R/σ^2 と S_e/σ^2 は互いに独立に $\chi^2(p)$ と $\chi^2(n-p-1)$ に従うので,次の統計量(F 統計量)

$$F = \frac{(S_R/\sigma^2)/p}{(S_e/\sigma^2)/(n-p-1)} \sim F(p, n-p-1) \tag{5.1.21}$$

となる.また平均平方 $V_R = S_R/p, V_e = S_e/(n-p-1)$ とするとき,$F = V_R/V_e$ と書き表すことができ,観測値より計算された平均平方の値を代入した F 統計量の実現値(F-値,F-比)を用いて検定する.H_0 が正しくないときには $E[V_R] > E[V_e] = \sigma^2$ となるので,F 分布の右裾を棄却域として

$$\begin{cases} F \geq F_\alpha(p, n-p-1) \text{ ならば } H_0 : \beta_1 = \cdots = \beta_p = 0 \text{ を棄却する} \\ F < F_\alpha(p, n-p-1) \text{ ならば } H_0 : \beta_1 = \cdots = \beta_p = 0 \text{ を棄却しない} \end{cases}$$

の方式で検定を行えばよい.この検定はしばしば表5.1に示す分散分析表の形で行われる.

表 5.1 重回帰モデルの分散分析表

変動要因	平方和	自由度	平均平方	F
回帰	S_R	p	$V_R = S_R/p$	$F = V_R/V_e$
残差	S_e	$(n-1)-p$	$V_e = S_e/(n-1-p)$	
合計	S_y	$n-1$		

分散分析の結果,統計的に有意でないときには得られた回帰式を利用することにはあまり意味はない.一方,統計的に有意になったからといって,直ちに実際上も意味がある "significant" とは限らないし,この回帰モデルが最良ということではない.

また,F 検定を用いて,2つのモデルから1つのモデルを選択することもできる.ただし,その場合には,モデルが階層的になっている必要がある.つまり,一方のモデルの説明変数の組が他方のモデルの説明変数をすべて含んでいることが必要である.

説明変数が p 個のモデル A と p 個の中の q 個を含むモデル B があるとする.モデル A をあてはめたときの残差平方和を $S_e(A)$,モデル B をあてはめたときの残差平方和を $S_e(B)$ とすると,すでに説明したように不等式 $S_e(A) \leq S_e(B)$ が成り立ち,"H_0:モデル A に含まれモデル B に含まれない変数は y の予測(説明)の役に立たない(それらの変数に対する回帰変数は 0 である)" の検定を統計量

$$F = \frac{(S_e(B) - S_e(A))/(p-q)}{S_e(A)/(n-p-1)} \tag{5.1.22}$$

を $F_\alpha(p-q, n-p-1)$ と比較することによって行うことができる.

さらに，p 変数モデルが正しいと仮定できるとき，説明変数の組 $(x_1, x_2, \ldots, x_p)$ において，個々の説明変数の有意性を検討する検定は，次のようにして行うことができる．

H_0：ある説明変数 x_j は y の予測（説明）に役立たない $\iff H_0 : \beta_j = 0$

とする帰無仮説の下で，$\hat{\beta}_j$ に基づく t 統計量が

$$t_j = \frac{\hat{\beta}_j - 0}{\mathrm{se}(\hat{\beta}_j)} \sim t(n-p-1) \tag{5.1.23}$$

となることを用いて，観測値より計算された t 統計量の値 t_j（t-値）が $|t_j| \geq t_{\alpha/2}(n-p-1)$ ならば $H_0 : \beta_j = 0$ を棄却する形で検定を行う．この検定は式 (5.1.22) で $q = p - 1$，すなわち，p 個の説明変数を含むモデル A とその中の j 番目の変数を除いた $p-1$ 個の変数を含むモデル B を比較する F 検定と同等である．F 統計量と t 統計量の間には $F = t^2$ の関係が成り立つ．また，回帰係数 β_j の $100(1-\alpha)\%$ 信頼区間は

$$\hat{\beta}_j \pm t_{\alpha/2}(n-p-1) \times \mathrm{se}(\hat{\beta}_j)$$

により求められる．

〔例題〕　賃貸マンションデータの回帰分析—複数のモデルのあてはめ

1.1 節の表 1.1 の賃貸マンションのデータにおいて，家賃（円）を応答変数とし，部屋の大きさ (m^2)，築年数（年），駅からの近さ（A：7 分まで，B：8 分から 15 分）のいくつかを説明変数の候補として，R を用いて重回帰モデルにて分析した．以下の結果は R の出力結果の一部である．

モデル 1：単回帰モデル（部屋の大きさのみを説明変数とする）

```
lm(formula = 家賃 ~ 大きさ, data = room)

Coefficients:
            Estimate Std. Error t value Pr(>|t|)
(Intercept) 45791.4    3180.0     14.40   <2e-16 ***
大きさ       2075.1     113.6     18.27   <2e-16 ***

Residual standard error: 10460 on 138 degrees of freedom
Multiple R-squared: 0.7076, Adjusted R-squared: 0.7055
F-statistic: 334 on 1 and 138 DF, p-value: < 2.2e-16
```

この出力にある回帰係数は 1.6.4 項で示した結果と同じである．予測式と回帰係数の標準誤差を示すと以下のようになる．

家賃（円） ≒ 45791.4 ＋ 2075.1 × 大きさ
（標準誤差）　（3180.0）　　（113.6）

部屋の大きさに対する回帰係数の t-値は 18.27 と大きく十分に有意である．Multiple R-squared は決定係数 R^2 のことであり，Adjusted R-squared は自由度調整済み決定係数 R^{*2} のことである．それぞれは 0.7076，0.7055 と比較的大きな数値であり，y の変動のおよそ 70% がこのモデルで説明できていることがわかる．最後の F-statistic は F-値のことで，モデルの中に説明力のある（すなわち $\beta \neq 0$ の）変数が含まれているかを判断する F 検定の統計量の値である．このモデルの変数は部屋の大きさのみなので，その P-値は回帰係数に関する検定の P-値と等しく説明力のある変数が含まれているといえる．

モデル 2：重回帰モデル（部屋の大きさと築年数を説明変数とする）

```
lm(formula = 家賃 ~ 大きさ + 築年数, data = room)

Coefficients:
            Estimate Std. Error t value Pr(>|t|)
(Intercept)  45523.0     2915.6  15.613  < 2e-16 ***
大きさ         2402.2      121.5  19.768  < 2e-16 ***
築年数         -892.5      171.1  -5.216 6.59e-07 ***

Residual standard error: 9591 on 137 degrees of freedom
Multiple R-squared: 0.7561,  Adjusted R-squared: 0.7525
F-statistic: 212.3 on 2 and 137 DF,  p-value: < 2.2e-16
```

この分析より，予測式と回帰係数の標準誤差を示すと以下のようになる．

家賃（円） ≒ 45523.0 ＋ 2402.2 × 大きさ ＋ (−892.5) × 築年数
（標準誤差）　（2915.6）　　（121.5）　　　　　　（171.1）

部屋の大きさに対する回帰係数は築年数の影響でモデル 1 と異なる．築年数の回帰係数が負であることから，同じ大きさなら古いほど家賃が安くなることがわかる．いずれの t-値の絶対値も大きく十分に有意である．決定係数 R^2 は 0.7561 で自由度調整済み決定係数 R^{*2} も 0.7525 とモデル 1 より大

きい．y の変動のおおよそ 75% がこのモデルで説明できていることがわかる．説明変数の数が異なる場合，モデルの良さは R^2 でなく R^{*2} で比較することが望ましい．このことから，モデル 1 よりモデル 2 のほうが良い分析といえる．

モデル 3：重回帰モデル（部屋の大きさと駅からの近さを説明変数とする）

```
lm(formula = 家賃 ~ 近さ + 大きさ, data = room)

Coefficients:
            Estimate Std. Error t value  Pr(>|t|)
(Intercept) 47573.3     2910.1   16.348   < 2e-16 ***
近さ        -8934.2     1634.4   -5.466  2.11e-07 ***
大きさ       2177.3      104.9   20.748   < 2e-16 ***

Residual standard error: 9514 on 137 degrees of freedom
Multiple R-squared: 0.76, Adjusted R-squared: 0.7565
F-statistic: 216.9 on 2 and 137 DF, p-value: < 2.2e-16
```

この分析より，予測式と回帰係数の標準誤差を示すと以下のようになる．

家賃（円）　≒　47573.3　＋　(-8934.2) × 近さ　＋　2177.3 × 大きさ
（標準誤差）　　　(2910.1)　　　(1634.4)　　　　　　(104.9)

ここで，注意しなくてはいけないことは，駅からの近さが 2 値の質的変数であるということである．比較的近い (A) を 0 とし，比較的遠い (B) を 1 と数値化し重回帰分析を行う．このような変数を**ダミー変数** (dummy variable) という．駅からの距離に関係なく，部屋の大きさに対する傾きは同じで切片が異なる．つまり，A での切片は示された 47573.3 のままであるが，B での切片は $47573.3 - 8934.2 = 38639.1$ となる．このことから，駅から比較的遠い物件のほうが家賃が安いことがわかる．3 値以上，たとえば k 値の質的変数に対しては $k-1$ 個のダミー変数に変換してその影響を調べることができる．駅からの近さを "近い (A)，中くらい (B)，遠い (C)" のように 3 分類の質的変数として分析したいとき，2 つのダミー変数 d_1 と d_2 に対し，A なら $d_1 = d_2 = 0$，B なら $d_1 = 1$, $d_2 = 0$，C なら $d_1 = 0$, $d_2 = 1$ とおけば，切片は A では $\hat{\beta}_0$ のまま，B では $\hat{\beta}_0 + (d_1 の係数)$，C では $\hat{\beta}_0 + (d_2 の係数)$ となる．モデル 3 の決定係数 R^2 は 0.76 で自由度調整済み決定係数 R^{*2} も 0.7565 とモデル 1，2 より大きい．

このようにモデルはさまざまに考えることができる．各モデルの回帰係数の t-値や P-値，決定係数や自由度調整済み決定係数，F-値などを用いて比較し，より良いモデルを選択することができる．

多重共線性

標準化された変数 y, x_1, x_2 について説明変数 x_1 と x_2 との間の相関が高く，たとえば，$r_{x_1,x_2} = 0.90$ であり，回帰係数がどちらも $1/2$ であったとする．このように説明変数間の相関が高い場合は，回帰式を

$$y \doteqdot \frac{1}{2}x_1 + \frac{1}{2}x_2 \doteqdot 1x_1 + 0x_2 \doteqdot \frac{3}{2}x_1 - \frac{1}{2}x_2$$

としても決定係数などには大きな差が出ない．このように説明変数間の相関が高いと個々の回帰係数に対する推定精度が悪く（標準誤差が大きく）なり，回帰係数について解釈が困難となる．この問題は，説明変数間の**多重共線性** (multicollinearity) 問題とよばれる．

5.1.8 相関係数の区間推定と検定

1.6.2 項で定義した相関係数の区間推定と無相関性の検定方法について説明する．

相関係数の区間推定

標本の相関係数 $r = s_{xy}/(s_x s_y) = \hat{\sigma}_{xy}/(\hat{\sigma}_x \hat{\sigma}_y)$ の確率分布は，母集団が正規分布の場合であっても複雑であり，近似的な議論が必要である．(x_i, y_i) $(i = 1, \ldots, n)$ が相関係数を ρ とする正規分布に従うとき，大きさ $n = 20$ の標本を実験的に発生して，そのたびに r を求めてヒストグラムを描くと図 5.1 のような形になる．

この図でも明らかなように，r の分布は ρ がゼロから離れると非対称性が強くなる．中心極限定理がはたらいて正規分布に近くなるとはいえ，n が極めて大きい場合を除いて非対称な分布となる．このときは，図 5.2 のように

$$z = \frac{1}{2} \log \frac{1+r}{1-r} \tag{5.1.24}$$

と変換した z の分布は ρ の値によらず対称となる．さらに，z は近似的に平均 $\zeta = (1/2) \log[(1+\rho)/(1-\rho)]$，分散 $1/(n-3)$ の正規分布に従うこと

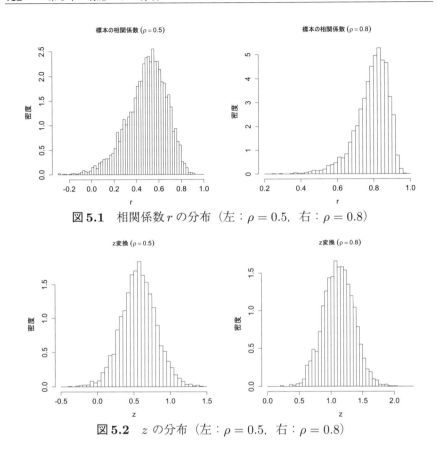

図 5.1　相関係数 r の分布（左：$\rho = 0.5$，右：$\rho = 0.8$）

図 5.2　z の分布（左：$\rho = 0.5$，右：$\rho = 0.8$）

が知られている．なお，必ずしも確率変数 (x, y) が 2 変量正規分布に従わなくてもこの近似が使える．ここまでをまとめると，次の式が成り立ち，これを利用するとよい．

$$\sqrt{(n-3)}(z - \zeta) \sim N(0, 1)$$

この変換を Fisher の **z 変換** (z transformation) とよぶ．なお，標準正規分布 $z \sim N(0, 1)$ の記号と紛らわしいので注意する．この z 変換を用いると ζ に関する信頼区間を構成することができる．ζ の信頼区間を ρ に戻すには $\rho = (e^\zeta - e^{-\zeta})/(e^\zeta + e^{-\zeta})$ とする．これは tanh と表される双曲線正接関数である．

[例題] 親子の身長の相関係数に関する検定

3.5.2項の例11の20組の親子の身長の散布図を，図5.3に示す．相関係数 $r = 0.325$ なので，$z = (1/2)\log[(1+0.325)/(1-0.325)] = 0.337$ である．まず $|\sqrt{20-3}\,(z-\zeta)| \leq 1.96$ を解いて ζ の95%信頼区間 $0.337 \pm 1.96/\sqrt{17} = [-0.138, 0.813]$ を得る．ρ の95%信頼区間を求めるには，これを変換する．$\tanh(-0.138) = -0.137, \tanh(0.813) = 0.671$ だから $[-0.137, 0.671]$ が求める信頼区間である．

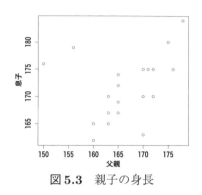

図 **5.3** 親子の身長

無相関性の検定

一般的な帰無仮説 $H_0: \rho = \rho_0$ を検定するには，先に述べた Fisher の z 変換による標準正規分布近似を用いることができる．特別な場合として，帰無仮説 $H_0: \rho = 0$ について考える．これは**無相関性** (non correlation) の検定として意味づけられるが，z 変換を利用しなくても，5.1.3項の回帰係数に関する検定結果から容易に検定統計量を導くことができる．

標本から計算される相関係数は $r = \hat{\sigma}_{xy}/(\hat{\sigma}_x \hat{\sigma}_y)$ であるが，母相関係数は，母集団の分散と共分散によって $\rho = \sigma_{xy}/(\sigma_x \sigma_y)$ と定義される．この定義からわかるように $\rho = 0$ は $\sigma_{xy} = 0$ と同等である．正規分布を前提とすると，帰無仮説 $H_0: \rho = 0$ の下では標本の x_i と y_i は互いに独立である．

ところで単回帰モデルを考えると $y = \alpha + \beta x + \epsilon$ かつ ϵ と x は無相関だから $\sigma_{xy} = \text{cov}(x, y) = \text{cov}(x, \alpha + \beta x + \epsilon) = \beta \text{cov}(x, x) + \text{cov}(x, \epsilon) = \beta \sigma_x^2$，すなわち $\beta = \sigma_{xy}/\sigma_x^2$ となり，母数についても最小二乗法で得られた $\hat{\beta} = \hat{\sigma}_{xy}/\hat{\sigma}_x^2$ と同じ形の回帰係数の表現が得られる．

上記のとおり仮説 $\rho = 0$ は $\beta = 0$ と同等なので，前節で導かれた回帰係数の t 検定を相関係数に関する検定としても利用することができる．詳細は省略するが，帰無仮説 $H_0 : \beta = 0$ を検定する統計量である $t = \hat{\beta}/(\hat{\sigma}/\sqrt{T_{xx}})$ を変形すると $t = \sqrt{n-2}\,(r/\sqrt{1-r^2})$ となることが導かれる．相関係数がゼロであるという仮説では，この統計量による t 検定が適用される．

第4章の例2のダイエットのデータでは，処方前の体重と体重の変化量の相関係数 $r = 0.3544$ である．これから $t = \sqrt{10-2} \times 0.3544/\sqrt{1-0.3544^2}$ $= 1.072$ が得られる．確かに，この t-値は5.1.3項の回帰分析で得られた数値と一致している．対立仮説として $H_1 : \rho \neq 0$ を考えると両側検定となり，その P-値が 0.315 となることも同じである．

▶ **コラム ▶▶ Column** ・・・・・・・・・・・・・・・・・●形式的な検定に対する警告

相関係数に関する上の例では $r = 0.3544$ に対して P-値が 0.315 だから，有意水準10%としても仮説 $H_0 : \rho = 0$ は棄却できない．$n = 10$ と小さいため，これは納得できる結論である．ところで，$n = 100$ の標本で有意水準 $\alpha = 0.05$ として検定を実行すれば，$r = 0.2$ でも P-値は 0.046 となり，無相関という仮説は棄却される．$n = 400$ なら $r = 0.1$ でも P-値は 0.046 となる．

しかし，社会学や経済学の分野では $r = 0.1$ 程度の相関係数では2変数間の関連性に実質的な意味を見出すことは難しい．平均の差に関しても $\mu = 0$ を形式的に検定するだけでは，社会科学の多くの分野では不十分な分析であり，区間推定の結果も合わせて検討することが望ましい．消費関数における限界消費性向において，どのような β_0 を選んでも，n が大きくなれば，仮説 $H_0 : \beta = \beta_0$ はほぼ確実に棄却される．

一方，自然科学の分野では，ある変数が他の変数にわずかでも影響を与えるかどうかが重要な問題となることもあり，綿密な実験の計画と大量のデータ収集が必要になる．このように，形式的な検定の適用には注意が必要であり，統計的手法の適用にあたっては，その背景にある固有の領域の理解が不可欠である．

§ 5.2 分散分析モデル

5.2.1 1元配置分散分析

2つのグループの母平均に差異があるか否かを判断する方法については，第4章で2標本問題として説明した．基本的な考え方はt検定を利用することである．グループ数が$k(>2)$の場合，k標本問題に対してペアごとにt検定を行い，1つでも帰無仮説が棄却されたならば，グループの平均は等しくないと結論づけるという方法が考えられるが，このようなやり方は正しくない．それは，1組の標本に対して${}_kC_2$回の比較を行うことによって，k個のグループの平均がすべて等しいという帰無仮説の下で，1回の比較での誤りの確率が0.05であっても全体として見ると，第1種の過誤の可能性が大きくなるからである．たとえば，3つのグループがある場合，5%の有意水準で3回検定すると，第1種の過誤の可能性は$1-(1-0.05)^3 = 0.142625$となり，全体として有意水準14%で検定したことになる．

本項では，1つの質的変数の影響を分析するための**1元配置分散分析** (one-way analysis of variance) について説明する．この質的変数を**因子**または**要因** (factor) とよび，質的変数のカテゴリを**水準** (level) という．実験で生じる各水準内の誤差変動と，水準間の平均の変動を比較しようとするものが**分散分析** (analysis of variance) である．たとえば，ある因子Aのa個の水準に対して応答変数yの平均が異なるか否かを検定する問題を考える．Aの水準を$A_1, A_2, \ldots, A_a$とする．水準A_jでの観測回数（繰り返し数という）n_jの観測値y_{ji} $(i=1,2,\ldots,n_j, j=1,2,\ldots,a)$を表5.2の形に表す．添字が2つあるが，添字について平均をとるとき，平均の記号（ ¯ ，バー）と，どの添字で平均をとったかがわかるように対応する添字の部分を（ · ，ドット）に置き換えて表している．以降，この章では同じ方法で平均を表す．

表5.2のデータの構造を表すモデルとして

$$y_{ji} = \mu + \alpha_j + \epsilon_{ji}, \qquad (j=1,\ldots,a; i=1,\ldots,n_j) \tag{5.2.1}$$

を想定する．μは**一般平均** (general mean)，α_jはA_jの**効果** (effect) とよばれる．ただし，$\sum_j n_j \alpha_j = 0$であり，誤差項ϵ_{ji}は互いに独立で，正規分布

表 5.2 1元配置のデータ

水準	水準での データの大きさ	観測値	平均
A_1	n_1	$y_{11}, y_{12}, \ldots, y_{1n_1}$	$\bar{y}_1.$
A_2	n_2	$y_{21}, y_{22}, \ldots, y_{2n_2}$	$\bar{y}_2.$
$\vdots$	$\vdots$	$\vdots$	$\vdots$
A_a	n_a	$y_{a1}, y_{a2}, \ldots, y_{an_a}$	$\bar{y}_a.$
	n		$\bar{y}..$

$N(0, \sigma^2)$ に従うとする.また,水準の母平均 $\mu_j = \mu + \alpha_j$ が等しいという帰無仮説は $H_0 : \alpha_1 = \cdots = \alpha_a = 0$(あるいは $H_0 : \mu_1 = \cdots = \mu_a$),対立仮説は $H_1 : \alpha_1, \ldots, \alpha_a$ のいずれかが0でない(あるいは $\mu_i \neq \mu_j$ となる (i, j) が存在する)である.

このモデルに対応するように観測値 y_{ji} を書き直すと,$y_{ji} = \bar{y}.. + (\bar{y}_j. - \bar{y}..) + (y_{ji} - \bar{y}_j.)$ となり,両辺から $\bar{y}..$ を引いて2乗したものの和を計算すると右辺の偏差積和の項が

$$\sum_{j=1}^{a} \sum_{i=1}^{n_j} (\bar{y}_j. - \bar{y}..)(y_{ji} - \bar{y}_j.) = \sum_{j=1}^{a} \left\{ (\bar{y}_j. - \bar{y}..) \sum_{i=1}^{n_j} (y_{ji} - \bar{y}_j.) \right\} = 0$$

であることから

$$\sum_{j=1}^{a} \sum_{i=1}^{n_j} (y_{ji} - \bar{y}..)^2 = \sum_{j=1}^{a} \sum_{i=1}^{n_j} (\bar{y}_j. - \bar{y}..)^2 + \sum_{j=1}^{a} \sum_{i=1}^{n_j} (y_{ji} - \bar{y}_j.)^2$$

$$= \sum_{j=1}^{a} n_j (\bar{y}_j. - \bar{y}..)^2 + \sum_{j=1}^{a} \sum_{i=1}^{n_j} (y_{ji} - \bar{y}_j.)^2$$

となる.この式の左辺は**総平方和**とよび S_T で表す.右辺の第1項は**水準間平方和**とよび S_A,第2項は**残差平方和**とよび S_e で表す.水準間平方和を**群間平方和**あるいは **A 間平方和**,残差平方和を**群内平方和**など名称は多くある.これより,平方和に関して $S_\mathrm{T} = S_\mathrm{A} + S_\mathrm{e}$ のような分解ができる.また,各平方和の自由度について考察すると,総平方和の自由度は $\phi_\mathrm{T} = n - 1$,水準間平方和の自由度は $\phi_\mathrm{A} = a - 1$,残差平方和の自由度は

$\phi_\mathrm{e} = (n-1) - (a-1) = n-a$ となり，自由度に関しても $\phi_\mathrm{T} = \phi_\mathrm{A} + \phi_\mathrm{e}$ と分解できる．

帰無仮説 H_0 が正しいとき，S_A/σ^2 は自由度 $a-1$ の χ^2 分布に，S_e/σ^2 は自由度 $n-a$ の χ^2 分布に従い，S_A と S_e は独立であるので，$S_\mathrm{A}/\{\sigma^2(a-1)\}$ と $S_\mathrm{e}/\{\sigma^2(n-a)\}$ の比を考えると，自由度 $(a-1, n-a)$ の F 分布に従い次のように表すことができる（7.3節参照）．

$$F = \frac{(S_\mathrm{A}/\sigma^2)/(a-1)}{(S_\mathrm{e}/\sigma^2)/(n-a)} \sim F(a-1, n-a)$$

また，平均平方は一般に (平方和)/(自由度) で定義されるが，$V_\mathrm{A} = S_\mathrm{A}/(a-1)$, $V_\mathrm{e} = S_\mathrm{e}/(n-a)$ とするとき，$F = V_\mathrm{A}/V_\mathrm{e}$ と書き表すことができる．これらのことをまとめたものが表5.3の分散分析表である．分散分析の計算には直接関係しないが，検定の考え方の理解のため，最後の列に平均平方の期待値 $E[V]$ の列を参考としてつけている．統計量 F の実現値を F-値（F-比）とよび，帰無仮説 H_0 の下で F 分布に従うことから検定が可能となる．帰無仮説 H_0 の下では $E[V_\mathrm{A}] = E[V_\mathrm{e}] = \sigma^2$ となるのに対し，対立仮説 H_1 の下では $E[V_\mathrm{A}] > E[V_\mathrm{e}]$ となり，$F = V_\mathrm{A}/V_\mathrm{e}$ は F 分布に従う変数より大きい値をとる．したがって，F 分布の上側だけに棄却域をとって，$F \geq F_\alpha(a-1, n-a)$ のとき H_0 を棄却すればよい．統計分析用のソフトウェアではデータから計算された F-値より大きくなる P-値も示されることが多い．分散分析は水準間の差の検定であるが，差の有無の検定だけでなく，どの程度の信頼度でどのくらいの差がみられているのかを知るため，各水準に対する母平均の区間推定を行っておくのがよい．A_j 水準の母平均の $100(1-\alpha)\%$ 信頼区間は次の式で求められる．

$$\bar{y}_{j\cdot} \pm t_{\alpha/2}(n-a)\sqrt{V_\mathrm{e}/n_j} \tag{5.2.2}$$

これらを横軸に j，縦軸に信頼区間をとってグラフ化しておくと，最適な水

表5.3　1元配置の分散分析表

変動要因	平方和	自由度	平均平方 (V)	F	$E[V]$
水準間	S_A	$\phi_\mathrm{A} = a-1$	$V_\mathrm{A} = S_\mathrm{A}/\phi_\mathrm{A}$	$V_\mathrm{A}/V_\mathrm{e}$	$\sigma^2 + \sum n_j \alpha_j^2/\phi_A$
残差	S_e	$\phi_\mathrm{e} = n-a$	$V_\mathrm{e} = S_\mathrm{e}/\phi_\mathrm{e}$		σ^2
合計	S_T	$\phi_\mathrm{T} = n-1$			

準はどの水準で,水準間にどの程度差があるかが理解しやすい.

〔例題〕 ラットの餌データの分散分析

4.4.1項の例6は,ラットの餌(L:ビーフ低水準,H:ビーフ高水準,C:穀類の3種類)とそれらに対応する体重増加量に関するデータである.4.4.1項では2種の餌(ビーフ低水準とビーフ高水準)による違いに焦点をあてて検定した.ここでは,餌を因子,3種類の餌をその水準として考え,帰無仮説"3つの餌に対する体重増加量の母平均に差がない(3つの餌の効果に差がない)"を有意水準5%の分散分析で検定する.以下はRを用いた分散分析の出力結果である.表5.3と照らし合わせて出力を読むと,F値は2.197であり,帰無仮説の下で自由度$(2,27)$のF分布に従うことから,2.197より大きくなる確率は0.131となる.これより,帰無仮説は棄却できないので,餌によって体重増加量の母平均に差があるとは言えない.

```
           Df  Sum Sq   Mean Sq  F value  Pr(>F)
names       2    2185    1092.4    2.197   0.131
Residuals  27   13425     497.2
Total*     29   15610
```

3種類の餌に対する体重増加量の母平均の95%信頼区間を出力したのが図5.4である.各水準に対する母平均の信頼区間は大きく重なっており,水準

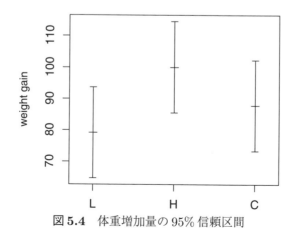

図5.4 体重増加量の95%信頼区間

---

*Rの出力結果にはTotalは示されないが,理解を容易にするため追加した.

間に有意差が認められなかったのももっともと考えられる．母平均の点推定値の範囲は $100.0 - 79.2 = 20.8$ であり，式 (5.2.2) より各水準の母平均の 95% 信頼区間は点推定値 ± 14.47 と求められる．信頼幅のほうは標本の大きさを大きくすると狭くなると期待できるが，精度を上げて実験をする価値の有無は，この程度の母平均の差に実際的な意味があるかどうかに依存する．

〔例題〕 賃貸マンションデータの"部屋の方角"による差の分散分析

賃貸マンションの家賃は部屋の方角によって変わる可能性がある．第 1 章にある賃貸マンションデータでは「東，南東，南，南西，西，北西，北，北東」の 8 種類の方角がある．方角を因子，8 種類の方角をその水準と考え，帰無仮説"家賃は方角によらない"を検定する．このデータは実験計画に基づくものではなく，得られたデータを利用した分析となるため解釈には注意がいるが，R を用いて分析した結果を示す．F-値は 1.44 であり，自由度 $(7, 132)$ の F 分布に従うことから，1.44 より大きくなる可能性は 0.194 となる．これより，帰無仮説は棄却できず，方角によって家賃の平均が変化するとはいえないことがわかる．

```
            Df     Sum Sq    Mean Sq    F value   Pr(>F)
方角         7    3.666e+09  523670934    1.44     0.194
Residuals  132    4.799e+10  363582275
Total      139    5.166e+10
```

コメント

(1) 1 元配置データの構造を表すモデルとして式 (5.2.1) を想定し，誤差項は独立に $N(0, \sigma^2)$ に従うことを仮定した．このモデルは 3.5.1 項および 4.4.1 項で取り上げた 2 標本問題のモデルの中の，"分散が未知で等しい場合の 2 つの母平均の差を推測する"モデルを，3 つ以上の独立な標本によって母平均を比較する問題に拡張したモデルとなっている．水準数 $a = 2$ の場合の分散分析表の結果と 4.4.1 項の t 検定の結果の間には $F = t^2$ の関係が成り立ち，両側 t 検定と F 検定の p 値は一致する．F 検定の棄却域は上側だけに設定されているが，母平均の差という観点からは両側対立仮説に対する検定となっている．

(2) コメント (1) で述べたように，式 (5.2.1) は"独立な a 標本"に基づく母平均の比較を行うためのモデルである．このモデルに対応する観測値は，調査研究の場合であれば，因子の a 個の水準に対応する母集団から単純無作為抽出することにより得られる．実験研究の場合，因子 A に起因する影響のほかに，実験の実施上，実験の順序，実験者，機器などさまざまな因子が影響する可能性があるときには，それら

の条件をAの各水準に無作為に割りあて，条件の差が偏りとしてではなく，ばらつきとして現れる形で実験を行う．それが，3.2.1項で説明したフィッシャーの3原則の"無作為化"である．無作為化することによってAの効果に対する偏りの除去と誤差の独立性が確保される．このタイプの実験を**完全無作為化法**(completely randomized design)とよぶ．

(3) 因子A以外の因子のうち，どれか1つの因子の影響が特に大きいと考えられるときには，その因子をフィッシャーの3原則の"局所管理"の部分で説明したブロック因子Bとして取り上げて実験すると，同じ実験回数で制御因子A（因子Aのように水準の比較を目的として取り上げる因子を制御因子という）の水準間の比較の精度を高くすることができる．ブロック因子Bの水準ごとに因子Aの水準の一揃いを実験すると，5.2.2項の繰り返しのない2元配置の形のデータが得られる．2元配置として分散分析を行うと，1元配置の分散分析表と比較して，ブロック因子Bによる変動が分離されて誤差分散が小さくなるため，Aの効果に対する検出力が高くなる．一揃いの実験で精度が不十分ならば，一揃いの実験を複数回繰り返してもよい．こういうタイプの実験法を**乱塊法**(randomized block design)とよぶ．

5.2.2　2元配置分散分析

2元配置分散分析 (two-way analysis of variance) と1元配置分散分析の違いは，因子が1つから2つになることである．たとえば，因子をAとBとし，Aの水準を $A_1, \ldots, A_a$, Bの水準を $B_1, \ldots, B_b$ とし，ab 個の水準組合せ (A_j, B_k) において n 個ずつ（繰り返し数 n）の観測値をとる実験を考える．合計 abn 回の実験にAとB以外の因子の影響が入らないように無作為化されているとする．2元配置分散分析の詳細については本書のレベルを超えるので，考え方に重点をおいて概要を説明する．このような2元配置実験から得られたデータに対して，次のようなモデルを想定する．

$$y_{jki} = \mu + \alpha_j + \beta_k + (\alpha\beta)_{jk} + \epsilon_{jki}, \tag{5.2.3}$$

ただし，誤差項 ϵ_{jki} は互いに独立に平均 0，分散 σ^2 の正規分布に従い，母数に関しては $\sum_j \alpha_j = \sum_k \beta_k = 0, \sum_j (\alpha\beta)_{jk} = \sum_k (\alpha\beta)_{jk} = 0$ が成り立つものとする．この制約式は，ab 個の水準組合せの母平均 $\{\mu_{jk}\}$ を母数 μ, $\{\alpha_j\}$, $\{\beta_k\}$, $\{(\alpha\beta)_{jk}\}$ を用いて表現すると，そのままでは母数の数がもとの ab 個より多くなるので，それを修正するためのものである．データのとり方は5.2.1項のコメントで1元配置について述べたことと同様で，調査研

究の場合には ab 個の母集団から無作為に大きさ n の標本を抽出する方法になり，実験研究の場合は因子 A と B を組合せた ab 個の水準をもった 1 つの因子に関する 1 元配置実験を行い，A，B 因子以外の条件は無作為化して実験する方法になる．

ここで観測値を，各項が式 (5.2.3) のモデルの母数に対応する形の恒等式に書き直すと

$$y_{jki} = \bar{y}_{...} + (\bar{y}_{j..} - \bar{y}_{...}) + (\bar{y}_{.k.} - \bar{y}_{...}) + (\bar{y}_{jk.} - \bar{y}_{j..} - \bar{y}_{.k.} + \bar{y}_{...}) + (y_{jki} - \bar{y}_{jk.}) \tag{5.2.4}$$

が得られる．ただし，$\bar{y}_{...}, \bar{y}_{j..}, \bar{y}_{jk.}, \ldots$ はドット $(\cdot)$ で置き換えた添字について平均することを表す．

式 (5.2.4) の右辺第 1 項の総平均を左辺に移項して両辺を 2 乗して和をとると，左辺は総平方和となり，右辺の 4 つの偏差の 2 つずつの積和の項はすべて 0 となるので，右辺全体の平方和は各偏差平方和の和の形に分解される．すなわち

$$\sum\sum\sum (y_{jki} - \bar{y}_{...})^2 = \sum bn(\bar{y}_{j..} - \bar{y}_{...})^2 + \sum an(\bar{y}_{.k.} - \bar{y}_{...})^2$$
$$S_\mathrm{T} \qquad = \qquad S_\mathrm{A} \qquad + \qquad S_\mathrm{B}$$

$$+ \sum\sum n(\bar{y}_{jk.} - \bar{y}_{j..} - \bar{y}_{.k.} + \bar{y}_{...})^2 + \sum\sum\sum (y_{jki} - \bar{y}_{jk.})^2 \tag{5.2.5}$$
$$+ \qquad S_{\mathrm{A}\times\mathrm{B}} \qquad + \qquad S_\mathrm{e}$$

が成り立つ．左辺は総平方和 S_T，右辺第 1 項の平方和 S_A は A 間平方和（A の水準間平方和），第 2 項の平方和 S_B は B 間平方和（B の水準間平方和）を表す．第 4 項は同じ水準組合せ (A_j, B_k) 内の観測値からその水準組合せの平均を引いた形になっていることから残差平方和 S_e を表す．

第 3 項の $S_{\mathrm{A}\times\mathrm{B}}$ 項について説明する．$\bar{y}_{j..} - \bar{y}_{...}$ のように，ある水準の値から全水準の平均を引いたものをその水準の効果とよぶことにする．$S_{\mathrm{A}\times\mathrm{B}}$ の (A_j, B_k) に対応する項は

$$(\bar{y}_{jk.} - \bar{y}_{j..}) - (\bar{y}_{.k.} - \bar{y}_{...}) = (\bar{y}_{jk.} - \bar{y}_{.k.}) - (\bar{y}_{j..} - \bar{y}_{...})$$

と 2 通りの式に表され，$S_{\mathrm{A}\times\mathrm{B}}$ はそれらの 2 乗和である．上の式の左辺の表現では "A_j 水準の中の B_k 水準の効果から全体の中での B_k 水準の効果を引いた形"，右辺の表現では "B_k 水準の中の A_j 水準の効果から全体の中での

A_j 水準の効果を引いた形" になっており，一方の因子の水準の効果がもう一方の因子の水準でどう変わるか，言い換えると2つの因子を組み合わせたときの**交互作用**（interaction）の効果を表す．これに対してA間平方和，B間平方和は1元配置のときと同様にA，Bの効果を表すが，交互作用効果が分離されているということを表現する意味で**主効果**（main effect）とよばれる．

このように2次元配置データに対して平方和の分解

$$S_T = S_A + S_B + S_{A \times B} + S_e$$

が得られる．自由度についても，それに対応して

$$abn - 1 = (a-1) + (b-1) + (ab-a-b+1) + ab(n-1) \quad (5.2.6)$$

$$\phi_T = \phi_A + \phi_B + \phi_{A \times B} + \phi_e$$

と分解され，これらの分解に基づいて因子 A と B の主効果と A×B 交互作用の検定を行うことができる．帰無仮説はそれぞれ，A の主効果 $H_0: \alpha_1 = \cdots = \alpha_a = 0$，B の主効果 $H_0: \beta_1 = \cdots = \beta_b = 0$，A×B 交互作用 $H_0: (\alpha\beta)_{11} = \cdots = (\alpha\beta)_{ab} = 0$ であり，対立仮説はそれぞれ $\alpha_i, \beta_j, (\alpha\beta)_{ij}$ の中に0でないものが存在することである．

A×B 交互作用が有意となり存在すると考えられるときには，A と B を切り離して平均を考えるのでなく，水準組合せ (A_j, B_k) の平均を考えて，その水準組合せの母平均の $100(1-\alpha)\%$ 信頼限界を

$$\bar{y}_{jk\cdot} \pm t_{\alpha/2}(ab(n-1))\sqrt{V_e/n} \quad (5.2.7)$$

により求める．それらを図示すると，どの水準組合せによって母平均がどのように変わるか，最適水準組合せはどれかがわかりやすい．また，交互作用が有意でなく無視できる場合は，A と B を切り離して，別々に各水準の母平均の信頼限界を

$$\bar{y}_{j\cdot\cdot} \pm t_{\alpha/2}(ab(n-1))\sqrt{V_e/(bn)} \quad (5.2.8)$$

$$\bar{y}_{\cdot k\cdot} \pm t_{\alpha/2}(ab(n-1))\sqrt{V_e/(an)} \quad (5.2.9)$$

により評価すればよい．

繰り返し数 $n=1$（繰り返しのない）ときには，表5.4の S_e は計算できず，交互作用と誤差項の変動を分離することができない．A×B 交互作用 $(\alpha\beta)$ を誤差とみなし

§5.2 分散分析モデル　**193**

表 5.4　2元配置の分散分析表（繰り返しのある場合）

変動要因	平方和	自由度	平均平方 (V)	F	$E[V]$
因子 A	S_A	$\phi_A = a-1$	$V_A = S_A/\phi_A$	V_A/V_e	$\sigma^2 + bn\sigma_A^2$
因子 B	S_B	$\phi_B = b-1$	$V_B = S_B/\phi_B$	V_B/V_e	$\sigma^2 + an\sigma_B^2$
交互作用	$S_{A \times B}$	$\phi_{A \times B} = (a-1)(b-1)$	$V_{A \times B} = S_{A \times B}/\phi_{A \times B}$	$V_{A \times B}/V_e$	$\sigma^2 + n\sigma_{A \times B}^2$
残差	S_e	$\phi_e = ab(n-1)$	$V_e = S_e/\phi_e$		σ^2
合計	S_T	$\phi_T = abn-1$			

注）$\sigma_A^2 = \sum \alpha_j^2/\phi_A$, $\sigma_B^2 = \sum \beta_k^2/\phi_B$, $\sigma_{A \times B}^2 = \sum\sum (\alpha\beta)_{jk}^2/\phi_{A \times B}$

表 5.5　2元配置の分散分析表（繰り返しのない場合）

変動要因	平方和	自由度	平均平方 (V)	$E[V]$
因子 A	S_A	$\phi_A = a-1$	$V_A = S_A/\phi_A$	$\sigma^2 + b\sigma_A^2$
因子 B	S_B	$\phi_B = b-1$	$V_B = S_B/\phi_B$	$\sigma^2 + a\sigma_B^2$
残差	S_e	$\phi_e = (a-1)(b-1)$	$V_e = S_e/\phi_e$	σ^2
合計	S_T	$\phi_T = ab-1$		

注）$\sigma_A^2 = \sum \alpha_j^2/\phi_A$, $\sigma_B^2 = \sum \beta_k^2/\phi_B$

$$\sum\sum (y_{jk} - \bar{y}_{..})^2 = \sum b(\bar{y}_{j.} - \bar{y}_{..})^2 + \sum a(\bar{y}_{.k} - \bar{y}_{..})^2$$
$$S_T \quad = \quad S_A \quad + \quad S_B$$
$$+ \sum\sum (y_{jk} - \bar{y}_{j.} - \bar{y}_{.k} + \bar{y}_{..})^2$$
$$+ \quad S_e$$
$$ab - 1 = (a-1) + (b-1) + (ab-a-b+1)$$
$$\phi_T = \phi_A + \phi_B + \phi_e$$

の形に分解し，表 5.5 の分散分析表を求めて A と B の主効果の検定を行う．B が 5.2.1 項のコメント (3) で述べたブロック因子の場合，通常，A × B 交互作用はあっても誤差とみなして表 5.5 の分散分析を行い，因子 A の各水準の母平均の信頼限界を次の式で求める．

$$\bar{y}_{j.} \pm t_{\alpha/2}((a-1)(b-1))\sqrt{V_e/b} \qquad (5.2.10)$$

■■■ 練習問題

問 5.1 問 1.3 の太陽系の惑星の軌道長半径と公転周期について R を用いて回帰分析を行ったところ，次のような結果が出力された．この出力結果の各数値が何を意味しているかを確認せよ．

```
lm(formula = 公転周期 ～ 軌道長半径)

Coefficients:
            Estimate Std. Error  t value  Pr(>|t|)
(Intercept)   -8.788      4.515   -1.946    0.0996 .
軌道長半径      5.385      0.342   15.746  4.16e-06 ***

Residual standard error: 9.809 on 6 degrees of freedom
Multiple R-squared:  0.9764,    Adjusted R-squared:  0.9724
F-statistic: 247.9 on 1 and 6 DF,  p-value: 4.16e-06
```

問 5.2 次の表は，ある年のプロ野球チームの平均年棒と勝率のデータである．

勝率データ

チーム	リーグ	平均年棒（万円）	勝率
巨人	C	4676	0.659
中日	C	4311	0.566
ヤクルト	C	3324	0.497
阪神	C	5794	0.479
広島	C	2298	0.464
横浜	C	3275	0.354
日本ハム	P	3305	0.577
楽天	P	2684	0.538
ソフトバンク	P	5273	0.532
西武	P	3576	0.500
ロッテ	P	4325	0.446
オリックス	P	2728	0.394

(1) 平均年棒を説明変数，勝率を応答変数として R を用いて回帰分析を行ったところ，次のような結果が出力された．この結果より平均年棒が勝率に関係しているといえるかどうかを述べよ．

```
lm(formula = 勝率~平均年棒)

Coefficients:
              Estimate   Std. Error   t value   Pr(>|t|)
(Intercept)  4.077e-01   9.008e-02    4.526     0.0011 **
平均年棒      2.444e-05   2.288e-05    1.068     0.3107

Residual standard error: 0.08218 on 10 degrees of freedom
Multiple R-squared:  0.1024,    Adjusted R-squared:  0.01261
F-statistic:  1.14 on 1 and 10 DF,  p-value: 0.3107
```

(2) リーグにより平均年棒が異なるか否かについてRを用いて分散分析を行ったところ，次のような結果が出力された．この結果より平均年棒がリーグに関係しているといえるかどうかを述べよ．

```
           Df   Sum Sq    Mean Sq   F value   Pr(>F)
リーグ      1    266114    266114    0.211     0.656
Residuals  10  12631739   1263174
```

問 5.3 本文と異なる賃貸マンションデータを利用し，部屋の大きさ (m^2)，駅からの徒歩時間（分），築年数（年）を説明変数，家賃（千円）を応答変数として回帰分析を行った．モデル1はすべての説明変数を用いているが，モデル2は徒歩時間を含めていない．Rでの出力結果を示す．

モデル1

```
lm(formula = 家賃~大きさ + 徒歩 + 築年数)

Coefficients:
              Estimate   Std. Error   t value   Pr(>|t|)
(Intercept)   38.16099   3.55465      10.736    <2e-16 ***
大きさ         2.81737   0.09153      30.781    <2e-16 ***
徒歩          -0.52150   0.24266      -2.149    0.0329 *
築年数        -1.16953   0.12831      -9.115    <2e-16 ***

Residual standard error: 9.808 on 184 degrees of freedom
Multiple R-squared:  0.8548,    Adjusted R-squared:  0.8524
F-statistic: 361.1 on 3 and 184 DF,  p-value: < 2.2e-16
```

モデル 2

```
lm(formula = 家賃～大きさ + 築年数)

Coefficients:
             Estimate    Std. Error   t value    Pr(>|t|)
(Intercept)  33.42282    2.81541      11.871     <2e-16 ***
大きさ        2.83278    0.09214      30.746     <2e-16 ***
築年数       -1.18052    0.12946      -9.119     <2e-16 ***

Residual standard error: 9.904 on 185 degrees of freedom
Multiple R-squared:  0.8512,    Adjusted R-squared:  0.8496
F-statistic: 529 on 2 and 185 DF,   p-value: < 2.2e-16
```

(1) それぞれのモデルによって得られた家賃に対する予測式を求めよ．
(2) どちらのモデルのほうが良いか．その理由を含め述べよ．

問 5.4 第3章の練習問題 3.4 の親子の身長のデータにおける数値，$n = 18$，父親の身長の平均と不偏分散がそれぞれ 167.9, 29.7, 子の身長の平均と不偏分散がそれぞれ 171.0, 34.1, さらに，不偏共分散が 24.7 であることを用いて，相関係数の 95% 信頼区間を求めよ．

第6章
その他の分析法
—正規性の検討,適合度と独立性の χ^2 検定

―この章での目標―

正規性の検討手法,適合度と独立性に対する検定を理解する

- 分布の正規性の検討手法について理解する
- χ^2 統計量を用いた適合度の検定と独立性の検定を理解する

第6章 その他の分析法—正規性の検討，適合度と独立性の χ^2 検定

```
┌─分布の正規性の検討手法─────────────┐
│ ・正規 Q-Q プロットを作成する                       │ ▶§6.1
│ ・歪度および尖度で正規性を検討する                  │   正規性の
└────────────────────────────┘   検討
```

```
┌─$\chi^2$統計量を用いた適合度の検定と独立性の検定───┐
│ ・$\chi^2$統計量と適合度の検定・独立性の検定の関係を理解する │ ▶§6.2~6.3
│ ・適合度の検定と独立性の検定の適応場面を理解する         │
└──────────────────────────────┘
```

```
┌──────────────────────┐
│  分布の適合度の検定                 │
│  §6.2   適合度の検定               │
│                                    │
│  2変数の独立性の検定               │
│  §6.3   独立性の検定               │
└──────────────────────┘
```

§6.1 正規性の検討

第3章，第4章では正規分布の平均や分散に関する区間推定や仮説検定の方法について解説した．それらの方法を利用して分析するとき，観測値が正規母集団から抽出されたと考えられるかどうか（正規性）で，区間推定や検定の結果の妥当性が失われる場合がある．そのため，正規性が成り立っているかどうかを検討する手法がいくつか提案されている．ここでは，正規Q–Qプロットと歪度および尖度を取り上げる．

6.1.1 正規Q–Qプロット

観測値 $x_1, \ldots, x_n$ が想定した確率分布をもつ母集団から抽出されているかを確認するためのグラフによる手法としてQ–Qプロット（Quantile-Quantile Plot）がある．特に正規分布を想定したときのプロットを**正規Q–Qプロット**という．

Q–Qプロットの理論と利用法

(1) 観測値 $\{x_1, \ldots, x_n\}$ のうち任意の実数 x 以下となる個数を $\#\{x_i \leq x\}$ と表す．このとき，$F_n(x) = \#\{x_i \leq x\}/n$ と定義される x の関数を**経験分布関数** (empirical distribution function) とよぶ．標準正規乱数により生成された10個の観測値について描いた経験分布関数を図6.1に示す．この図は1.2.2項の累積分布図と同じである．

観測値の基となる理論的な確率分布の分布関数を $P(X \leq x) = F(x)$ とすると，大数の法則によって $F_n(x) = \#\{x_i \leq x\}/n \xrightarrow{P} F(x)$ が成立する．すなわち，経験分布関数は母集団の分布関数 $F(x)$ に近づく．

(2) Q–Qプロットとは2つの確率変数 X および Y（それぞれの分布関数は F_x および F_y）の分布を比較するための工夫であり，図6.2に示すようにさまざまな p に対して $F_x(q_x) = F_y(q_y) = p$ となる分位点（$100p\%$ 点）のペア q_x, q_y をプロットして作成されるグラフである．

もし2つの確率変数の間に $Y = a + bX$ という関係があれば，$F_x(x) =$

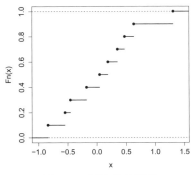
図 6.1　経験分布関数 F_n

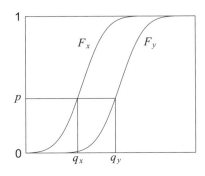
図 6.2　2 つの確率変数の分布関数と分位点

$P(X \leq x) = P(Y \leq a+bx) = F_y(a+bx)$ となるから，任意の p に対して $F_y(q_y) = p = F_x(q_x) = F_y(a+bq_x)$ が成立し，Q–Q プロットは $y = a+bx$ という直線となる．

このことから，想定した理論分布に適合しているか否かの検討を行うときには，データに基づく経験分布関数 $F_y(q_y)$ の分位点 q_y と，想定した理論の分布関数 $F_x(q_x)$ の分位点 q_x のペアの Q–Q プロットを描き，ほぼ直線上にプロットされるとき，想定した理論分布がよく適合していると判断する．

(3) $y_1, \ldots, y_n$ が正規分布 $N(\mu, \sigma^2)$ からの無作為標本の場合，その経験分布関数 $F_n(y)$ を F_y とし，標準正規分布の分布関数 Φ を F_x とすると，Q–Q プロットは（近似的に）$y = \mu + \sigma x$ となり，直線の傾きが標準偏差を表すことになる．

(4) 観測値を正規乱数および自由度 3 の χ^2 乱数から生成してそれらに対して描いた正規 Q–Q プロットを図 6.3 に示す．正規分布に従う観測値に対して描いた左の図はほぼ直線上にのっており，正しくデータの性質を表している．一方，χ^2 乱数から生成した観測値についての Q–Q プロットは下に凸となっているが，この形はデータの分布の右の裾が長い場合に見られる特徴である．この方法で観測値をプロットすると，非正規性の方向に関する情報が得られる．また，外れ値を検出するた

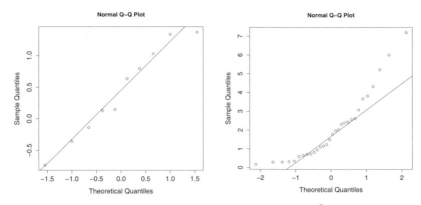

図 6.3 正規 Q–Q プロット：左（正規分布），右（χ^2 分布, $\nu = 3$）

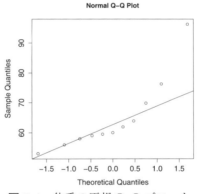

図 6.4 体重の正規 Q–Q プロット

めにも有効である．たとえば，40歳代の男性11人の体重が下のように得られた場合，正規 Q–Q プロットは図6.4になる．これから体重は正規分布と比較して右の裾の長い歪んだ分布となっており，右端に外れ値があることがわかる．

53.1, 56.0, 58.0, 59.0, 59.5, 60.0, 61.9, 63.9, 69.8, 76.3, 96.5

6.1.2 歪度および尖度

確率分布に関して位置を表す平均 μ，散らばりの大きさを表す分散 σ^2 に

加えて,非対称性の大きさを表す歪度(わいど)や分布の尖り具合と裾の広がりを表す尖度(せんど)という指標があり,それらはモーメントに基づいて定義されていることを 2.6 節で説明した.$\mu_k \equiv E[(X-\mu)^k]$ とすると,歪度は μ_3/σ^3,尖度は $\mu_4/\sigma^4 - 3$ によって定義され,正規分布の場合はどちらも 0 となる.したがって,観測されたデータから標本歪度と標本尖度を求めて,それらが 0 に近いかどうかで正規性の検証をすることができる.

歪度 (skewness)

データの大きさ n の観測値 $x_1, \ldots, x_n$ から 3 次モーメント

$$m_3 = \frac{1}{n} \sum_{i=1}^{n} (x_i - \bar{x})^3$$

を求め,以下の式で標本歪度を計算する.

$$標本歪度 = m_3/s^3$$

ここで,s は標本標準偏差である.正規分布や自由度 $\nu(>3)$ の t 分布のような左右対称の分布では歪度 = 0 となる.右に裾が長い分布では正の値に,左に裾が長い分布では負の値になる.

尖度 (kurtosis)

分布の山が 1 つ(単峰)であるとき,山の尖り度と裾の広がりを示す値として尖度がある.観測値から 4 次モーメント

$$m_4 = \frac{1}{n} \sum_{i=1}^{n} (x_i - \bar{x})^4$$

を求め,以下の式で標本尖度を計算する.

$$標本尖度 = m_4/s^4 - 3$$

正規分布に従うときは尖度 = 0 となる.正規分布と比較して,尖っていて裾の長い分布の尖度は正の値となり,逆に中心部が平坦で裾が短いとき負の値となる.たとえば,自由度 $\nu(>4)$ の t 分布の尖度は $6/(\nu-4)$ となる.t 分布は自由度が大きいほど尖度は 0 に近づき,歪度も 0 であることから正規分

布に近づくことがわかる.一方,正規分布より裾の短い分布である一様分布の尖度は -1.2 である.2.6 節で述べたように尖度の定義として式の最後にある 3 を引く定義と引かない定義があるので,注意が必要である.

§ 6.2　適合度の検定

　仮定された理論上の確率分布から得られる期待度数に対して,データとして得られた観測値の度数の当てはまりの良さを検定するのが,**適合度検定** (goodness of fit test) である.一例として,メンデルの法則に関するものを取り上げる.

　ある遺伝子の組合せでは 3 種類の組合せ AA, Aa, aa の理論的な発生頻度は $1:2:1$ とされている.Mosteller が紹介しているメンデルの実験では,観測 (Observed) 度数 O_i と期待 (Expected) 度数 E_i は次の表で与えられる.

	AA	Aa	aa	計
O_i	35	67	30	132
E_i	33	66	33	132

ここで,$n = 132$ は度数合計であり,AA, Aa, aa の順番に番号 ($i = 1, 2, 3$) を振って,期待度数は $E_1 = E_3 = (1/4)n$, $E_2 = (1/2)n$ より計算される.表からは観測度数は期待度数に近く,適合しているように見える.

　一般に,ある属性 A に対して k 個のカテゴリに分類された観測度数と理論から導かれた期待度数は次の形で与えられる.

	A_1	A_2	$\cdots$	A_k	計
観測度数	O_1	O_2	$\cdots$	O_k	n
期待度数	E_1	E_2	$\cdots$	E_k	n

ここで,期待度数 E_i は帰無仮説 $H_0 : P(A_i) = p_i$ ($i = 1, \ldots, k; p_1 + \cdots + p_k = 1$) の下で $E_i = np_i$ と計算される.

　証明は省略するが,期待度数の計算に利用した帰無仮説 H_0 の下で,次の検定統計量 χ^2(χ^2 統計量)は自由度 $k-1$ の χ^2 分布に近似的に従うことが

知られている．

$$\chi^2 = \sum_{i=1}^{k} \frac{(O_i - E_i)^2}{E_i} \sim \chi^2(k-1) \tag{6.2.1}$$

自由度がカテゴリの数 k より1つ小さくなるのは，度数の合計が一定という制約があるためである．

上の遺伝の例では表から計算される χ^2 統計量の値（χ^2 値）は $\chi^2 = (35-33)^2/33 + (67-66)^2/66 + (30-33)^2/33 = 27/66 \fallingdotseq 0.41$ となる．帰無仮説が正しくない場合は χ^2 値は大きな値をとる傾向がある．この場合の P-値は $P(\chi^2 \geq 0.41) \fallingdotseq 0.815$ となり，帰無仮説は棄却されない．

第1章の賃貸マンションデータの8つの方角（表1.11）について，どの方角の部屋も同じ割合（一様）であるという帰無仮説 H_0 に対する適合度検定を考える．どの方角の部屋も同じ割合であるとすると，期待度数は $140 \div 8 = 17.5$ となり，帰無仮説 H_0 の下で式 (6.2.1) の χ^2 統計量は自由度7の χ^2 分布に従う．データから χ^2 値を計算すると，

$$\chi^2 = \frac{(23-17.5)^2}{17.5} + \frac{(33-17.5)^2}{17.5} + \cdots + \frac{(5-17.5)^2}{17.5} = 70.63$$

となり，自由度7の χ^2 分布の上側5%点 $\chi^2_{0.05}(7) = 14.07$，1%点 $\chi^2_{0.01}(7) = 18.48$ と比較しても大きな値であり有意であることがわかる．このことから，帰無仮説は棄却され，方角による部屋の割合に差があることがわかる．

コメント

(1) カテゴリ数が2の適合度検定で考えると，χ^2 分布の理解が容易になる．このときは O_1 は二項分布 $B(n, p_1)$ に従うので，n が大きいときは $z = (O_1 - E_1)/\sqrt{np_1(1-p_1)}$ は近似的に標準正規分布 $N(0, 1)$ に従う．ところで $E_2 - O_2 = (n-E_1)-(n-O_1) = -(E_1-O_1)$ であるため，$\chi^2 = (O_1-E_1)^2(1/E_1+1/E_2) = (O_1-E_1)^2\{1/(np_1) + 1/(np_2)\} = (O_1-E_1)^2/\{np_1(1-p_1)\} = z^2$ となり，定義からこれは近似的に自由度1の χ^2 分布に従うことがわかる．ここでも自由度はカテゴリ数より1だけ小さくなっている．

(2) ある地域の一定期間の事故数がポアソン分布に従うかどうかを検討する際，適合度検定が利用される．期待度数を求めるためにはポアソン分布の母数 λ に関する情報が必要となる．λ が与えられていて期待度数 E_i を計算する場合と，集計表のデータから求めた λ の推定値 $\hat{\lambda}$ を用いて期待度数 E_i を計算する場合の2通りの場

合があり，どちらであるかにより自由度が異なる．前者では式 (6.2.1) の検定統計量 χ^2 を用いるとき自由度は $k-1$ であり，後者では自由度が $k-2$ になる．後者については，合計が一定という制限のほか，母数 λ をデータから求めた $\hat{\lambda}$ を用いることによる制限が加わるからである．また，正規性に関する適合度を検定するために，平均と分散の推定値を用いたときには自由度は $k-3$ になる．証明に興味がある読者は，数理統計学の教科書を参照されたい．

§ 6.3 独立性の検定

一般に 2 つの属性 A と B があり，属性 A に対して r 個のカテゴリ，属性 B に対して c 個のカテゴリに分類した $r \times c$ クロス集計表（分割表）は表 6.1 の形で与えられる．

表 6.1 $r \times c$ 分割表

	B_1	B_2	$\cdots$	B_c	行和
A_1	f_{11}	f_{12}	$\cdots$	f_{1c}	$f_{1\cdot}$
A_2	f_{21}	f_{22}	$\cdots$	f_{2c}	$f_{2\cdot}$
$\vdots$	$\vdots$	$\vdots$		$\vdots$	$\vdots$
A_r	f_{r1}	f_{r2}	$\cdots$	f_{rc}	$f_{r\cdot}$
列和	$f_{\cdot 1}$	$f_{\cdot 2}$	$\cdots$	$f_{\cdot c}$	$n = f_{\cdot\cdot}$

ここで f_{ij} はセル (A_i, B_j) の観測度数，$f_{i\cdot} = \sum_j f_{ij}$ は i 行の度数合計（行和），$f_{\cdot j} = \sum_i f_{ij}$ は j 列の度数合計（列和），$f_{\cdot\cdot} = n$ は全度数合計である．

この場合，2 つの属性 A, B が独立という帰無仮説は，$H_0 : P(A_i \cap B_j) = P(A_i)P(B_j)$ で表される．カテゴリ A_i, B_j の出現確率の推定値は，それぞれ $f_{i\cdot}/n, \ f_{\cdot j}/n$ であることから，H_0 の下でのセル (A_i, B_j) の期待度数は $E_{ij} = n(f_{i\cdot}/n)(f_{\cdot j}/n) = f_{i\cdot} f_{\cdot j}/n$ となる．

帰無仮説 H_0 の下で，次の検定統計量 χ^2（χ^2 統計量）は度数が大きいとき近似的に χ^2 分布に従う．行の和と列の和が固定されていることから，自

由度は $(r-1)(c-1)$ となる.

$$\chi^2 = \sum_{i=1}^{r}\sum_{j=1}^{c} \frac{(O_{ij}-E_{ij})^2}{E_{ij}} \sim \chi^2((r-1)(c-1))$$

ただし, $O_{ij}(=f_{ij})$ と E_{ij} は各セル (A_i, B_j) の観測度数と帰無仮説 H_0 の下での期待度数を表す.

第4章の例7について独立性の検定を行う. 年代による労働時間は独立であるとして期待度数を計算すると次の表のようになる.

	観測度数 O_{ij}			期待度数 E_{ij}		
	長時間	短時間	計	長時間	短時間	計
25–29歳	116	76	192	144	48	192
30–34歳	244	44	288	216	72	288
計(人)	360	120	480	360	120	480

これから χ^2 値は

$$\begin{aligned}\chi^2 &= \frac{(116-144)^2}{144} + \frac{(76-48)^2}{48} + \frac{(244-216)^2}{216} + \frac{(44-72)^2}{72} \\ &= \frac{(-28)^2}{144} + \frac{28^2}{48} + \frac{(-28)^2}{216} + \frac{28^2}{72} \doteq 36.30 \quad (6.3.1)\end{aligned}$$

と計算できる. 自由度 $1 (= (2-1)\times(2-1))$ の χ^2 分布では上側5%点 $\chi^2_{0.05}(1) = 3.84$, 1%点 $\chi^2_{0.01}(1) = 6.63$ である. 有意水準5%でも1%でも H_0 は棄却される. つまり, 20代と30代では労働時間の比率に明確な違いがあると結論できる有意な結果である. なお, この χ^2 値に対する P-値は $P(\chi^2 \geq 36.30) = 1.69 \times 10^{-9}$ とほとんどゼロになる.

▶ コメント

(1) 労働時間の比率に関して, 第4章では二項分布の正規近似を用いて比率の差を検定し, 本節では 2×2 分割表の χ^2 検定を行った. どちら方法も二項分布が n が大きいとき正規分布で近似されるという性質を用いている. 実は, 比率の差に関する式(4.4.6)による検定と, 2×2 分割表による独立性の検定では, 数式を変形すると $\chi^2 = z^2$ が得られるため, 全く同一の結論を導く. 実際, 式(4.4.7)から $z^2 = 6.025^2 = 36.30$ と数値が一致している. 式(4.4.6)はわずかに異なる結果を

§6.3 独立性の検定

与えるが大差はない．また，式 (6.3.1) のように $|O_{ij} - E_{ij}|$ が 4 つのセルで同じ値になることからも，χ^2 が二項分布から得られる z の 2 乗として表現されることがわかる．

(2) 自由度 1 の χ^2 分布について二項分布の連続修正が適用されることがある．2×2 分割表の場合に棄却されるのは χ^2 が大きいときだから，$O_{ij} - E_{ij}$ に代えて $|O_{ij} - E_{ij}| - 1/2$ を使う．これを**イエーツの補正** (Yate's correction) とよぶ．式 (6.3.1) では 28^2 の代わりに $(28 - 0.5)^2 = 27.5^2$ を用いることになる．

(3) 2 元分割表の確率モデルとして，(a) 合計を固定する，(b) 行和または列和を固定する，(c) 行和と列和の両方を固定する，という 3 種類を考えることができる．本節での年齢と労働時間の例で説明すると次のような確率モデルを想定することになる．(a) は合計人数 $n = 480$ を固定する場合で，4 つのセルに入る度数は多項分布に従う．合計人数を固定せず一定期間観察するとき，各セルの度数はポアソン分布に従うと考えられるが，得られた結果に基づいて合計度数 n を固定すれば 4 つのセルの度数は多項分布となる．(b) は年齢別の人数（行合計）$f_{1\cdot} = 192, f_{2\cdot} = 288$ を固定する場合で，年齢層ごとの労働時間別の人数は二項分布に従う．全体としては積二項分布に従う．同様に，列合計を固定する場合は，各列の分布は二項分布，全体の分布は積二項分布に従う．(c) は行合計を固定するとともに列合計を労働時間の長さに従って 3 : 1 に分類して人数を固定する場合で，観測値は帰無仮説の下で超幾何分布に従う．

このように状況によって確率分布は異なるが，本文中の χ^2 分布は，これらのいずれの場合にも成立する近似であり，その意味で応用範囲が広い．

(4) 標本調査（サンプリング）の観点から分割表をながめる．簡単のため 2 つの質的変数に関する 2×2 分割表の場合について説明する．たとえば，原因（喫煙習慣の有無）と，結果（肺がん罹患の有無）について調査した次の表を考える．

	肺がん罹患	非肺がん罹患	計
喫煙習慣有り	f_{11}	f_{12}	$f_{1\cdot}$
喫煙習慣無し	f_{21}	f_{22}	$f_{2\cdot}$
計	$f_{\cdot 1}$	$f_{\cdot 2}$	$n = f_{\cdot\cdot}$

コメント (3) の確率モデル (a) は，標本の大きさ $n (= f_{\cdot\cdot})$ を固定して単純無作為抽出法で標本を抽出し，行の変数と列の変数について調査する．このタイプの研究を**横断研究** (cross-sectional study) という．確率モデル (b) は，行の度数の和または列の度数の和を固定する．このとき，原因と考えられる変数のカテゴリごとに標本サイズ $f_{i\cdot}$ の標本を抽出し，一定期間追跡調査し結果を表す変数のカテゴリごとの度数 (f_{i1}, f_{i2}) を調べる研究と，逆に結果を表す変数のカテゴリごとに標本サイズ $f_{\cdot j}$ の標本を抽出し，過去にさかのぼって原因と考えられる変数のカテゴリごとの度数 (f_{1j}, f_{2j}) を調べる研究がある．前者を**前向き研究**

(prospective study) あるいは**コホート研究** (cohort study) といい，後者を**後ろ向き研究** (retrospective study) あるいは**患者・対照研究**または**ケース・コントロール研究** (case-control study) という．コメント (3) の確率モデル (c) は，行和および列和の両方を固定する確率モデルであるが，それに直接対応する調査法として**捕獲再捕獲法**がある．また，この確率モデルには，横断・前向き・後ろ向き研究から得られた分割表に関して，行および列に対応する質的変数が独立であるという帰無仮説の下で，正確な P-値を計算するための**フィッシャーの正確検定**（7.1.1 項参照）において仮定されている確率モデルという重要な側面もある．

(5) コメント (4) の例で，喫煙習慣有り ($i=1$) と無し ($i=2$) の群の肺がんへの相対的な罹患のしやすさを表す指標の1つにオッズ比がある．各群の罹患率を p_1, p_2 とするとき，$p_1/(1-p_1)$, $p_2/(1-p_2)$ をそれぞれの群の**オッズ** (odds) といい，その比をとったものを**オッズ比** (odds ratio) という．前向き研究のデータでは

$$\mathrm{OR} = \frac{p_1/(1-p_1)}{p_2/(1-p_2)} = \frac{f_{11}/f_{12}}{f_{21}/f_{22}}$$

の最後の式を標本オッズ比として母オッズ比が推定できる．$\mathrm{OR} = 1$ は両群のオッズが等しいこと，すなわち，相対的な罹患のしやすさは同じであることを表し，$\mathrm{OR} > 1$ は喫煙有りの群のほうがより罹患しやすいことを表す．後ろ向き研究では f_{i1}/f_{i2} は研究者の標本サイズの決め方に依存して変わり，この最後の式の分子，分母に意味がなくなるが，

$$\frac{f_{11}/f_{12}}{f_{21}/f_{22}} = \frac{f_{11}/f_{21}}{f_{12}/f_{22}}$$

と書き直せば，分子，分母は列のカテゴリに対応する肺がんの罹患群と非罹患群の喫煙率のオッズの比として意味をもつ．行の比と列の比の両方が意味をもつ多項分布モデル（あるいはポアソン分布モデル）では，セルの出現確率を用いて表した母オッズ比は，喫煙群，非喫煙群の罹患率のオッズ比と肺がんの罹患群と非罹患群の喫煙率のオッズ比が同じ式になる．観測度数についても行方向，列方向のどちらの方向からオッズを求めてオッズ比を計算しても同じ値が得られる．このように，オッズ比は前向き研究，後ろ向き研究，横断研究のどの研究からも推定できるという長所をもっている．

練習問題

問 6.1

1日当たりの交通事故死者数の平均が2人であると思われている地区で，交通事故死者数を調査した．次の表は，100日間の1日当たりの交通事故死者数の度数分布表である[*]．

1日当たりの交通事故死者数

0人	1人	2人	3人	4人以上	合計
21日	32日	29日	12日	6日	100日

(1) 1日当たりの交通事故死者数が平均2（人）のポアソン分布に従っているとき，死者数が0人，1人，2人，3人，4人以上の発生確率を計算し，次の表の空欄を埋めよ．

0人	1人	2人	3人	4人以上	合計
					1.000

(2) 1日当たりの交通事故死者数が平均2（人）のポアソン分布に従っているという帰無仮説を立て，有意水準5%で適合度検定を行う．このときの，適合度の検定統計量の値はいくらか．また，χ^2分布の自由度と棄却域に注意し結論を述べよ．

(3) 1日当たりの交通事故死者数の平均を上の度数分布表より推定する．その際，「4人以上」は4人とする．1日当たりの交通事故死者数が推定した平均のポアソン分布に従っているとする．このときの死者数が0人，1人，2人，3人，4人以上の発生確率を計算し，次の表の空欄を埋めよ．

0人	1人	2人	3人	4人以上	合計
					1.000

---

[*] (1), (2) ではポアソン分布のパラメータが既知（= 2）とし，(3), (4) では未知としている点に注意する．

(4) 1日当たりの交通事故死者数が(3)のポアソン分布に従っているという帰無仮説を立て，有意水準5%で適合度検定を行う．このときの，適合度の検定統計量の値はいくらか．また，χ^2分布の自由度と棄却域に注意し結論を述べよ．

問 6.2 次の表は，2種類の抗生物質を症状が類似している患者に投与した結果の要約である．この結果から2種類の薬の効果には差があると考えられるか否かを以下の手順で検定する．

薬剤	改善	不変	計
A	52	11	63
B	40	17	57
計	92	28	120

(1) 2種類の薬の効果に差がなく独立であると仮定するときの期待度数を計算し，次の表の空欄を埋めよ．

薬剤	改善	不変	計
A			63
B			57
計	92	28	120

(2) これらの表からχ^2統計量の値を求め，有意水準5%で独立性の検定を行い，結論を述べよ．

(3) 2種類の薬において，"改善する割合の差がない"という帰無仮説を有意水準5%で両側検定し，結論を述べよ．

第7章

付　録

§ 7.1 確率分布

7.1.1 超幾何分布

袋の中に M 個の赤玉と $N-M$ 個の白玉が入っているとする．この袋の中をよくかき混ぜて無作為に n 個の玉を取り出すとき，赤玉の個数 X の従う確率分布を**超幾何分布** (hypergeometric distribution) とよぶ．N 個の中から n 個を取り出す可能なすべての組合せはどれも同様に確からしいと考えてよい．そこで，赤玉が x 個，白玉が $n-x$ 個となる組合せの数を計算し，それを N 個の中から赤玉と白玉の区別なく n 個を取り出す場合の数 ${}_N C_n$ で割ることにより確率関数

$$P(X=x) = \frac{{}_M C_x \times {}_{N-M} C_{n-x}}{{}_N C_n} \tag{7.1.1}$$

が求まる．x は $[0, n]$ の整数で $x \leq M, n-x \leq N-M$ を満たさなければならないので，とり得る範囲は $\max\{0, n-(N-M)\} \leq x \leq \min(n, M)$ となる．期待値と分散はポアソン分布の場合と同様に $E[X], E[X(X-1)]$ を計算する方法を用いて

$$E[X] = n\frac{M}{N} \tag{7.1.2}$$

$$V[X] = n\frac{M(N-M)}{N^2} \cdot \frac{N-n}{N-1} \tag{7.1.3}$$

を得る．

袋の中の赤玉と白玉の比率をそれぞれ $p = M/N, q = 1-p = (N-M)/N$ とおいて整理すると，確率関数は

$$P(X=x) = {}_n C_x p^x q^{n-x} \frac{\left(1-\frac{1}{Np}\right)\cdots\left(1-\frac{x-1}{Np}\right)\left(1-\frac{1}{Nq}\right)\cdots\left(1-\frac{n-x-1}{Nq}\right)}{\left(1-\frac{1}{N}\right)\left(1-\frac{2}{N}\right)\cdots\left(1-\frac{n-1}{N}\right)}$$

と変形でき，$N \to \infty$ とすると二項分布 $B(n, p)$ の確率関数に近づくこと，つまり，N が大きいとき超幾何分布は二項分布で近似できることがわかる．また，期待値と分散は

$$E[X] = np$$
$$V[X] = npq \cdot \frac{N-n}{N-1} \tag{7.1.3}'$$

と表され,式 (7.1.3)′ の分散は二項分布の分散に $(N-n)/(N-1)$ を掛けた値に等しくなっている.この項は**有限母集団修正** (finite population correction) とよばれ,有限母集団に関する超幾何分布の確率を無限母集団を想定した二項分布で近似して計算した分散の値を修正するために用いられる.

超幾何分布の応用例をいくつか挙げておく.

1. **捕獲再捕獲法**:ある湖の魚の個体数 N を調べたい.まず N 匹の中から無作為に M 匹を捕獲し標識を付けて放流する.しばらくの期間をおいて n 匹を捕獲してそのうち標識の付いた個体数 x(確率変数を X)を数えるとき,$P(X=x)$ は超幾何分布の確率関数となる.

2. **抜き取り検査**:出荷する製品の品質を一定以上に保つため,大きさ N の製品のロットから無作為に n 個を抜き取り不良個数がある値より大きければそのロットを不合格,その値以下なら合格とする抜き取り検査(計数規準型 1 回抜き取り検査)がある.超幾何分布の確率関数を用いて生産者危険や消費者危険を検討する.

3. 2×2 分割表に関する**フィッシャーの正確検定** (Fisher's exact test):6.3 節で 2 種類の属性に関する $r \times c$ クロス集計表(分割表)と属性間の独立性の χ^2 検定について説明した.χ^2 検定は観測度数が大きいときの近似的な検定法であるが,正確な検定法として Fisher の方法が知られている.2 つの属性(たとえば,属性 A = 予防接種の有無,属性 B = 罹患の有無)について,6.3 節の表 6.1 で $r=c=2$ の場合の形の 2×2 分割表が得られているとする.行和 $f_{1\cdot}$, $f_{2\cdot}$,列和 $f_{\cdot 1}$, $f_{\cdot 2}$ は与えられたものという条件をつけると,4 つのセルの度数 f_{11}, f_{12}, f_{21}, f_{22} のうち 1 つ(たとえば f_{11})が決まれば,残りは周辺和から求まる.この f_{11} を観測度数 x(確率変数を X)とする.このとき 2 種類の属性が独立に生起するという帰無仮説の下で確率変数 X は超幾何分布に従う.このタイプのデータに対しては独立性の χ^2 検定が用いられることが多いが,観測度数が小さいとき χ^2 近似の精度が良くない.フィッシャーの正確検

定は超幾何分布を用いて p 値を正確に評価する方法である．

7.1.2 多項分布

二項分布の自然な拡張に**多項分布** (multinomial distribution) がある．各回の結果は独立で，互いに排反である k 個の事象 $A_j, j = 1, 2, \ldots, k$ に対し，各 A_j が $\{p_j > 0, j = 1, 2, \ldots, k;\ p_1 + p_2 + \cdots + p_k = 1\}$ の確率で生起するものとする．ベルヌーイ試行と比べて結果の事象の数が 2 でなく k である点だけが異なる．このとき n 回の試行の結果である観測度数 $\{X_j, j = 1, 2, \ldots, k\}$ の分布を多項分布とよぶ．確率関数は実際の観測度数 $\{x_j, j = 1, 2, \ldots, k; x_1 + x_2 + \cdots + x_k = n\}$ に対して

$$P(X_1 = x_1, \ldots, X_k = x_k) = \frac{n!}{x_1! x_2! \cdots x_k!} p_1^{x_1} p_2^{x_2} \cdots p_k^{x_k} \tag{7.1.5}$$

となる．期待値と分散，共分散は次の式で与えられる．

$$E[X_j] = np_j, \qquad V[X_j] = np_j(1-p_j), \qquad \mathrm{Cov}[X_i, X_j] = -np_i p_j$$

7.1.3 負の二項分布

2.7.4 項で説明した幾何分布を特殊な場合として含む分布に**負の二項分布** (negative binomial distribution) がある．それは，成功確率 p のベルヌーイ試行を r 回成功するまで繰り返したときの失敗の回数 X の従う確率分布として定義される．試行回数 $x + r$ 回目に r 回目の成功が起こればよいので，確率関数は

$$P(X = x) = {}_{x+r-1}C_x p^r (1-p)^x, \quad x = 0, 1, 2, \ldots$$

となり，期待値と分散は次のようになる．

$$E[X] = r\frac{1-p}{p}, \qquad V[X] = r\frac{1-p}{p^2}$$

パラメータ (r, p) の負の二項分布を記号 $NB(r, p)$ で表す．幾何分布は $NB(1, p)$ と表される．

別の定義として，r 回成功するまでの試行回数 Y の分布を考えると，$Y = X + r$ の関係があるため，横軸に確率変数の値，縦軸に確率関数の値をとったグラフの形は変わらず，位置だけが右に r だけ移動する．したがって，分散は変わらず期待値は r だけ大きくなる．

7.1.4 確率分布の間の近似的な関係

これまでに説明してきたことと重複するが,超幾何分布,二項分布,ポアソン分布,正規分布の間の近似的な関係についてまとめる.近似の成り立つ条件を正確に述べることは困難であるが,一応の目安として以下の 1)〜4) が参考になる.

1) 超幾何分布は N が大きいとき二項分布 $B(n, p)$ で近似できる.目安は $N/n > 10$ が成り立つとき.
2) 二項分布 $B(n, p)$ は $\lambda = np = $ 一定で n が大きく p が小さいとき,ポアソン分布で近似できる. $p < 0.1$, $n = 20$ 程度でも近似は比較的よい.
3) 二項分布 $B(n, p)$ は $p \geq 0.1$ かつ $1 - p \geq 0.1$ で n が大きいとき正規分布で近似できる.目安は $np \geq 5$ かつ $n(1-p) \geq 5$ が成り立つとき.
4) ポアソン分布 $Po(\lambda)$ は λ が大きいとき正規分布 $N(\lambda, \lambda)$ で近似できる.目安は $\lambda \geq 5$ が成り立つとき.

〔注〕1), 2) は統計数値表(日本規格協会)の計数規準型一回抜き取り検査の設計における二項近似,ポアソン近似の条件. 3), 4) については正規近似に基づく χ^2 検定を適用する際にしばしば用いられるセルの期待度数に関する条件を参考にした.

§7.2 仮説検定の基礎的理論

7.2.1 検出力と検出力関数

4.2.4 項では仮説検定における 2 種類の過誤とその確率 α, β および検出力 $1 - \beta$ について解説した.正規分布 $N(\mu, \sigma^2)$ (σ^2 は既知) の平均 μ に関する片側検定(帰無仮説 $H_0 : \mu = \mu_0$ vs. 対立仮説 $H_1 : \mu > \mu_0$)の場合について,検出力の求め方を具体的に説明する.

有意水準 α の検定は,4.3.1 項で述べたように検定統計量 $z = (\bar{x} - \mu_0)/(\sigma/\sqrt{n})$ の実現値 z_{obs} を用いて

- $z_\mathrm{obs} \geq z_\alpha$ ならば，H_0 を棄却する
- $z_\mathrm{obs} < z_\alpha$ ならば，H_0 を棄却せず H_0 を受容する

とすればよい．$H_1 : \mu > \mu_0$ の μ を $\mu = \mu_1$（μ_1 は既知の定数）とおくと，H_0 または H_1 が正しいときの検定統計量は，期待値と分散が $E(z\,|\,H_0) = 0$, $E(z\,|\,H_1) = \sqrt{n}\delta$（ただし，$\delta = (\mu_1 - \mu_0)/\sigma$），$V(z\,|\,H_0) = V(z\,|\,H_1) = 1$ の正規分布となるので，それらの分布（確率密度関数）は図 7.1 のように表される．

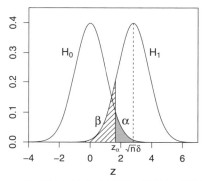

図 7.1 z 検定における 2 種類の過誤の確率 α と β

図 7.1 の左側の曲線は H_0 が正しいときの z の分布であるから，標準正規分布 $N(0,1)$ の確率密度関数である．右側の曲線は H_1 が正しいときの検定統計量 z の分布であるが，これは $N(0,1)$ の曲線を右側に $\sqrt{n}\delta$ だけシフトした形になっている．z_α は $N(0,1)$ の上側 $100\alpha\%$ 点であり，塗りつぶした部分の面積（確率）が α に等しい．これらからわかるように n が一定（詳しくいえば $\sqrt{n}\delta$ が一定）なら，α を大きくすると β が小さくなり，逆に，α を小さくすると β が大きくなる．また，δ が一定なら，n を大きくすると 2 つの曲線の中心が離れる方向に移動し，α と β の両方を小さくすることができる．

右側の曲線において，$z' = z - \sqrt{n}\delta$ と変換すると $z' \sim N(0,1)$ となり，

$$P(z \leq z_\alpha\,|\,H_1) = P(z' \leq z_\alpha - \sqrt{n}\delta\,|\,z' \sim N(0,1)) = \Phi(z_\alpha - \sqrt{n}\delta)$$

となる．すなわち，この片側検定の検出力 $1 - \beta$ は

$$1 - \beta = 1 - \Phi(z_\alpha - \sqrt{n}\delta) \tag{7.2.1}$$

により評価でき，検出力は有意水準 α，検出したい差 $\delta = (\mu_1 - \mu_0)/\sigma$ の大きさ，および標本の大きさ n に依存して決まる．この式で (δ, α, n) を与えると検出力 $1-\beta$ が求まり，(δ, α, β) を与えると，その検定に必要な標本の大きさ n が計算できる．類似の性質は，分散が未知の場合の t 検定についても成り立つ．式 (7.2.1) のように検出力を帰無仮説と対立仮説の差の大きさ δ と n を引数として表した関数を**検出力関数** (power function) とよぶ．

〔例1〕 $\alpha = 0.05$，$\delta = 0.5$，$n = 25$ のときの検出力を求めよ．
$z_\alpha - \sqrt{n}\delta = 1.645 - 5 \times 0.5 = -0.855$，$\beta = \Phi(-0.855) \doteq 0.196$，$1 - \beta = 0.804$ となり，検出力はおよそ 80% である．

〔例2〕 $\alpha = 0.05$ の検定で，$\delta = 0.5$ の差を検出力 90% で検出するために必要な標本の大きさを求めよ．
$\beta = 0.10$，$\Phi(z_\alpha - \sqrt{n}\delta) = \Phi(1.645 - \sqrt{n} \times 0.5) = \beta$ を満たす n を求めればよい．$1.645 - 0.5\sqrt{n} = \Phi^{-1}(0.10) \doteq -1.282$ より $n = \{(1.645 + 1.282)/0.5\}^2 \doteq 34.27$，よって必要な標本の大きさ $n = 35$ となる．

両側検定 ($H_0 : \mu = \mu_0$ vs. $H_1 : \mu \neq \mu_0$) の場合は，図 7.1 に対応する図は棄却域が $(-\infty, -z_{\alpha/2}]$，$[z_{\alpha/2}, \infty)$，受容域は $(-z_{\alpha/2}, z_{\alpha/2})$ となって $N(0,1)$ の両裾の確率 $\alpha/2$ ずつが塗りつぶされた図になる．対立仮説に属する $\mu_1 > \mu_0$ に対する図は片側検定の場合と同じく $N(\sqrt{n}\delta, 1)$ であり，両側検定の検出力は

$$1 - \beta = 1 - \Phi(z_{\alpha/2} - \sqrt{n}\delta) + \Phi(-z_{\alpha/2} - \sqrt{n}\delta) \tag{7.2.2}$$

となるので，式 (7.2.1) の代わりに式 (7.2.2) を用いて検出力の計算や標本の大きさの計算を行えばよい．

7.2.2 ネイマン・ピアソンの基本定理

仮説検定の方法は，一般に第1種過誤の確率 α を固定して第2種過誤の確率 β を最小にする，いいかえると，検出力を最大化するような形で構成される．そのための基本定理がネイマン・ピアソンの定理である．詳細な理論の証明は他書，たとえば『統計検定1級対応 統計学』4.2節に譲り，ここでは考え方に重点をおいてあらすじを概説する．

前項に続いて，分散 σ^2 が既知の $N(\theta, \sigma^2)$ からの標本に基づく母平均の検定 ($H_0 : \theta = \theta_0$ vs. $H_1 : \theta = \theta_1 \, (\theta_1 > \theta_0)$) の問題を考える．ただし，一般の母数に関する検定という意味を強調するため μ でなく θ を用い，対立仮説として 1 つの値 θ_1 を用いている．

標本 $x_1, \ldots, x_n \sim N(\theta, \sigma^2)$ に対する同時確率密度関数（$x_1, \ldots, x_n$ と母数 θ と σ^2 の関数であるが，同じ関数を未知母数 θ の関数という部分に重点をおいたものを**尤度関数** (likelihood function)* という）を $L(\theta; x_1, \ldots, x_n)$ と表す．4.3.1 項では検定統計量 $\bar{x}$ や $z = (\bar{x} - \mu_0)/(\sigma/\sqrt{n})$ が棄却域に入ったとき H_0 が棄却されたが，その棄却域は標本 $\boldsymbol{x} = (x_1, \ldots, x_n)$ の全事象 Ω（とり得る値全体の集合）の中のある部分集合に相当する．ここでは Ω の中の任意の部分集合 R を棄却域と考える．

$H_0 : \theta = \theta_0$ が正しいとき，標本 $\boldsymbol{x}$ が R に入る確率は有意水準 α に等しいから

$$\int_R L(\theta_0; \boldsymbol{x}) d\boldsymbol{x} = \alpha \tag{7.2.3}$$

となる．これに対して，$H_1 : \theta = \theta_1$ が正しいときに $\boldsymbol{x}$ が R に入る確率は検出力を表し，その値は

$$\eta(\theta_1) = \int_R L(\theta_1; \boldsymbol{x}) d\boldsymbol{x} \tag{7.2.4}$$

により計算できる．仮説検定は有意水準 α を固定して検出力 $\eta(\theta_1)$ を最大にする問題として定式化されるが，このような制約条件つきの最大化問題は，ラグランジュの未定乗数 λ を含むラグランジュ関数

$$Q(\theta_1, \lambda) \equiv \int_R L(\theta_1; \boldsymbol{x}) d\boldsymbol{x} - \lambda \left\{ \int_R L(\theta_0; \boldsymbol{x}) d\boldsymbol{x} - \alpha \right\} \tag{7.2.5}$$

を無条件で最大化する問題に変形できることが知られている．$Q(\theta_1, \lambda)$ は

$$Q(\theta_1, \lambda) = \int_R \{L(\theta_1; \boldsymbol{x}) - \lambda L(\theta_0; \boldsymbol{x})\} d\boldsymbol{x} + \lambda \alpha$$

となるので，棄却域 R を

$$R = \{\boldsymbol{x} \mid L(\theta_1; \boldsymbol{x}) - \lambda L(\theta_0; \boldsymbol{x}) \geq 0\} = \left\{ \boldsymbol{x} \,\middle|\, \frac{L(\theta_1; \boldsymbol{x})}{L(\theta_0; \boldsymbol{x})} \geq \lambda \right\} \tag{7.2.6}$$

---

* 尤度関数を最大にする母数の値を最尤推定量（標本の関数とみなした場合）または最尤推定値（標本の実現値を用いた場合）という．

のように，$Q(\theta_1, \lambda)$ の右辺の被積分関数が正（非負）の部分，すなわち，**尤度比** (likelihood ratio)$L(\theta_1; \boldsymbol{x})/L(\theta_0; \boldsymbol{x})$ が λ 以上となる領域として定義すればよい．対数関数 log は単調増加関数なので，**対数尤度比** (log-likelihood ratio) を用いて

$$R = \{\boldsymbol{x} \mid \log L(\theta_1; \boldsymbol{x}) - \log L(\theta_0; \boldsymbol{x}) \geq \log \lambda\}$$

と定義してもよい．

正規分布 $N(\theta, \sigma^2)$ の母平均 θ の検定の場合について計算してみると

$$L(\theta; \boldsymbol{x}) = (2\pi\sigma^2)^{-n/2} \exp\left\{-\frac{1}{2\sigma^2}\sum_{i=1}^n (x_i - \theta)^2\right\}$$

より

$$\log L(\theta_1; \boldsymbol{x}) - \log L(\theta_0; \boldsymbol{x}) = -\frac{1}{2\sigma^2}\sum_{i=1}^n \{2x_i(\theta_0 - \theta_1) + (\theta_1^2 - \theta_0^2)\} \geq \log \lambda$$

整理すると

$$\bar{x} \geq \frac{\sigma^2 \log \lambda}{n(\theta_1 - \theta_0)} + \frac{1}{2}(\theta_0 + \theta_1) = c \quad (c:\text{定数}) \tag{7.2.7}$$

となり，式 (7.2.7) を満たす領域を棄却域とする検定は，検出力が最も高い検定となる．このような性質をもつ検定を**最強力検定** (most powerful test) という．定数 c は H_0 の下で棄却する確率が α となるように，具体的には H_0 の下では $\bar{x} \sim N(\theta_0, \sigma^2/n)$ であるため，$P(z = (\bar{x} - \theta_0)/(\sigma/\sqrt{n}) \geq z_\alpha) = \alpha$ となるので $c = \theta_0 + z_\alpha \sigma/\sqrt{n}$ と決めればよい．これは 4.3.1 項の z 検定と同じである．

式 (7.2.7) には対立仮説の値 θ_1 が含まれているが，上で任意の θ_1 に対して求めた c は θ_1 の値と関係しない．すなわち，$\theta_1 > \theta_0$ であればどんな θ_1 の値でも同じ棄却域になり，対立仮説を $H_1 : \theta > \theta_0$ と不等式で考えても一様に最強力検定になっている．このような性質を満たす最強力検定を**一様最強力検定** (uniformly most powerful test) といい，省略して **UMP 検定**ということもある．

両側検定には，UMP 検定は存在しない．どんな両側検定も片側の部分（$\theta > \theta_0$ または $\theta < \theta_0$ の部分）では片側検定としての UMP 検定よりも検出

力が小さくなるからである．そのため，何らかの制約条件をつけてその中での最強力検定が追究される．対立仮説の下での検出力が有意水準 α 以上であるような検定を**不偏検定** (unbiased test) とよび，その中で一様に最強力であるような検定を**一様最強力不偏検定** (uniformly most powerful unbiased test) という．

　証明は省略するが，本書で扱う検定のうち，正規母集団の母平均や母分散に関する検定は一様最強力検定または一様最強力不偏検定であり，二項分布やポアソン分布に関する検定も n が大きいとき同じ性質をもつ検定であることが知られている[*]．

§ 7.3　分散分析の数理

7.3.1　コクランの定理

　第5章で重回帰モデルの分析や1元配置・2元配置分散分析において，平方和の分解およびそれに基づく分散分析について学んだ．本項では数理的な部分の補足的解説として分散分析の基礎となっている**コクランの定理**について説明する．

コクランの定理

　標本 $z_1, \ldots, z_n$ が独立に標準正規分布 $N(0, 1)$ に従い，その2乗和が

$$\sum_{i=1}^{n} z_i^2 = Q_1 + \cdots + Q_s \tag{7.3.1}$$

のように分解されたとする．ただし，$\{Q_k\}$ は

$$Q_k = \sum_{i=1}^{n} \sum_{j=1}^{n} a_{ij}^{(k)} z_i z_j, \qquad k = 1, \ldots, s \tag{7.3.2}$$

で表された係数 $a_{ij}^{(k)}$ をもつ $\{z_i\}$ の関数（2次形式とよばれる）であり，それ

---

[*] 『統計検定1級対応 統計学』第4章を参照．

らは非負で,自由度が n_k ($k = 1, \ldots, s$) であるとする.このとき,次のa)ならばb), b)ならばa)が成り立つ.

a) $n_1 + \cdots + n_s = n$ (7.3.3)
b) Q_k はそれぞれ独立に自由度 n_k の χ^2 分布に従う (7.3.4)

証明は本書の範囲を超えるので省略する.ただし,b)ならばa)であることは 2.10.1 項で述べた χ^2 分布の再生性,独立な 2 つの χ^2 分布,$\chi^2(n_1)$ と $\chi^2(n_2)$ に従う確率変数の和は $\chi^2(n_1 + n_2)$ に従うという性質を繰り返し適用すれば得られる.

7.3.2 コクランの定理の応用

コクランの定理の2つの応用例を示す.

〔例1〕 偏差平方和 $\sum_i (y_i - \bar{y})^2$ の分布

$N(\mu, \sigma^2)$ からの無作為標本 $y_1, \ldots, y_n$ が得られたとき,偏差平方和は

$$\sum_i (y_i - \bar{y})^2 = \sum_i \{(y_i - \mu) - (\bar{y} - \mu)\}^2 = \sum_i (y_i - \mu)^2 - n(\bar{y} - \mu)^2$$

と展開できる.これより

$$\sum_i (y_i - \mu)^2 = n(\bar{y} - \mu)^2 + \sum_i (y_i - \bar{y})^2 \quad (7.3.5)$$

となり,y_i を標準化変量 $z_i = (y_i - \mu)/\sigma$ で変換すると式 (7.3.5) は

$$\sum_i z_i^2 = n\bar{z}^2 + \sum_i (z_i - \bar{z})^2 \quad (7.3.6)$$

に変形できる.式 (7.3.5) は式 (7.3.6) の両辺を σ^2 倍した式になっている.式 (7.3.6) の左辺と右辺の各項はいずれも非負で2次形式の形となっており,自由度を調べてみると,左辺の自由度 $= n$,右辺第1項の自由度 $= 1$,右辺第2項の自由度 $= n - 1$ であり,式 (7.3.3) の関係が成り立っている.

したがって,コクランの定理より左辺の

$$\sum_i z_i^2 = \sum_i (y_i - \mu)^2/\sigma^2 \sim \chi^2(n)$$

は独立な2つのχ^2分布

$$n\bar{z}^2 = \frac{(\bar{y}-\mu)^2}{\sigma^2/n} \sim \chi^2(1)$$

$$\sum_i (z_i - \bar{z})^2 = \sum_i \frac{(y_i - \bar{y})^2}{\sigma^2} \sim \chi^2(n-1) \qquad (7.3.7)$$

に分解され，$\sum_i (y_i - \bar{y})^2/\sigma^2$ は自由度 $n-1$ の χ^2 分布に従うことがいえる．

〔例2〕 1元配置分散分析

繰り返し数の等しい1元配置モデル

$$y_{ij} = \mu + \alpha_i + \epsilon_{ij}, \quad i=1,\ldots,a; \quad j=1,\ldots,n; \quad \sum_i \alpha_i = 0 \quad (7.3.8)$$

を取り上げる．誤差項 ϵ_{ij} は独立に $N(0,\sigma^2)$ に従うとする．第5章で述べたように平方和の分解

$$\sum_i \sum_j (y_{ij} - \bar{y}_{..})^2 = n \sum_i (\bar{y}_{i\cdot} - \bar{y}_{..})^2 + \sum_i \sum_j (y_{ij} - \bar{y}_{i\cdot})^2 \qquad (7.3.9)$$

ができる．それぞれに対応する自由度は $\phi_T = an - 1$, $\phi_A = a - 1$, $\phi_e = a(n-1)$ となり，$\phi_T = \phi_A + \phi_e$ が成り立つ．$\{y_{ij}\}$ を式(7.3.8)のモデル式で置き換え，$\sum_i \alpha_i = 0$ であることを考慮すると，上の平方和は

$$\begin{cases} S_T = \sum_i \sum_j (\alpha_i + \epsilon_{ij} - \bar{\epsilon}_{..})^2 \\ S_A = n \sum_i (\alpha_i + \bar{\epsilon}_{i\cdot} - \bar{\epsilon}_{..})^2 \\ S_e = \sum_i \sum_j (\epsilon_{ij} - \bar{\epsilon}_{i\cdot})^2 \end{cases} \qquad (7.3.10)$$

と書き直すことができる．

帰無仮説 $H_0: \alpha_i = 0$, $i=1,\ldots,a$ の下では各平方和は $\{\epsilon_{ij}\}$ だけの関数となり，$\{\epsilon_{ij}\}$ の非負の2次形式となる．H_0 の下で $S_T = \sum_i \sum_j (\epsilon_{ij} - \bar{\epsilon}_{..})^2$ は独立に $N(0, \sigma^2)$ に従う an 個の ϵ_{ij} の偏差平方和であるから，例1の議論から $S_T/\sigma^2 \sim \chi^2(\phi_T)$ が成り立ち，式(7.3.1)と式(7.3.3)の条件が満たされるので，コクランの定理より S_A/σ^2, S_e/σ^2 は独立に $\chi^2(\phi_A)$, $\chi^2(\phi_e)$ に従う．直接 $S_e = \sum_i \sum_j (\epsilon_{ij} - \bar{\epsilon}_{i\cdot})^2$ からも，i を固定した $\sum_j (\epsilon_{ij} - \bar{\epsilon}_{i\cdot})^2$ に

ついて検討すると，例1の議論から $\sum_j (\epsilon_{ij} - \bar{\epsilon}_{i\cdot})^2/\sigma^2 \sim \chi^2(n-1)$ となり，i が異なるときそれらは互いに独立であるから，χ^2 分布の再生性から $S_{\mathrm{e}}/\sigma^2 \sim \chi^2(a(n-1))$ となる．$S_{\mathrm{A}}/\sigma^2 \sim \chi^2(\phi_{\mathrm{A}})$ も同様の方法で直接確認できる．χ^2 分布の期待値（母平均）は自由度に等しいので，H_0 の下での平均平方 $V = S/\phi$ の期待値は $E[S_{\mathrm{e}}/\phi_{\mathrm{e}}] = E[S_{\mathrm{A}}/\phi_{\mathrm{A}}] = \sigma^2$ となる．

$H_1 : \alpha_i \neq 0$ となる i が存在するという対立仮説の下での分布について考える．式 (7.3.10) の S_{e} には $\{\epsilon_{ij}\}$ 以外の変数は含まれていないので，$S_{\mathrm{e}}/\sigma^2 \sim \chi^2(\phi_{\mathrm{e}})$ となるが，$S_{\mathrm{A}}/\phi_{\mathrm{A}}$ には $\{\alpha_i\}$ も含まれているため，通常の χ^2 分布（中心 χ^2 分布といわれる）ではなく，非心 χ^2 分布に従う．$V_{\mathrm{A}} = S_{\mathrm{A}}/\phi_{\mathrm{A}}$ の期待値は

$$E[S_{\mathrm{A}}/\phi_{\mathrm{A}}] = nE\left[\sum_i \alpha_i^2 + \sum_i (\bar{\epsilon}_{i\cdot} - \bar{\epsilon}_{\cdot\cdot})^2\right]/(a-1) = \sigma^2 + n\sigma_{\mathrm{A}}^2$$

となる．ただし，$\sigma_{\mathrm{A}}^2 = \sum_i \alpha_i^2/(a-1)$ である．したがって，H_1 の下では $\sigma_{\mathrm{A}}^2 > 0$ となるため，$V_{\mathrm{A}} = S_{\mathrm{A}}/\phi_{\mathrm{A}}$ の期待値が H_0 のときと比べて大きくなり，F 分布の上側に棄却域を設けた F 検定により H_0 vs H_1 の検定を行うことができる．

以上より，表 7.1 のような分散分析表が得られ，$H_0 : \alpha_1 = \cdots = \alpha_a = 0$ に対する F 検定を行うことができる．

表 7.1 1元配置データの分散分析（繰り返し数が等しい場合）

変動要因	平方和	自由度	平均平方 (V)	F	$E[V]$
水準間	S_{A}	$\phi_{\mathrm{A}} = a-1$	$V_{\mathrm{A}} = S_{\mathrm{A}}/\phi_{\mathrm{A}}$	$V_{\mathrm{A}}/V_{\mathrm{e}}$	$\sigma^2 + n\sigma_{\mathrm{A}}^2$
残差	S_{e}	$\phi_{\mathrm{e}} = a(n-1)$	$V_{\mathrm{e}} = S_{\mathrm{e}}/\phi_{\mathrm{e}}$		σ^2
合計	S_{T}	$\phi_{\mathrm{T}} = an-1$			

この分散分析表からわかるように $E[V_{\mathrm{e}}] = \sigma^2$ となり，V_{e} はモデル式 (7.3.8) の誤差項の分散 σ^2 に対する不偏推定量となる．また，統計量 $\bar{y}_{i\cdot}$ を含む S_{A} と S_{e} は互いに独立であることから推測できるように，$\bar{y}_{i\cdot}$ と V_{e} は互いに独立であり

$$t = \frac{\bar{y}_{i\cdot} - (\mu + \alpha_i)}{\sqrt{V_{\mathrm{e}}/n}} \qquad (7.3.11)$$

$$t' = \frac{(\bar{y}_{i\cdot} - \bar{y}_{i'\cdot}) - (\alpha_i - \alpha_{i'})}{\sqrt{2V_e/n}} \qquad (7.3.12)$$

はいずれも自由度 ϕ_e の t 分布に従う．このことに基づいて，個別の水準母平均およびその差について検定や区間推定を行うことができる．

〔例 3〕 重回帰分析における分散分析

式 (5.1.10) のモデルを想定した重回帰分析において，総平方和 $S_T = \sum_i (y_i - \bar{y})^2$ は，回帰による平方和 $S_R = \sum_i (\hat{y}_i - \bar{y})^2$ と残差平方和 $S_e = \sum_i (y_i - \hat{y}_i)^2$ の和の形に分解され，自由度も $\phi_T = n - 1$ は，$\phi_R = p$ と $\phi_e = n - p - 1$ に分解される．コクランの定理より，$H_0: \beta_1 = \cdots = \beta_p = 0$ の下で S_R/σ^2 と S_e/σ^2 は互いに独立に自由度 ϕ_R と ϕ_e の χ^2 分布に従うことがいえ，表 7.2 に示すような分散分析の形で回帰の有意性の検定を行うことができる．

表 7.2 重回帰モデル (5.1.10) に対する分散分析

変動要因	平方和	自由度	平均平方 (V)	F
回帰	S_R	$\phi_R = p$	$V_R = S_R/\phi_R$	V_R/V_e
残差	S_e	$\phi_e = n - p - 1$	$V_e = S_e/\phi_e$	
合計	S_T	$\phi_T = n - 1$		

§ 7.4 多重比較

7.4.1 検定の多重性

5.2.1 項では 1 元配置実験から得られたデータを用いて，a 個の母平均 $\{\mu_i = \mu + \alpha_i, i = 1, \ldots, a\}$ が均一かどうかを検定する分散分析法（F 検定）について説明した．しかし，応用の場面では，単に均一（すべての母平均が等しい）かだけでなく，個別にどの水準とどの水準との間に差があるか，あるいは標準となる 1 つの水準と比較して差があるのはどの水準か，といった個別の比較に関する情報が重要な場合がある．しかし，5.2.1 項で述べたよ

うに，帰無仮説 $H_0: \mu_1 = \cdots = \mu_a$ が正しいとき，1回の実験から得られたデータを用いて個別の水準間の比較のため何通りもの検定を行うと，比較ごとに第1種過誤の確率は α であっても，比較のセット全体，言い換えると実験全体から見ればどれかの比較で有意差が見られる確率は α より大きくなる．こういった現象を検定の**多重性** (multiplicity) あるいは**多重性効果** (multiplicity effect) という．

有意水準（第1種過誤の確率）とは同様な実験を何度も行うときに帰無仮説が正しいのに間違って棄却する確率を意味するが，複数回の実験を行うとき第1種過誤の出現率—**誤り率** (error rate) とよんでおく—のカウントの仕方に関して次の2通りの考え方がある．

・比較あたりの誤り率 (comparisonwise error rate, per comparison error rate)

　　特定の比較だけに注目し，その比較の検定で誤ったときだけ誤りとカウントする方式．式で表せば (特定の比較での誤りの回数)/(特定の比較の回数)．複数個の比較があっても1つずつの比較に注目して他の比較のことは無視する．通常の検定はこの考え方で行われている．

・実験あたりの誤り率 (experimentwise error rate, per experiment error rate)

　　1回の実験に含まれる，関心のある比較すべてのセットを考え，そのセットの中のどの比較の検定で誤ったときも誤りとカウントする方式．式で表せば (どれかの比較で誤った実験の回数)/(実験の回数)．

多重性の問題は検定だけでなく区間推定でも発生する．多重性を考慮した検定は**多重比較検定** (multiple comparison test)，信頼区間は**同時信頼区間** (simultaneous confidence interval) とよばれる．同時信頼区間の信頼係数は関心のある比較のセットに含まれるすべての比較のための信頼区間が母数（たとえば母平均の差）を含む確率を表す．

分散分析に関連した多重比較の方法としてテューキー (Tukey) 法，シェフェ (Scheffé) 法をはじめ多くの方法が提案されている．ここでは，基本的な方法であり，分散分析以外のいろいろな場面にも柔軟に応用できるボンフェローニ (Bonferroni) 法を取り上げて，次項で説明する．

7.4.2 ボンフェローニの不等式

2つの事象 E_1, E_2 の確率を考える．2.1節で述べたように和事象 $E_1 \cup E_2$ の確率に関して

$$P(E_1 \cup E_2) = P(E_1) + P(E_2) - P(E_1 \cap E_2) \leq P(E_1) + P(E_2)$$

が成り立つ．3つの事象 E_1, E_2, E_3 についても

$$P(E_1 \cup E_2 \cup E_3) \leq P(E_1 \cup E_2) + P(E_3) \leq P(E_1) + P(E_2) + P(E_3)$$

となり，k 個の事象 $E_1, \ldots, E_k$ に関して，ブールの不等式 (Bool's inequality)

$$P(E_1 \cup \cdots \cup E_k) \leq P(E_1) + \cdots + P(E_k) \tag{7.4.1}$$

が成り立つ．余事象 $E_1^c, \ldots, E_k^c$ に関しても

$$P(E_1^c \cup \cdots \cup E_k^c) \leq P(E_1^c) + \cdots + P(E_k^c)$$

となるが，ベン図から容易にわかるように，$E_1^c \cup E_2^c = (E_1 \cap E_2)^c$（一般に，$E_1^c \cup \cdots \cup E_k^c = (E_1 \cap \cdots \cap E_k)^c$），$P(E_i^c) = 1 - P(E_i)$ が成り立つので，それらを利用して変形するとボンフェローニの不等式 (Bonferroni's inequality)

$$P(E_1 \cap \cdots \cap E_k) \geq P(E_1) + \cdots + P(E_k) - (k-1) \tag{7.4.2}$$

が得られる．ここで，

E_i：i 番目の比較が有意水準 γ の検定で棄却されない（有意でない）という事象，あるいは i 番目の比較に関して $100(1-\gamma)\%$ 信頼区間が真の母数（の差）を含むという事象

と定義する．簡単のため，個別の比較の有意水準はすべて共通で γ としておく．すると，式 (7.4.2) の右辺の $P(E_1), \ldots, P(E_k)$ はいずれも $1 - \gamma$，左辺はすべての比較で有意でない確率だから $1 - \alpha$ と表される．ただし，α は多重性を考慮した experimentwise な有意水準を表す．

したがって，式 (7.4.2) は

$$1 - \alpha \geq k(1-\gamma) - (k-1)$$

と変形され，個別の比較の有意水準 γ と多重比較の意味での有意水準 α の間に

$$\gamma \geq \alpha/k \tag{7.4.3}$$

のような関係が成り立つ．よって，個別の比較の有意水準を $\gamma = \alpha/k$ と設定すれば，全体の有意水準は α 以下に抑えることができることになる．

上では検定の場合について説明したが，信頼区間の場合にも同様な議論で個別の信頼区間の信頼係数を $100(1-\alpha/k)\%$ に設定すると，比較のセット全体の同時信頼係数は $100(1-\alpha)\%$ 以上となることが保証される．

このような多重比較の方法はボンフェローニ法 (Bonferroni method) とよばれる．ボンフェローニ法は不等式に基づいて α を制御しているため推測の結果は控えめ (conservative) で，検定の場合は（実際の有意水準）≤（名目有意水準）= α，信頼区間の場合は（実際の信頼係数）≥（名目信頼係数）= $100(1-\alpha)\%$ の関係が成り立つ．ここで，名目有意水準・名目信頼係数とは，研究者（統計分析者）が"有意水準5%あるいは信頼係数95%というように宣言した数値"である．また，実際の有意水準・信頼係数とは，多数回の実験を行ったときに，帰無仮説の下で帰無仮説が棄却される比率，および，信頼区間が対応する母数を含む比率を表す．検定では，有意水準5%と宣言しながら，実際にはそれより有意水準の小さい（たとえば有意水準4%の）検定を行っている，また，信頼区間では，95%信頼区間と宣言しながら，実際には信頼係数96%信頼区間を求めている，といったことが起こる可能性がある．

7.4.3　1元配置における各水準の母平均間の多重比較：ボンフェローニ法の応用

5.2.1項の1元配置分散分析の結果として，表5.3の分散分析表が得られた．a 個の水準すべての組合せ $K = {}_aC_2 = a(a-1)/2$ 通りのペアの比較をする場合を考える．各水準の母平均を $\mu_i = \mu + \alpha_i, i = 1, \ldots, a$ と表すとき，帰無仮説 $H_0 : \mu_i = \mu_j, i, j = 1, \ldots, a, i < j$ に対するボンフェローニ法を用いた多重比較検定は次のように行えばよい．想定したモデル式 (5.2.1) が正しいとき，水準 i と j の標本平均の差の分布は

$$\bar{y}_i - \bar{y}_j \sim N\left(\mu_i - \mu_j, \left(\frac{1}{n_i} + \frac{1}{n_j}\right)\sigma^2\right)$$

となり，標準化すると

$$(\bar{y}_i - \bar{y}_j) \Big/ \sqrt{\left(\frac{1}{n_i} + \frac{1}{n_j}\right)\sigma^2} \sim N(0,1)$$

となる．左辺の母分散 σ^2 をその不偏推定量 V_e で置き換えると，標準正規分布の部分は t 分布に変わり，$H_0:\mu_i = \mu_j$ の下で

$$t = (\bar{y}_i - \bar{y}_j) \Big/ \sqrt{\left(\frac{1}{n_i} + \frac{1}{n_j}\right) V_e} \sim t(n-a) \tag{7.4.4}$$

が成り立つ．

したがって，有意水準 α の多重比較検定としては，それぞれの比較の有意水準を α/K として

$$|t| = |\bar{y}_i - \bar{y}_j|/\sqrt{\left(\frac{1}{n_i} + \frac{1}{n_j}\right) V_e} \geq t_{\alpha/(2K)}(n-a) \tag{7.4.5}$$

が成り立つとき，$H_0:\mu_i = \mu_j$ を棄却し，第 i 水準と第 j 水準の母平均に差があると判断する．P-値が出力されるソフトウェアを利用する場合は P-値と $\alpha/(2K)$ と比較して判断すればよい．

同様な考え方で，信頼係数 $100(1-\alpha)\%$ の同時信頼区間の上限と下限は

$$\bar{y}_i - \bar{y}_j \pm t_{\alpha/(2K)}(n-a) \sqrt{\left(\frac{1}{n_i} + \frac{1}{n_j}\right) V_e} \tag{7.4.6}$$

のように求められる．

水準の中の1つを標準とし，残りの水準をそれと比較する場合には，比較の数は $a-1$ となるので，式 (7.4.5) および式 (7.4.6) で $K = a-1$ とおいて多重比較の検定および同時信頼区間の推定を行うことができる．

§7.5 確率分布表の引き方

連続型確率分布を扱う場合，確率を計算するために複雑な積分の計算が必要となることがある．このような積分を行わずに確率を求めるために，確率分布表が使われる．確率分布表は，さまざまな確率を計算したものをまとめた数表である．ここでは確率分布表の引き方について説明する．

7.5.1 標準正規分布表

付表1は標準正規分布表である．この表は，標準正規分布に従う確率変数 X に対する上側確率

$$Q(u) = P(X > u) = \int_u^\infty \frac{1}{\sqrt{2\pi}} \exp\left(-\frac{x^2}{2}\right) dx$$

を示している．

この表を用いて $P(X > 1.25)$ を求めるには，まず u の値 1.25 を小数第 1 位までの部分 1.2 と小数第 2 位の部分 0.05 に分ける．そして，付表1で u について 1.2 の行の .05 の列を見ると，0.1056 とあるので，$P(X > 1.25)$ がおよそ 0.1056 であるとわかる．逆に，$P(X > u) = 0.025$ となる $u(= z_{0.025})$ を探すには，表の中から 0.025 に近い値を探す．すると，1.9 の行の 0.06 の列の値が 0.0250 なので，$u(= z_{0.025}) = 1.96$ であることがわかる．

この表では，$u \geq 0$ の値しかないが，標準正規分布は $u = 0$ に関して対称（つまり，任意の u に対し，$P(X > u) = P(X < -u)$）なので，$u < 0$ に対しては，$P(X > u) = 1 - P(X \leq u) = 1 - P(X > -u)$ とすることで表の値を使って上側確率が求められる．これらの性質より，$z_{1-\alpha} = -z_\alpha$ であることが示される．

7.5.2 t 分布表

付表2は t 分布表である．この表は，自由度 ν の t 分布に従う確率変数 X_ν の上側確率 α ($= 0.10, 0.05, 0.025, 0.01, 0.005$) に対するパーセント点 $t_\alpha(\nu)$ を示している．つまり，

$$P(X_\nu > t_\alpha(\nu)) = \alpha$$

を満たす $t_\alpha(\nu)$ の値を示している．

この表を用いて自由度 10 の上側 5% 点 $t_{0.05}(10)$ を求めるには，ν が 10 の行の α が 0.05 の列を見る．すると，1.812 とあるので，$t_{0.05}(10) = 1.812$ であることがわかる．つまり，$P(X_{10} > 1.812)$ がおよそ 0.05 となる．また，t 分布は $X_\nu = 0$ に関し対称なので，$t_{1-\alpha}(\nu) = -t_\alpha(\nu)$ である．

t 分布表にない自由度に関しては，自由度の逆数による補間が使われることがある．自由度 ν の上側 $100\alpha\%$ 点 $t_\alpha(\nu)$ を求めるには，$\nu_1 < \nu < \nu_2$ とな

る2つの自由度 ν_1, ν_2 を探し，そのパーセント点 $t_\alpha(\nu_1), t_\alpha(\nu_2)$ を求める．また，$d = (1/\nu - 1/\nu_2)/(1/\nu_1 - 1/\nu_2)$ を求め，$t_\alpha(\nu)$ を

$$t_\alpha(\nu_2) + d(t_\alpha(\nu_1) - t_\alpha(\nu_2))$$

によって近似する．たとえば，自由度 50 の上側 5% 点 $t_{0.05}(50)$ は $t_{0.05}(40) = 1.684, t_{0.05}(60) = 1.671$ を用いて

$$1.671 + \left(\frac{1/50 - 1/60}{1/40 - 1/60}\right)(1.684 - 1.671) = 1.676$$

により近似できる．

7.5.3　カイ二乗分布表

付表3はカイ二乗分布表である．この表は，自由度 ν の χ^2（カイ二乗）分布に従う確率変数 X_ν の上側確率 α ($= 0.99, 0.975, 0.95, 0.90, 0.10, 0.05, 0.025, 0.01$) に対するパーセント点 $\chi^2_\alpha(\nu)$ を示している．つまり，

$$P(X_\nu > \chi^2_\alpha(\nu)) = \alpha$$

を満たす $\chi^2_\alpha(\nu)$ の値を示している．

この表を用いて自由度 10 の上側 5% 点 $\chi^2_{0.05}(10)$ を求めるには，ν が 10 の行の α が 0.05 の列を見る．すると，18.31 とあるので，$\chi^2_{0.05}(10) = 18.31$ であることがわかる．つまり，$P(X_{10} > 18.31)$ がおよそ 0.05 となる．

カイ二乗分布表にない自由度に関しては，自由度の線形補間が使われることがある．自由度 ν の上側 100α% 点を求めるには，$\nu_1 < \nu < \nu_2$ となる 2 つの自由度 ν_1, ν_2 を探し，そのパーセント点 $\chi^2_\alpha(\nu_1), \chi^2_\alpha(\nu_2)$ を求める．また，$d = (\nu - \nu_1)/(\nu_2 - \nu_1)$ を求め，$\chi^2_\alpha(\nu)$ を

$$\chi^2_\alpha(\nu_1) + d(\chi^2_\alpha(\nu_2) - \chi^2_\alpha(\nu_1))$$

によって近似する．たとえば，自由度 45 の上側 5% 点 $\chi^2_{0.05}(45)$ は $\chi^2_{0.05}(40) = 55.76, \chi^2_{0.05}(50) = 67.50$ を用いて

$$55.76 + \left(\frac{45 - 40}{50 - 40}\right)(67.50 - 55.76) = 61.63$$

により近似できる．

7.5.4 F分布表

付表4はF分布表である．この表は，自由度 (ν_1, ν_2) の F 分布に従う確率変数 X_{ν_1, ν_2} の上側確率 α（$= 0.05, 0.025$）に対するパーセント点 $F_\alpha(\nu_1, \nu_2)$ を示している．つまり，

$$P(X_{\nu_1, \nu_2} > F_\alpha(\nu_1, \nu_2)) = \alpha$$

を満たす $F_\alpha(\nu_1, \nu_2)$ の値を示している．

この表を用いて自由度 $(5, 10)$ の上側5%点を求める方法を示す．まず，ν_1 は列，ν_2 は行を表すので，$\alpha = 0.05$ の表の10の行の5の列を見る．すると，3.326とあるので，$F_{0.05}(5, 10) = 3.326$ であることがわかる．つまり，$P(X_{5,10} > 3.326)$ がおよそ0.05となる．また，F 分布は自由度が入れ替わると，統計量が逆数となるので，$F_{1-\alpha}(\nu_1, \nu_2) = 1/F_\alpha(\nu_2, \nu_1)$ である．

F 分布表にない自由度に関しては，自由度の逆数による補間が使われることがある．自由度 (ν_1, ν_2) の上側 100α% 点を求める際に ν_1 が分布表になければ，$\nu_3 < \nu_1 < \nu_4$ となる2つの自由度 ν_3, ν_4 を探し，そのパーセント点 $F_\alpha(\nu_3, \nu_2), F_\alpha(\nu_4, \nu_2)$ を求める．また，$d = (1/\nu_1 - 1/\nu_4)/(1/\nu_3 - 1/\nu_4)$ を求め，$F_\alpha(\nu_1, \nu_2)$ を

$$F_\alpha(\nu_4, \nu_2) + d(F_\alpha(\nu_3, \nu_2) - F_\alpha(\nu_4, \nu_2))$$

によって近似する．例えば，自由度 $(30, 10)$ の上側5%点 $F_{0.05}(30, 10)$ は $F_{0.05}(20, 10) = 2.774, F_{0.05}(40, 10) = 2.661$ を用いて

$$2.661 + \left(\frac{1/30 - 1/40}{1/20 - 1/40}\right)(2.774 - 2.661) = 2.699$$

により近似できる．ν_2 の自由度が表にない場合も同様に，自由度の逆数による補間が行われる．ν_1, ν_2 ともに表にない場合には，$\nu_3 < \nu_1 < \nu_4$，$\nu_5 < \nu_2 < \nu_6$ となる $\nu_3, \ldots, \nu_6$ を探し，まず，$F_\alpha(\nu_1, \nu_5)$ を $F_\alpha(\nu_3, \nu_5)$ と $F_\alpha(\nu_4, \nu_5)$ によって補間し，$F_\alpha(\nu_1, \nu_6)$ を $F_\alpha(\nu_3, \nu_6)$ と $F_\alpha(\nu_4, \nu_6)$ によって補間する．その後，$F_\alpha(\nu_1, \nu_2)$ を $F_\alpha(\nu_1, \nu_5)$ と $F_\alpha(\nu_1, \nu_6)$ によって補間する．

§ 7.6 Rの使い方

　実際のデータを使って統計的な分析を行う場合，手計算ではとても対応しきれない．そこで，データを分析する際には，統計ソフトウェアを活用することが必須となる．市販の統計分析ソフトには，IBM社のSPSS，SAS社のSASやJMP，数理システム社のS-PLUS等がある．これらのソフトは統計分析ソフトとしてとても優れているが，有料であるために初学者は手を出しづらい．一方，フリーの統計ソフトとして，統計解析システムRがよく知られている．本書でも，Rを使った分析例をいくつか紹介している．

　本節では，Rの基本的な使い方について説明する．

7.6.1　Rのインストール

　Rをインストールするには

　　URL http://www.r-project.org

のメニュー *Download, CRAN* をクリックする．国別に分類されたミラーサイト一覧から日本の統計数理研究所 (Institute of Statistical Mathematics, Tokyo) を選択するなどして，適切なサイトをクリックし，使用するOSに対応したRを選択し，インストーラーをダウンロードする（2015年9月21日現在の最新バージョンは3.2.2）．インストーラーを起動し，指示に従うことでRをインストールできる．

7.6.2　Rの基本操作

　Rを起動すると，図7.2のような画面が表示される．このR Console部分がコマンド（式）を入力する部分であり，1行ずつコマンドが実行される．以下にいくつかの実行結果を示す．

```
> 1+2
[1] 3
> 1/3
[1] 0.3333333
> 2*5
[1] 10
```

```
> x<-4
> x+2
[1] 6
> x<-x+3
> x
[1] 7
```

図 7.2 Rの起動画面（Microsoft Windows の例）

「>」が先頭にある行は入力部分，「[1]」が先頭にある行は出力部分である．アルファベットの羅列は変数とみなされ数字等を代入することができる．「<-」はこの記号の右にある値を左の変数に代入することを意味する（「<-」の代わりに「=」でも代用可）．

7.6.3 ベクトルと行列

統計分析を行う際には，複数のデータをまとめて扱う場合が多い．そのような場合，ベクトルや行列が使われる．次のコマンドはベクトルを使った例である．

```
> x<-c(7,6,3,4,5,8,1,12,16,11)
> x
 [1]  7  6  3  4  5  8  1 12 16 11
> x[2]
 [1] 6
```

Rでは，「c(要素1, 要素2,..., 要素n)」でベクトルを表すことができる．ベクトルは複数のデータをまとめて扱うことができ，「**変数名 [要素番号]**」でベクトルの各要素を表す．次に，行列を使った例を示す．

```
> y<-matrix(c(1,2,3,4,5,6),2,3)
```

```
> y
     [,1] [,2] [,3]
[1,]    1    3    5
[2,]    2    4    6
> y[1,2]
[1] 3
> y[2,]
[1] 2 4 6
> y[,2]
[1] 3 4
```

行列は「matrix(行列の元となるベクトル,行のサイズ,列のサイズ)」で作成することができる．行列の各要素は「**変数名[行数，列数]**」で表せる．また，各行や各列をベクトルとして扱う場合には，「**変数名[行数，]**」や「**変数名[，列数]**」として扱うことができる．

7.6.4 データの読み込み

　分析を行うデータをすべて入力するのは手間がかかりすぎる．そこで，別ファイルにデータをまとめておき，そのデータを読み込むことでデータ入力の手間を省くことができる．データ管理にはしばしば Microsoft® Excel が使われる．R でも Excel のデータを直接読み込むことは可能であるが，より一般的な方法として CSV 形式（カンマ区切り形式のテキストデータ）でのファイルの読み込みを紹介する．表 7.3 の形で Excel にデータがある場合，メニューから「名前を付けて保存」を選び，ファイルの形式を「CSV（カンマ区切り）」として適当な名前をつけ（ここでは data.csv という名前とし）保存する．この CSV ファイルを読み込む際は，

```
x <- read.csv("C:/data.csv")
```

や

```
x <- read.csv(file.choose())
```

とする．前者の場合は ("...") 内にファイルのフルパス（完全なフォルダ名とファイル名）や，作業ディレクトリからの相対パスを指定し，後者の場合はファイル選択メニューが表示されるので，メニューから読み込むファイル

を選ぶ．

Rで読み込むデータファイルの注意として，1行目に変数名を入力し，2行目以降にデータを入力する．Excelなどからクリップボードにコピーしたものを直接読み込むこともできる．たとえば，表7.3のデータをコピーした場合，以下のように取り込みxという名前をつける．取り込んだデータは以下のように扱うことができる．

```
> x <- read.delim("clipboard")
> x
  scoreA scoreB
1     65     85
2     96     67
3     78     56
4     86     72
> x[,2]
[1] 85 67 56 72
> x$scoreB
[1] 85 67 56 72
```

表7.3 データファイルのサンプル

scoreA	scoreB
65	85
96	67
78	56
86	72

複数の変数からなるデータは，データフレームとして扱われる．データフレームの変数は，行列のように列番号を指定して取り出すこともでき，また**データフレーム名$変数名**としても取り出せる．

7.6.5 Rのコマンド例

Rでは次のような関数が用意されており，統計量の計算や図の表示が簡単に行える．データフレームxの変数名をscoreA, scoreBとするとき，

- 平均の計算　mean(x$scoreA)
- 不偏分散の計算　var(x$scoreA)
- 標準偏差（不偏分散の平方根）の計算　sd(x$scoreA)
- 基本的な統計量の計算　summary(x$scoreA), summary(x)
- ヒストグラムの作成　hist(x$scoreA)
- 箱ひげ図の作成　boxplot(x$scoreA)
- 散布図の作成　plot(x$scoreA, x$scoreB), plot(x)

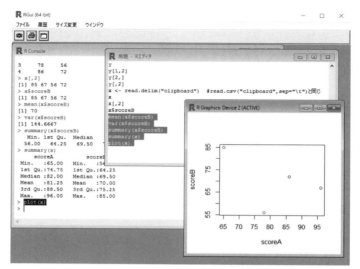

図 7.3　R エディタの使用例

によって，さまざまな計算や図の表示ができる（図 7.3）．データフレームでなく，ベクトルの場合でも同様である（たとえば，ベクトル vecA の平均は，mean(vecA) によって計算できる）．

7.6.6　R エディタ

R Console では，コマンドが 1 行ずつ実行されるので，長いコマンドをまとめて実行するということができない．また，作成したコマンドだけを保存することもできない．そこで，複数のコマンドをまとめたり，それを保存したりするためのエディタが R には用意されている．この R エディタは「ファイル > 新しいスクリプト」を選ぶことで開くことができる．コマンドを記述したのちにファイルを保存すれば，「ファイル > スクリプトを開く」から保存したファイルを開くことができる．

R エディタはコマンドを記述するためのものなので，ここにコマンドを書くだけでは実行されない．R エディタに記述されたコマンドから，実行したいコマンドだけをすべて選択し，「Ctrl + R」によってコマンドを実行できる（エディタ内の全コマンドを実行する場合は，「Ctrl + A」によって全選択をしたのち，「Ctrl + R」によって実行できる）．

付表 1. 標準正規分布の上側確率

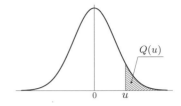

u	.00	.01	.02	.03	.04	.05	.06	.07	.08	.09
0.0	0.5000	0.4960	0.4920	0.4880	0.4840	0.4801	0.4761	0.4721	0.4681	0.4641
0.1	0.4602	0.4562	0.4522	0.4483	0.4443	0.4404	0.4364	0.4325	0.4286	0.4247
0.2	0.4207	0.4168	0.4129	0.4090	0.4052	0.4013	0.3974	0.3936	0.3897	0.3859
0.3	0.3821	0.3783	0.3745	0.3707	0.3669	0.3632	0.3594	0.3557	0.3520	0.3483
0.4	0.3446	0.3409	0.3372	0.3336	0.3300	0.3264	0.3228	0.3192	0.3156	0.3121
0.5	0.3085	0.3050	0.3015	0.2981	0.2946	0.2912	0.2877	0.2843	0.2810	0.2776
0.6	0.2743	0.2709	0.2676	0.2643	0.2611	0.2578	0.2546	0.2514	0.2483	0.2451
0.7	0.2420	0.2389	0.2358	0.2327	0.2296	0.2266	0.2236	0.2206	0.2177	0.2148
0.8	0.2119	0.2090	0.2061	0.2033	0.2005	0.1977	0.1949	0.1922	0.1894	0.1867
0.9	0.1841	0.1814	0.1788	0.1762	0.1736	0.1711	0.1685	0.1660	0.1635	0.1611
1.0	0.1587	0.1562	0.1539	0.1515	0.1492	0.1469	0.1446	0.1423	0.1401	0.1379
1.1	0.1357	0.1335	0.1314	0.1292	0.1271	0.1251	0.1230	0.1210	0.1190	0.1170
1.2	0.1151	0.1131	0.1112	0.1093	0.1075	0.1056	0.1038	0.1020	0.1003	0.0985
1.3	0.0968	0.0951	0.0934	0.0918	0.0901	0.0885	0.0869	0.0853	0.0838	0.0823
1.4	0.0808	0.0793	0.0778	0.0764	0.0749	0.0735	0.0721	0.0708	0.0694	0.0681
1.5	0.0668	0.0655	0.0643	0.0630	0.0618	0.0606	0.0594	0.0582	0.0571	0.0559
1.6	0.0548	0.0537	0.0526	0.0516	0.0505	0.0495	0.0485	0.0475	0.0465	0.0455
1.7	0.0446	0.0436	0.0427	0.0418	0.0409	0.0401	0.0392	0.0384	0.0375	0.0367
1.8	0.0359	0.0351	0.0344	0.0336	0.0329	0.0322	0.0314	0.0307	0.0301	0.0294
1.9	0.0287	0.0281	0.0274	0.0268	0.0262	0.0256	0.0250	0.0244	0.0239	0.0233
2.0	0.0228	0.0222	0.0217	0.0212	0.0207	0.0202	0.0197	0.0192	0.0188	0.0183
2.1	0.0179	0.0174	0.0170	0.0166	0.0162	0.0158	0.0154	0.0150	0.0146	0.0143
2.2	0.0139	0.0136	0.0132	0.0129	0.0125	0.0122	0.0119	0.0116	0.0113	0.0110
2.3	0.0107	0.0104	0.0102	0.0099	0.0096	0.0094	0.0091	0.0089	0.0087	0.0084
2.4	0.0082	0.0080	0.0078	0.0075	0.0073	0.0071	0.0069	0.0068	0.0066	0.0064
2.5	0.0062	0.0060	0.0059	0.0057	0.0055	0.0054	0.0052	0.0051	0.0049	0.0048
2.6	0.0047	0.0045	0.0044	0.0043	0.0041	0.0040	0.0039	0.0038	0.0037	0.0036
2.7	0.0035	0.0034	0.0033	0.0032	0.0031	0.0030	0.0029	0.0028	0.0027	0.0026
2.8	0.0026	0.0025	0.0024	0.0023	0.0023	0.0022	0.0021	0.0021	0.0020	0.0019
2.9	0.0019	0.0018	0.0018	0.0017	0.0016	0.0016	0.0015	0.0015	0.0014	0.0014
3.0	0.0013	0.0013	0.0013	0.0012	0.0012	0.0011	0.0011	0.0011	0.0010	0.0010
3.1	0.0010	0.0009	0.0009	0.0009	0.0008	0.0008	0.0008	0.0008	0.0007	0.0007
3.2	0.0007	0.0007	0.0006	0.0006	0.0006	0.0006	0.0006	0.0005	0.0005	0.0005
3.3	0.0005	0.0005	0.0005	0.0004	0.0004	0.0004	0.0004	0.0004	0.0004	0.0003
3.4	0.0003	0.0003	0.0003	0.0003	0.0003	0.0003	0.0003	0.0003	0.0003	0.0002
3.5	0.0002	0.0002	0.0002	0.0002	0.0002	0.0002	0.0002	0.0002	0.0002	0.0002
3.6	0.0002	0.0002	0.0001	0.0001	0.0001	0.0001	0.0001	0.0001	0.0001	0.0001
3.7	0.0001	0.0001	0.0001	0.0001	0.0001	0.0001	0.0001	0.0001	0.0001	0.0001
3.8	0.0001	0.0001	0.0001	0.0001	0.0001	0.0001	0.0001	0.0001	0.0001	0.0001
3.9	0.0000	0.0000	0.0000	0.0000	0.0000	0.0000	0.0000	0.0000	0.0000	0.0000

$u = 0.00 \sim 3.99$ に対する,正規分布の上側確率 $Q(u)$ を与える.
例:$u = 1.96$ に対しては,左の見出し 1.9 と上の見出し .06 との交差点で,$Q(u) = .0250$ と読む.表にない u に対しては適宜補間すること.

付表 2. t 分布のパーセント点

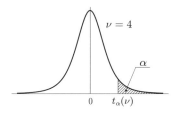

ν	α				
	0.10	0.05	0.025	0.01	0.005
1	3.078	6.314	12.706	31.821	63.656
2	1.886	2.920	4.303	6.965	9.925
3	1.638	2.353	3.182	4.541	5.841
4	1.533	2.132	2.776	3.747	4.604
5	1.476	2.015	2.571	3.365	4.032
6	1.440	1.943	2.447	3.143	3.707
7	1.415	1.895	2.365	2.998	3.499
8	1.397	1.860	2.306	2.896	3.355
9	1.383	1.833	2.262	2.821	3.250
10	1.372	1.812	2.228	2.764	3.169
11	1.363	1.796	2.201	2.718	3.106
12	1.356	1.782	2.179	2.681	3.055
13	1.350	1.771	2.160	2.650	3.012
14	1.345	1.761	2.145	2.624	2.977
15	1.341	1.753	2.131	2.602	2.947
16	1.337	1.746	2.120	2.583	2.921
17	1.333	1.740	2.110	2.567	2.898
18	1.330	1.734	2.101	2.552	2.878
19	1.328	1.729	2.093	2.539	2.861
20	1.325	1.725	2.086	2.528	2.845
21	1.323	1.721	2.080	2.518	2.831
22	1.321	1.717	2.074	2.508	2.819
23	1.319	1.714	2.069	2.500	2.807
24	1.318	1.711	2.064	2.492	2.797
25	1.316	1.708	2.060	2.485	2.787
26	1.315	1.706	2.056	2.479	2.779
27	1.314	1.703	2.052	2.473	2.771
28	1.313	1.701	2.048	2.467	2.763
29	1.311	1.699	2.045	2.462	2.756
30	1.310	1.697	2.042	2.457	2.750
40	1.303	1.684	2.021	2.423	2.704
60	1.296	1.671	2.000	2.390	2.660
120	1.289	1.658	1.980	2.358	2.617
240	1.285	1.651	1.970	2.342	2.596
∞	1.282	1.645	1.960	2.326	2.576

自由度 ν の t 分布の上側確率 α に対する t の値を $t_\alpha(\nu)$ で表す.
例:自由度 $\nu = 20$ の上側 5% 点 $(\alpha = 0.05)$ は,$t_{0.05}(20) = 1.725$ である.
表にない自由度に対しては適宜補間すること.

付表 3. カイ二乗分布のパーセント点

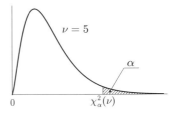

ν	α							
	0.99	0.975	0.95	0.90	0.10	0.05	0.025	0.01
1	0.00	0.00	0.00	0.02	2.71	3.84	5.02	6.63
2	0.02	0.05	0.10	0.21	4.61	5.99	7.38	9.21
3	0.11	0.22	0.35	0.58	6.25	7.81	9.35	11.34
4	0.30	0.48	0.71	1.06	7.78	9.49	11.14	13.28
5	0.55	0.83	1.15	1.61	9.24	11.07	12.83	15.09
6	0.87	1.24	1.64	2.20	10.64	12.59	14.45	16.81
7	1.24	1.69	2.17	2.83	12.02	14.07	16.01	18.48
8	1.65	2.18	2.73	3.49	13.36	15.51	17.53	20.09
9	2.09	2.70	3.33	4.17	14.68	16.92	19.02	21.67
10	2.56	3.25	3.94	4.87	15.99	18.31	20.48	23.21
11	3.05	3.82	4.57	5.58	17.28	19.68	21.92	24.72
12	3.57	4.40	5.23	6.30	18.55	21.03	23.34	26.22
13	4.11	5.01	5.89	7.04	19.81	22.36	24.74	27.69
14	4.66	5.63	6.57	7.79	21.06	23.68	26.12	29.14
15	5.23	6.26	7.26	8.55	22.31	25.00	27.49	30.58
16	5.81	6.91	7.96	9.31	23.54	26.30	28.85	32.00
17	6.41	7.56	8.67	10.09	24.77	27.59	30.19	33.41
18	7.01	8.23	9.39	10.86	25.99	28.87	31.53	34.81
19	7.63	8.91	10.12	11.65	27.20	30.14	32.85	36.19
20	8.26	9.59	10.85	12.44	28.41	31.41	34.17	37.57
25	11.52	13.12	14.61	16.47	34.38	37.65	40.65	44.31
30	14.95	16.79	18.49	20.60	40.26	43.77	46.98	50.89
35	18.51	20.57	22.47	24.80	46.06	49.80	53.20	57.34
40	22.16	24.43	26.51	29.05	51.81	55.76	59.34	63.69
50	29.71	32.36	34.76	37.69	63.17	67.50	71.42	76.15
60	37.48	40.48	43.19	46.46	74.40	79.08	83.30	88.38
70	45.44	48.76	51.74	55.33	85.53	90.53	95.02	100.43
80	53.54	57.15	60.39	64.28	96.58	101.88	106.63	112.33
90	61.75	65.65	69.13	73.29	107.57	113.15	118.14	124.12
100	70.06	74.22	77.93	82.36	118.50	124.34	129.56	135.81
120	86.92	91.57	95.70	100.62	140.23	146.57	152.21	158.95
140	104.03	109.14	113.66	119.03	161.83	168.61	174.65	181.84
160	121.35	126.87	131.76	137.55	183.31	190.52	196.92	204.53
180	138.82	144.74	149.97	156.15	204.70	212.30	219.04	227.06
200	156.43	162.73	168.28	174.84	226.02	233.99	241.06	249.45
240	191.99	198.98	205.14	212.39	268.47	277.14	284.80	293.89

自由度 ν のカイ二乗分布の上側確率 α に対する χ^2 の値を $\chi^2_\alpha(\nu)$ で表す.

例：自由度 $\nu = 20$ の上側 5% 点 ($\alpha = 0.05$) は，$\chi^2_{0.05}(20) = 31.41$ である．

表にない自由度に対しては適宜補間すること．

付表 4. F 分布のパーセント点

$\alpha = 0.05$

$\nu_2 \backslash \nu_1$	1	2	3	4	5	6	7	8	9	10	15	20	40	60	120	∞
5	6.608	5.786	5.409	5.192	5.050	4.950	4.876	4.818	4.772	4.735	4.619	4.558	4.464	4.431	4.398	4.365
10	4.965	4.103	3.708	3.478	3.326	3.217	3.135	3.072	3.020	2.978	2.845	2.774	2.661	2.621	2.580	2.538
15	4.543	3.682	3.287	3.056	2.901	2.790	2.707	2.641	2.588	2.544	2.403	2.328	2.204	2.160	2.114	2.066
20	4.351	3.493	3.098	2.866	2.711	2.599	2.514	2.447	2.393	2.348	2.203	2.124	1.994	1.946	1.896	1.843
25	4.242	3.385	2.991	2.759	2.603	2.490	2.405	2.337	2.282	2.236	2.089	2.007	1.872	1.822	1.768	1.711
30	4.171	3.316	2.922	2.690	2.534	2.421	2.334	2.266	2.211	2.165	2.015	1.932	1.792	1.740	1.683	1.622
40	4.085	3.232	2.839	2.606	2.449	2.336	2.249	2.180	2.124	2.077	1.924	1.839	1.693	1.637	1.577	1.509
60	4.001	3.150	2.758	2.525	2.368	2.254	2.167	2.097	2.040	1.993	1.836	1.748	1.594	1.534	1.467	1.389
120	3.920	3.072	2.680	2.447	2.290	2.175	2.087	2.016	1.959	1.910	1.750	1.659	1.495	1.429	1.352	1.254

$\alpha = 0.025$

$\nu_2 \backslash \nu_1$	1	2	3	4	5	6	7	8	9	10	15	20	40	60	120	∞
5	10.007	8.434	7.764	7.388	7.146	6.978	6.853	6.757	6.681	6.619	6.428	6.329	6.175	6.123	6.069	6.015
10	6.937	5.456	4.826	4.468	4.236	4.072	3.950	3.855	3.779	3.717	3.522	3.419	3.255	3.198	3.140	3.080
15	6.200	4.765	4.153	3.804	3.576	3.415	3.293	3.199	3.123	3.060	2.862	2.756	2.585	2.524	2.461	2.395
20	5.871	4.461	3.859	3.515	3.289	3.128	3.007	2.913	2.837	2.774	2.573	2.464	2.287	2.223	2.156	2.085
25	5.686	4.291	3.694	3.353	3.129	2.969	2.848	2.753	2.677	2.613	2.411	2.300	2.118	2.052	1.981	1.906
30	5.568	4.182	3.589	3.250	3.026	2.867	2.746	2.651	2.575	2.511	2.307	2.195	2.009	1.940	1.866	1.787
40	5.424	4.051	3.463	3.126	2.904	2.744	2.624	2.529	2.452	2.388	2.182	2.068	1.875	1.803	1.724	1.637
60	5.286	3.925	3.343	3.008	2.786	2.627	2.507	2.412	2.334	2.270	2.061	1.944	1.744	1.667	1.581	1.482
120	5.152	3.805	3.227	2.894	2.674	2.515	2.395	2.299	2.222	2.157	1.945	1.825	1.614	1.530	1.433	1.310

自由度 (ν_1, ν_2) の F 分布の上側確率 α に対する F の値を $F_\alpha(\nu_1, \nu_2)$ で表す.
例：自由度 $\nu_1 = 5$, $\nu_2 = 20$ の上側 5% 点 $(\alpha = 0.05)$ は, $F_{0.05}(5, 20) = 2.711$ である.
表にない自由度に対しては適宜補間すること.

練習問題の解答

※解答の数値は有効桁のとり方や，分布表の精度によって計算誤差が生じることに注意されたい．

第1章

問 1.1

(1) 平均気温：量的変数，平均湿度：量的変数，日照時間：量的変数，風向き：質的変数．

(2) 相対度数の総計が 1.00 でないのは丸め誤差のためである．ヒストグラムの形よりベル型または少し左に裾が長い形になっていることがわかる．

平均気温(℃)	度数	相対度数
2.1〜3.0	3	0.10
3.1〜4.0	6	0.19
4.1〜5.0	4	0.13
5.1〜6.0	11	0.35
6.1〜7.0	6	0.19
7.1〜8.0	1	0.03
総計	31	0.99

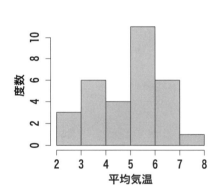

(3) 式 (1.3.1), (1.3.2), (1.3.3) を用いて計算する．平均気温：平均 $= 5.05$ (℃), 分散 $= 1.62$, 標準偏差 $= 1.27$ (℃), 平均湿度：平均 $= 36.2$ (%), 分散 $= 69.5$, 標準偏差 $= 8.3$ (%), 日照時間：平均 $= 7.87$ (時間), 分散 $= 3.65$, 標準偏差 $= 1.91$ (時間).

(4)

平均気温(℃)	相対度数	累積相対度数
2.1〜3.0	0.10	0.10
3.1〜4.0	0.19	0.29
4.1〜5.0	0.13	0.42
5.1〜6.0	0.35	0.77
6.1〜7.0	0.19	0.96
7.1〜8.0	0.03	0.99
総計	0.99	

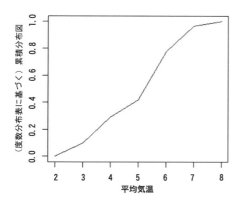

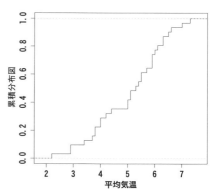

(5)

方角	度数	相対度数
西北西	2	0.06
東北東	2	0.06
南西	1	0.03
南東	1	0.03
北西	10	0.32
北北西	15	0.48
総計	31	0.98

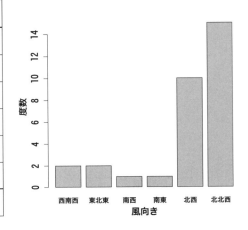

(6) 最小値 = 2.2,第 1 四分位数 = 4.0,第 2 四分位数 = 5.3,第 3 四分位数 = 6.00（または 5.95),最大値 = 7.3.

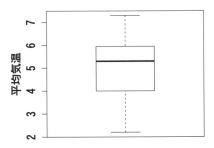

(7) 平均気温と平均湿度,平均気温と日照時間,平均湿度と日照時間の共分散はそれぞれ,2.41, 0.16, −10.71 である.相関係数は共分散を両方の標準偏差で割ることより求められ,それぞれの相関係数は 0.23, 0.07, −0.67 となる.この結果より,平均湿度と日照時間には比較的強い負の相関がみられる.

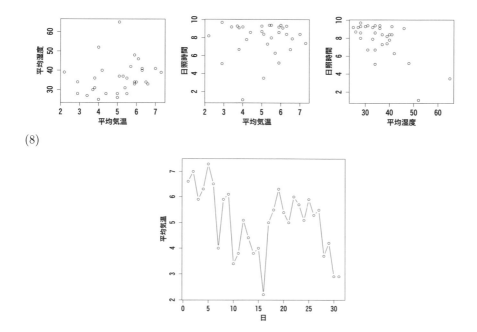

(8)

※四分位数の求め方には，大きく (A) 観測値を大きさの順に並べて求める方法，(B) 累積分布図に基づいて求める方法，の 2 種類がある．

(A) の中にもいくつかの方法があるが，p. 24 のコラムに解説されている Tukey の方法のアルゴリズムがわかりやすい．Tukey の方法では両側からの順位が出合うまでのカウント数を深度 depth と定義し，中央値 median の深度を depth(M) $= (n+1)/2 = 16$ (設問では $n = 31$) により求める．すなわち，中央値は順位 16 番目の観測値となる．次に全体を下半分 1～16 番目と上半分 16～31 番目の 2 群に分けて，それぞれ 16 個の観測値に対してその中での中心の位置 (hinge，ちょうつがい) を求める．16 個の観測値の中心 hinge の深度は depth(H) $= ([\text{depth}(M)] + 1)/2 = 8.5$ となり，下半分では 8 番目と 9 番目，上半分では 23 番目と 24 番目の観測値の平均をそれぞれ第 1 四分位数，第 3 四分位数とする．

(B) の方法の場合，小問 (4) の度数分布表に基づく累積分布図を描いて y 座標の $y = 0.25, 0.50, 0.75$ に対する x 座標の値を読み取り第 1，第 2，第 3 四分位数を求める．また，小問 (4) のもうひとつの累積分布図を用いてもよい．

問 1.2

(1) 1回目の平均：50.0（点）標準偏差：14.1（点），2回目の平均：60.0（点）標準偏差：9.5（点）．

(2) Cさんの1回目と2回目の得点はそれぞれ40点，50点である．1回目と2回目の標準化得点はそれぞれ $(40-50.0)/14.1 = -0.71, (50-60.0)/9.5 = -1.05$ となる．

(3) 1回目と2回目の試験の変動係数 (=標準偏差/平均) は，それぞれ 0.28 (28%), 0.16 (16%) である．

(4) 1回目と2回目の共分散は80.0であり，相関係数 $= 80.0/(14.1 \times 9.5) = 0.60$ となる．

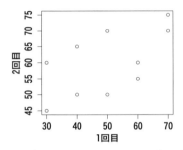

(5) 回帰直線の傾きは，共分散を1回目の試験の分散で割ることで求められ，$80.0/14.1^2 = 0.4$ となる．または，相関係数 × (2回目の試験の標準偏差/1回目の試験の標準偏差) で求められ，$0.6 \times (9.5/14.1) = 0.4$ となる．回帰直線は（1回目の試験の平均，2回目の試験の平均）を通るので，$y - 60.0 = 0.4(x - 50.0)$ を変形することで求められ，$y = 40 + 0.4x$ となる．

(6) 決定係数は (総平方和 − 残差平方和)/総平方和 で求められる．相関係数の2乗と等しくなることを用いて，$0.6^2 = 0.36$ となる．

問 1.3

(1) 軌道長半径の平均 $= 8.45$ (AU), 分散 $= 102.85$, 標準偏差 $= 10.14$ (AU), 公転周期の平均 $= 36.73$（年），分散 $= 3054.09$，標準偏差 $= 55.26$（年），および，軌道長半径と公転周期の共分散 $= 553.79$ である（分散，共分散の計算はデータの大きさ n で割っている）．これらより，回帰直線の傾きは $553.79/102.85 = 5.38$ であり回帰直線は $y - 36.73 = 5.38(x - 8.45)$ を変形することで求められ，$y = -8.73 + 5.38x$ となる（統計ソフトウェアで厳密に計算すれば，$y = -8.79 + 5.38x$

となる).相関係数は 0.988 で,決定係数は 0.98 である.

(2) (軌道長半径)^{2}の平均 = 174.31(AU^2),分散 = 89892.93,標準偏差 = 299.82 (AU^2),および,公転周期との共分散 = 16465.69 である.これより,回帰直線の傾きは,16465.69/89892.93 = 0.18 であり,回帰直線は $y - 36.73 = 0.18(x - 174.31)$ を変形することで求められ,$y = 5.35 + 0.18x$ となる(統計ソフトウェアで厳密に計算すれば,$y = 4.80 + 0.18x$ となる).相関係数は 0.994 で,決定係数は 0.99 である.

第 2 章

問 2.1

(1) $P(A \cap B) = P(A) + P(B) - P(A \cup B) = 0.5 + 0.7 - 0.9 = 0.3$.
(2) $P(B \mid A) = P(A \cap B)/P(A) = 0.3/0.5 = 0.6$.

問 2.2

(1) $0.080 \times 0.100 \times 0.01 = 0.00008$.
(2) $0.080 \times 0.100/0.0368 = 0.2174$.(p. 64 の解答例参照)
(3) $1 - 0.0368 = 0.9632$.
(4) $1 - 0.0368 \times 0.01 = 0.99963$.

問 2.3

x は二項分布 $B(n, p)$ に従い,その平均は np,分散は $np(1-p)$ である.よって,

$$\text{平均} = E[x/n] = E[x]/n = np/n = p$$
$$\text{分散} = V[x/n] = V[x]/n^2 = np(1-p)/n^2 = p(1-p)/n$$
$$\text{標準偏差} = \sqrt{p(1-p)/n}$$

である.

問 2.4

式 (2.7.9) と $e^{-2.1} = 0.12246$ より,交通事故数が 0 件,1 件,2 件,3 件,4 件以上の発生確率は,順に 0.122,0.257,0.270,0.189,0.161 である.

問 2.5

式 (2.8.5) により標準正規分布に従う確率変数に変換し,付表 1(標準正規分布の上側確率)を利用し求める.

(1) $P(60 < X \le 70) = P(1 < Z \le 2) = 0.1587 - 0.0228 = 0.1359$.

(2) 標本サイズ 100 の標本平均 $\bar{X}$ は $N(50, 1)$ に従う．$P(52 < \bar{X}) = P(2 < Z) = 0.0228$.

(3) 標本サイズ n の標本平均 $\bar{X}$ は $N(50, 100/n)$ に従う．$P(52 < \bar{X}) = P(2\sqrt{n/100} < Z) = 0.05$ より，$2\sqrt{n/100} = 1.645$ を解くと $n \fallingdotseq 68$ となる．

問 2.6

体重が平均 $= 55.6$ (kg), 標準偏差 $= 7.2$ (kg)に従うことから，10 人の総体重 S は平均 $= 556$ (kg), 標準偏差 $= 7.2 \times \sqrt{10} = 22.77$ (kg)に従う．$P(600 < S) = P((600 - 556)/22.77 < Z) = P(1.93 < Z) = 0.027$ となる．

第 3 章

問 3.1

(1) (A)：$62.2 \pm 1.960 \times 11.0/\sqrt{32}$ より，[58.4, 66.0] となる．(B)：$71.4 \pm 1.960 \times 10.8/\sqrt{35}$ より，[67.8, 75.0] となる．

(2) (A)：$62.2 \pm 2.040 \times 11.0/\sqrt{32}$ より，[58.2, 66.2] となる．(B)：$71.4 \pm 2.032 \times 10.8/\sqrt{35}$ より，[67.7, 75.1] となる．ここで，2.040 と 2.032 はそれぞれ自由度 31 と 34 の t 分布の上側 2.5% 点である．

※自由度 31 と 34 の t 分布の上側 2.5% の値は付表 2 にはないので補間による近似値を用いてもよい．

問 3.2

(1) 標本サイズが 2500 と大きいので，標本平均 $\bar{X}$ の分布は正規分布で近似できる．したがって，$32.8 \pm 1.960 \times 29.5/\sqrt{2500}$ より，[31.6, 34.0] となる．

(2) 消費支出のような強い歪みを持った母集団分布からの標本平均の分布の場合，調査世帯数が $n = 25$ 程度では，正規分布には十分近いとは言えない．したがって，正規分布を利用した信頼区間や自由度 $25 - 1 = 24$ の t 分布を用いた信頼区間は参考程度の意味しか持たない．たとえば，t 分布を用いた信頼区間は $32.8 \pm 2.064 \times 29.5/\sqrt{25}$ より，[20.6, 45.0] となる．

問 3.3

(1) $0.6 \pm 1.960 \times \sqrt{0.6 \times 0.4/2500}$ より，$[0.581, 0.619]$ となる．

(2) 実際は非復元抽出を用いているとしても，母集団が $N = 100000$ と大きく抽出率 $f = n/N$ が小さいため，有限母集団修正の係数 $fpc = (N-n)/(N-1) \fallingdotseq 1 - f = 0.975$ は 1 に近いから，結論はほとんど変わらない．実際，係数 fpc を用いて求めた信頼区間は $[0.581, 0.619]$ となり，有限母集団修正を行わない方法と 3 ケタまで一致している．

(3) $0.6 \pm 1.960 \times \sqrt{(5000-2500)/(5000-1)} \times \sqrt{0.6 \times 0.4/2500}$ より，$[0.586, 0.614]$ となる．

問 3.4

(1) プールした分散は $(17 \times 29.70 + 17 \times 34.12)/(17+17) = 31.91$ である．$(171.00 - 167.94) \pm 2.032 \times \sqrt{2 \times 31.91/18}$ より，$[-0.77, 6.88]$ となる．信頼区間に 0 が含まれている．t 分布の自由度は 34 である．

(2) p.85 の 1 行目の式で $a=1, b=-1, c=0$ と置いた式を用いると，不偏分散と不偏共分散より，対応のある 2 標本の差の分散は $34.12+29.70-2\times 24.71 = 14.4$ である．$(171.00 - 167.94) \pm 2.110 \times \sqrt{14.4/18}$ より，$[1.17, 4.94]$ となる．t 分布の自由度は 17 である．(1) の結果と比較すると，(2) の信頼区間が狭く，また，信頼区間には 0 が含まれていないことがわかる．(1) と (2) の結果が異なるのは，親と子の身長に遺伝の影響があることが関係していると考えられる．

※差の平均を実際のデータより求め，3.056 とし計算をしている．

※例 11（p.125）によると，この調査は，背の高い父親から背の高い息子が生まれやすいといった遺伝の影響が考えられるため，その影響を除いて世代間の身長の差を分析する目的で，男子大学生とその父親をペアとしてサンプリングしている．この場合，父親の標本と息子の標本は「独立な 2 標本」（小問 (1)）ではなく，「対応のある 2 標本」（小問 (2)）であり，(1) の「独立な 2 標本」とみなして分析することは間違った分析と言える．(1) と (2) の分析結果の違いには遺伝の影響が大きく関わっていると考えられるが，遺伝の影響についての，より直接的分析としては，親子の身長の相関係数の分析，あるいは親と子の身長をそれぞれ説明変数と応答変数とする線形回帰分析を利用するほうが適切である．

問 3.5

(1) μ_1 の信頼区間は $144.8 \pm 1.976 \times \sqrt{434.537/150}$ より，$[141.4, 148.2]$ となる．

μ_2 の信頼区間は $155.6 \pm 1.976 \times \sqrt{480.10/150}$ より，$[152.1, 159.1]$ となる．t 分布の自由度は 149 である．

(2) 自由度 149 の χ^2 分布の下側および上側 2.5% 点は 117.1, 184.7 である．これより，σ_1^2 の信頼区間は，$149 \times 434.537/184.7 = 350.5$ と $149 \times 434.537/117.1 = 552.9$ の間，つまり $[350.5, 552.9]$ となる．σ_2^2 の信頼区間は，$149 \times 480.10/184.7 = 387.3$ と $149 \times 480.10/117.1 = 610.9$ の間，つまり $[387.3, 610.9]$ となる．

(3) プールした分散は $(434.537 + 480.10)/2 = 457.319$ である．δ の信頼区間は $(144.8 - 155.6) \pm 1.968 \times \sqrt{2 \times 457.319/150}$ より，$[-15.66, -5.94]$ となる．t 分布の自由度は 298 である．

(4) 対応のある標本における δ の信頼区間は $-10.8 \pm 2.776 \times 3.91/\sqrt{5}$ より，$[-15.65, -5.95]$ となる．t 分布の自由度は 4 である．

第 4 章

問 4.1

20 回中，色が的中する回数 x は二項分布 $B(20, p)$ に従う．帰無仮説 H_0 は「超能力を持っていない」こと，つまり $H_0 : p = 1/2$，対立仮説は $H_1 : p \neq 1/2$ となる．H_0 の下で $x \sim N(10, 5)$ と近似でき，有意水準 5% の検定の棄却域は $|x - 10|/\sqrt{5} \geq 1.96$ となる．観測値から $|15 - 10|/\sqrt{5} = 2.236$ となり，帰無仮説は有意水準 5% で棄却される．

問 4.2

本文より，$n = 20$，観測値の平均 $= 909.0$，標準偏差 $= 104.9$ である．帰無仮説 $H_0 : \mu = \mu_0$ の下で t 値は自由度 19 の t 分布に従い，有意水準 5% の検定の棄却域は $|t| \geq t_{0.025}(19) = 2.093$ となる．第 1 の帰無仮説 $H_0 : \mu = 990$ の下では，$t = \sqrt{20}(909.0 - 990)/104.9 = -3.45$ であり，帰無仮説は有意水準 5% で棄却される．第 2 の帰無仮説 $H_0 : \mu = 792$ の下では，$t = \sqrt{20}(909.0 - 792)/104.9 = 4.99$ であり，帰無仮説は有意水準 5% で棄却される．

問 4.3

(1) 帰無仮説 $H_0 : \mu = 500$，対立仮説 $H_1 : \mu < 500$．棄却域は $z = \sqrt{40}(\bar{x} - 500)/100 \leq -1.645$ となる．$z = -0.9486$ であり，帰無仮説は有意水準 5% で棄却されない．英語力が低下したとは判断できない．

(2) 選んだクラスが新入生全体から無作為に選ばれていない．帰国子女のクラスや

付属高校からの進学クラスを選んだりすると母集団を代表する標本とは言えない．標本は母集団から無作為に抽出されることが，統計的分析の正当性を保証する一つの方法である．単純無作為抽出の方法以外にも，各クラスから男女 2 名ずつを抽出するなど，さまざまな抽出方法が客観的な判断を可能とする目的で導入される．

問 4.4

(1) 帰無仮説 $H_0 : \mu = 200$，対立仮説 $H_1 : \mu \neq 200$．棄却域は $|z| > 1.96$ となる．$z = \sqrt{16}(207 - 200)/10 = 2.80$ であり，帰無仮説は有意水準 5% で棄却される．

(2) 信頼区間は $207 \pm 1.96 \times 10/\sqrt{16}$ より，$[202.1, 211.9]$ となる．95% 信頼区間に 200 が含まれないことから，(1) の結果と同じであることがわかる．

(3) 帰無仮説 $H_0 : \mu = 200$，対立仮説 $H_1 : \mu \neq 200$．棄却域は $|t| > t_{0.025}(15) = 2.131$ となる．$t = \sqrt{16}(207 - 200)/10 = 2.80$ であり，帰無仮説は有意水準 5% で棄却される．95% 信頼区間は $207 \pm 2.131 \times 10/\sqrt{16}$ より，$[201.7, 212.3]$ となる．(2) の信頼区間より広いが 200 は含まれない．

問 4.5

(1) 期待値 $= \mu_1 - \mu_2 = 0$，分散 $= \sigma^2(1/n_1 + 1/n_2)$．

(2) $d - 1.96\sigma\sqrt{1/n_1 + 1/n_2} \leq \delta \leq d + 1.96\sigma\sqrt{1/n_1 + 1/n_2}$．

(3) 帰無仮説 $H_0 : \delta = 0$，対立仮説 $H_1 : \delta \neq 0$．$z = \sqrt{10}(65.0 - 70.0)/6.32 = -2.50 < -1.96$ であり，帰無仮説は有意水準 5% で棄却される．

問 4.6

(1) 帰無仮説 H_0 の下で $\chi^2 = (n-1)\hat{\sigma}^2/\sigma^2$ が自由度 $n-1$ の χ^2 分布に従う．教材 E_1 では $\chi^2 = 149 \times 434.537/400 = 161.9$，教材 E_2 では $\chi^2 = 149 \times 480.10/400 = 178.8$ となる．自由度 149 の χ^2 分布の下側および上側 2.5% 点はそれぞれ 117.1, 184.7 であることより，棄却域は 117.1 以下，または 184.7 以上である．これより，どちらも帰無仮説は有意水準 5% で棄却されない．

(2) プールした分散は $(434.537 + 480.10)/2 = 457.319$ である．$t = \sqrt{150}(144.8 - 155.6)/\sqrt{2 \times 457.319} = -4.37$ を棄却域 $|t| > t_{0.025}(298) = 1.97$ と比較する．帰無仮説は有意水準 5% で棄却される．

(3) $t = \sqrt{5}(-10.8)/3.91 = -6.18$ を棄却域 $|t| > t_{0.025}(4) = 2.78$ と比較する．帰

無仮説は有意水準 5% で棄却される.

※帰無仮説が両側検定において棄却されないということは，その信頼区間が 0 を含まないことと同等である．問 3.5(3)(4) を参照のこと．

第 5 章

問 5.1

回帰分析に関する統計解析ソフトウェアの出力結果については，本文中 (p. 179) にある説明を参照のこと．

問 5.2

(1) 平均年棒に対する回帰係数の P-値が 0.3107 であることから，平均年棒が勝率に関係しているとは考えにくい．決定係数や F-値に対する P-値から判断してもよいモデルとは言えない．

(2) F-値に対する P-値が 0.656 であることから，リーグによって平均年棒に差があるとは言えない．

問 5.3

(1) モデル 1：家賃 $= 38.16099 + 2.81737 \times$ 大きさ $- 0.52150 \times$ 徒歩 $- 1.16953 \times$ 築年数

モデル 2：家賃 $= 33.42282 + 2.83278 \times$ 大きさ $- 1.18052 \times$ 築年数

(2) 各説明変数に対する回帰係数の P-値，自由度調整済み決定係数，F-値に対する P-値などを比較してもあまり大きく違わないが，自由度調整済み決定係数からの判断では僅差でモデル 1 の方がよい．一方で，説明変数は少ない方がよいという考え方で判断するとモデル 2 でも問題ないと言える．

問 5.4

標本の相関係数 $r = 24.7/\sqrt{29.7 \times 34.1} = 0.776$ より，$z = \log((1+0.776)/(1-0.776))/2 = 1.035$ となる．相関係数 ρ に対する $\zeta = \log((1+\rho)/(1-\rho))/2$ の信頼区間は $1.035 \pm 1.96/\sqrt{18-3}$ より，$[0.529, 1.541]$ となる．元に戻すため tanh を施すことによって，相関係数 ρ の 95% 信頼区間 $[0.48, 0.91]$ を得る．

第 6 章

問 6.1

(1) 式 (2.7.9) と $e^{-2} = 0.13534$ より，交通事故死者数が 0 人，1 人，2 人，3 人，4 人以上の発生確率は，順に 0.135，0.271，0.271，0.180，0.143 である．

(2) 統計量の値は $(21-13.5)^2/13.5 + (32-27.1)^2/27.1 + \cdots + (6-14.3)^2/14.3 = 11.99$，自由度 4 の χ^2 分布の上側 5% 点は 9.49 であり，有意水準 5% で帰無仮説は棄却され，平均 2 のポアソン分布に従うとは言えない．

(3) 表から平均は $(0 \times 21 + 1 \times 32 + \cdots + 4 \times 6)/100 = 1.5$ と推定される．$e^{-1.5} = 0.22313$ より，交通事故死者数が 0 人，1 人，2 人，3 人，4 人以上の発生確率は，順に 0.223，0.335，0.251，0.126，0.066 である．

(4) 統計量の値は $(21-22.3)^2/22.3 + (32-33.5)^2/33.5 + \cdots + (6-6.6)^2/6.6 = 0.82$，自由度 3 の χ^2 分布の上側 5% 点は 7.81 であり，有意水準 5% で帰無仮説は棄却されないため，平均 1.5 のポアソン分布に従わないとは言えない．自由度については，p. 204 のコメント (2) を参照のこと．

問 6.2

(1) 1 行 1 列目から順に，$63 \times 92/120 = 48.3$，$63 \times 28/120 = 14.7$，$57 \times 92/120 = 43.7$，$57 \times 28/120 = 13.3$ である．

(2) 統計量の値は $(52-48.3)^2/48.3 + (11-14.7)^2/14.7 + \cdots + (17-13.3)^2/13.3 = 2.56$，自由度 1 の χ^2 分布の上側 5% 点は 3.84 であり，有意水準 5% で帰無仮説は棄却されない．これより，これらの薬に差があるとは言えない．

(3) 式 (4.4.7) の検定統計量を用いる．薬剤 A および薬剤 B の改善の割合は，それぞれ $52/63 = 0.825$，$40/57 = 0.702$ である．差がないとすると，改善の割合は $\hat{p}^* = 92/120 = 0.767$ であり，$\hat{p}^*(1-\hat{p}^*) = 0.767 \times 0.233$ となる．また，$\sqrt{1/63 + 1/57}$ を考慮し，割合の差の検定における検定統計量を求めると，$z = (0.825 - 0.702)/\sqrt{0.767 \times 0.233 \times (1/63 + 1/57)} = 1.60 < 1.96$ であり，有意水準 5% で帰無仮説は棄却されない．これより，これらの薬に差があるとは言えない．(2) と (3) の P-値は 0.110 と同じであり，同じ検定結果となる．

索 引

■ギリシャ文字・数字
χ^2 分布 87
1 元配置分散分析 185
1 標本問題 113
2 元クロス集計表 37
2 元配置分散分析 190
2 値変数 4
2 標本問題 122
2 変量正規分布 85
5 数要約 22

■A
A 間平方和 186

■F
F 分布 90

■P
P-値 139

■Q
Q–Q プロット 199

■T
t 検定 145
t-値 145
t 分布 89

■U
UMP 検定 219

■Z
z 得点 17
z 変換 182

■ア
あてはめ値 172
誤り率 225

■イ
イエーツの補正 121, 207
一様 8
一様最強力検定 219
一様最強力不偏検定 220
一様分布 76
一致推定量 107
一致性 107
一般平均 185
移動平均 43
移動平均法 43
因子 185

■ウ
上側信頼限界 117
ウェルチの検定 153
後ろ向き研究 208

■エ
円グラフ 25

■オ
横断研究 207
応答変数 33, 163
オッズ 208
オッズ比 38, 208
帯グラフ 25

■カ
回帰係数 33, 163
回帰直線 33, 163
回帰による平方和 35
回帰の現象 169
回帰の錯誤 170
回帰分析 164
階級 6
ガウス分布 77
価格指数 48
確率 57
確率関数 64
確率の公理 57
確率分布 64
確率変数 64
確率密度関数 65
片側検定 138
片側信頼区間 117
片側対立仮説 137
偏り 108
カテゴリ 3
加法定理 58
刈込み平均 106
仮平均 49
間隔尺度 4
頑健性 147
観察研究 103
患者・対照研究 208
完全平等線 13
完全無作為化法 190
観測値 3

■キ
幾何分布 75
幾何平均 42
棄却 136
棄却域 139
記述統計 55
基準時点 47

基準変数 163
季節変動 43
擬相関 31
期待値 67
帰無仮説 135
級 6
共分散 29, 83
共変量 163
局所管理 102
均等分布線 13

■ク
空事象 56
区間推定 110
矩形分布 76
クラス 6
クラスター抽出法 105
繰り返し 102
クロス集計表 28, 37
群間平方和 186
群内平方和 186

■ケ
経験分布関数 199
傾向 43
傾向変動 43
系統抽出法 104
ケース 3
ケース・コントロール研究 208
決定係数 36
検出力 140
検出力関数 217
検定統計量 139
原点のまわりのモーメント 70

■コ
効果 185
交互作用 192
コクランの定理 220
個体 3

古典的な定義 57
コホート研究 208
コルモゴロフの公理 57
コレログラム 46
根元事象 56

■サ——
最強力検定 219
最小二乗法 34, 163
最頻値 19
残差 33, 165
残差平方和 33, 35, 186
散布図 27
サンプル 55

■シ——
時系列データ 39
試行 56
事後確率 63
自己共分散関数 45
自己相関関数 45
事後分布 112
事象 56
指数 46
指数化 41
指数分布 80
指数平滑法 43
事前確率 63
事前分布 112
下側信頼限界 117
実験群 102
実験研究 102
実質 GDP 48
質的データ 25
質的変数 3
ジニ係数 14
四分位範囲 20
四分位偏差 21
尺度 4

重回帰 36
重相関係数 36
従属変数 33, 163
自由度修正済み決定係数 175
自由度調整済み決定係数 175
周辺確率関数 82
周辺確率密度関数 82
周辺度数 28
周辺分布 82
集落抽出法 105
主観確率 58
主効果 192
受容 137
受容域 139
順序尺度 4
順序統計量 106
条件付き確率 59
消費者危険 140
消費者リスク 140
乗法定理 60
信頼区間 111, 113
信頼係数 111

■ス——
水準 185
水準間平方和 186
推測統計 55
推定量 106
数量指数 48

■セ——
正規 Q–Q プロット 199
正規近似 146
正規分布 77
正規方程式 34, 172
生産者危険 140
生産者リスク 140
正の相関 27
積事象 56

積率 70
説明変数 33, 163
線形回帰モデル 163
線形重回帰モデル 164
線形単回帰モデル 163
全事象 56
全数調査 100
尖度 71, 202

■ソ──
層化多段抽出法 105
層化無作為抽出法 104
相関 26
相関係数 30, 83
相関図 27
相対度数 6, 25
総平方和 36, 186
層別した散布図 27
素事象 56

■タ──
第1四分位数 20
第1種過誤 140
第2四分位数 20
第2種過誤 140
第3四分位数 20
第3の変数 32
対応のある2標本 125, 154
対照群 102
大数の弱法則 92
大数の法則 92, 146
対数尤度比 219
対立仮説 137
多項分布 214
多重共線性 181
多重性 225
多重性効果 225
多重比較検定 225
多段抽出法 105

多値変数 4
多変量正規分布 85
ダミー変数 180
単回帰 36
単純無作為抽出法 104

■チ──
チェビシェフの不等式 91
中位数 19
中央値 19
中心極限定理 93, 146
中心モーメント 70
超幾何分布 119, 212

■ツ──
対標本 125, 154

■テ──
適合度検定 203
データの大きさ 6
点推定 106, 110

■ト──
統計的推測 100
統計量 4, 101
同時確率関数 82
同時確率分布 81
同時確率密度関数 82
同時信頼区間 225
同様に確からしい 57
独立 61
独立変数 33, 163
度数 6, 25
度数分布表 6
トレンド 43

■ニ──
二項分布 72

■ヌ──
抜き取り検査 213

■ハ

排反	56
箱ひげ図	22
外れ値	18, 23, 106
パラメータ	100
範囲	20

■ヒ

ピアソンの積率相関係数	30
比較時点	47
比尺度	4
ヒストグラム	7
被説明変数	33, 163
左に裾が長い	8
非復元抽出	119
標準化	77
標準化得点	17
標準誤差	107
標準正規分布	77
標準得点	17
標準偏差	17, 68
標本	55, 99
標本空間	56
標本調査	100
標本点	56
標本標準偏差	101
標本比率	101, 119
標本分散	101
標本分布	86
標本平均	101, 119
比例尺度	4
頻度に基づく定義	57

■フ

フィッシャーの3原則	102
フィッシャーの正確検定	208, 213
不規則変動	43
負の相関	27
負の二項分布	214

不偏検定	220
不偏推定量	108
不偏性	108
不偏分散	109
プールした分散	124
分位点	24
分割表	28, 37
分散	16, 68
分散分析	185
分布関数	65

■ヘ

平均	16, 67
平均からの偏差	16
平均のまわりのモーメント	70
平均平方	176
平均への回帰	169
ベイズの定理	63
平方和の分解	35
ベル型	8
ベルヌーイ試行	71
ベルヌーイ分布	71
偏回帰係数	171
変数	3
偏相関	32
偏相関係数	32
変動係数	18
変量	85

■ホ

ポアソン分布	74
棒グラフ	25
捕獲再捕獲法	208, 213
母集団	55, 99
母数	100
母標準偏差	101
母比率	101
母分散	101
母平均	101

ボンフェローニ法............... 227

■マ────
前向き研究..................... 207

■ミ────
見かけ上の相関................. 31
右に裾が長い................... 8
幹葉図......................... 10

■ム────
無記憶性....................... 81
無作為化....................... 102
無情報事前分布................. 113
無相関......................... 27
無相関性....................... 183

■メ────
名義尺度....................... 4
名目尺度....................... 4
メディアン..................... 19

■モ────
目的変数................... 33, 163
モード......................... 19
モーメント..................... 70

■ユ────
有意........................... 136
有意水準....................... 136
有限母集団修正........... 119, 213
有効数字....................... 48
尤度関数....................... 218
尤度比......................... 219

■ヨ────
要因........................... 185
余事象......................... 56
予測値......................... 172

予測変数................... 33, 163

■ラ────
ラグ........................... 45
ラスパイレス指数............... 47
ラプラスの定義................. 57
乱塊法......................... 190
乱数サイ....................... 60

■リ────
離散型......................... 64
離散変数....................... 6
両側検定....................... 138
両側信頼区間................... 117
両側対立仮説................... 137
量的データ..................... 6
量的変数....................... 3

■ル────
累積相対度数................... 11
累積相対度数分布表............. 11
累積比......................... 13
累積比率....................... 13
累積分布関数................... 65
累積分布図..................... 11

■レ────
連続型......................... 65
連続修正....................... 121
連続変数....................... 6

■ロ────
ロバスト性..................... 147
ローレンツ曲線................. 13

■ワ────
歪度....................... 71, 202
和事象......................... 56

■日本統計学会　The Japan Statistical Society

〔改訂版　執筆〕
　　　田中　豊　岡山大学　名誉教授
　　　中西寛子　成蹊大学　名誉教授
　　　姫野哲人　滋賀大学　経済学部　准教授
　　　酒折文武　中央大学　理工学部　准教授
　　　山本義郎　東海大学　理学部　教授

〔改訂版　責任編集〕
日本統計学会
　　　会長　　岩崎　学　成蹊大学　理工学部　教授
　　　理事長　中野純司　統計数理研究所　モデリング研究系　教授

〔初版　責任編集〕
　　　今泉　忠　多摩大学　経営情報学部教授
　　　田村義保　統計数理研究所　副所長・教授
　　　中西寛子　成蹊大学　名誉教授
　　　美添泰人　青山学院大学　経済学部教授
　　　　　　　　　　　　　　（肩書きは執筆当時のものです）

　　日本統計学会ホームページ　https://www.jss.gr.jp/
　　統計検定ホームページ　　　https://www.toukei-kentei.jp/

装丁〔カバー・表紙〕　高橋　敦(LONGSCALE)

| 改訂版　日本統計学会公式認定　統計検定2級対応

統計学基礎

Printed in Japan
ⓒThe Japan Statistical Society　2012, 2015

2012年 4 月25日　初　版 第 1 刷発行
2015年12月25日　改訂版 第 1 刷発行
2025年 4 月10日　改訂版 第22刷発行

編　集　日 本 統 計 学 会
発行所　東京図書株式会社
〒102-0072 東京都千代田区飯田橋3-11-19
振替 00140-4-13803 電話 03(3288)9461
http://www.tokyo-tosho.co.jp

ISBN 978-4-489-02227-2

本書の印税はすべて一般財団法人 統計質保証推進協会を通じて統計教育に役立てられます。